全国高等医药院校规划教材

供中药学和药学类专业使用

分析化学

主 编　曾元儿　陈丰连　曹　骋

科学出版社

北　京

内 容 简 介

  本书由广州中医药大学分析化学课程教学团队编写而成。内容主要为化学定量分析,包括:绪论、误差及分析数据处理、重量分析法、滴定分析法概论、酸碱滴定法、沉淀滴定法、配位滴定法、氧化还原滴定法、电位滴定及永停滴定法,共 9 章,章后附有思考和练习题。每章的"课程人文"是本书的特色,挖掘课程中蕴含的丰富人文元素,充分发挥课程育人的作用和优势。本书融合了作者多年的教学体验和感悟,内容简明扼要,层次清晰,重点突出,理论联系实际,符合课程教学和课程育人的要求。

  本书可供高等医药院校中药学和药学类专业使用,亦适合化学、食品科学与工程等其他相关专业类使用,还可供有关科研单位或药品质量检验部门的科研、技术人员参阅。

图书在版编目(CIP)数据

分析化学 / 曾元儿,陈丰连,曹骋主编. —北京:科学出版社,2021.1
ISBN 978-7-03-067686-3

Ⅰ. ①分⋯ Ⅱ. ①曾⋯ ②陈⋯ ③曹⋯ Ⅲ. ①分析化学-高等学校-教材 Ⅳ. ①O65

中国版本图书馆 CIP 数据核字(2021)第 001862 号

责任编辑:郭海燕 / 责任校对:郑金红
责任印制:徐晓晨 / 封面设计:蓝正设计

科学出版社 出版
北京东黄城根北街 16 号
邮政编码:100717
http://www.sciencep.com
北京盛通商印快线网络科技有限公司 印刷
科学出版社发行 各地新华书店经销
*
2021 年 1 第 一 版 开本:787×1092 1/16
2021 年 1 第一次印刷 印张:10 1/2
字数:262 000
定价:49.80 元
(如有印装质量问题,我社负责调换)

目　　录

第 1 章

绪　　论

分析化学（analytical chemistry）是建立和应用相关理论和方法，研究物质化学组成、含量和结构等信息的科学，也称为分析科学。它是一门结合了化学、物理学、信息科学、数学、自动化等多学科内容建立起来的学科。

分析化学是一门理论与实验技术紧密结合的基础学科，它的任务主要有三个方面：鉴定物质的化学组成、测定各组分的含量以及确定物质的化学结构，即定性分析、定量分析和结构分析。

分析化学是化学学科的一个重要分支，为化学学科的研究提供了方法和技术，对化学学科的发展起着重要的推动作用；分析化学在国民经济的可持续发展、国防力量的壮大、生命科学的研究及自然资源的开发利用等方面起着重要的作用，被称为国民经济建设中的"眼睛"，可及时提供有效的、具有统计意义的结果与信息，在发现及解决问题的过程中扮演着重要角色。如在工业生产中，资源的勘探，天然气、油田、矿藏的储量确定，生产中原材料的选择，中间体、成品和有关物质的检验，以及在商业流通领域中一切商品的质量监控等，都需要分析化学提供的信息。

在中药学、药学及相关专业人才培养中，分析化学是一门重要基础课程。其理论知识和实验技能不仅在后续各门专业课中普遍应用，课程学习中还可以培养学生严谨的科学思维、实事求是的科学态度。分析化学在临床检验、疾病诊断、新药研发、药品质量控制、体内药物分析等各方面发挥着重要作用。特别是在药品的质量评价研究中，药品的性状、鉴别和特征图谱，杂质、水分、灰分、农药残留量、重金属及微生物等检查，浸出物、指标性成分或有效成分的测定，每一项指标无一不依赖于分析化学的方法和技术来进行检测和评价。

第 1 节　分析化学方法的分类

根据测定原理、分析任务、分析对象、分析要求、试样用量与待测组分含量的不同等，分析化学可分为多种类型，下面介绍一些常见的分类类型。

一、化学分析和仪器分析

1. 化学分析法（chemical analysis）　以物质的化学反应及其计量关系为基础的分析方法称为化学分析法，又称为经典分析法。分析化学中被分析的物质称为试样或样品，与试样起反应的物质称为试剂，试剂与试样所发生的化学变化称为分析化学反应。根据分析化学反应的现象和特征鉴定物质的组成，称为化学定性分析；根据分析化学反应中试样和试剂的用量，测定物质中各组分的相对含量，称为化学定量分析，化学定量分析包括重量分析和滴定分析（或称容量分析）两大类。

化学分析法所用仪器设备简单，结果准确，应用范围广，但其灵敏度较低，操作较烦琐，仅适用于常量组分的分析。

2. 仪器分析法（instrumental analysis） 以物质的物理和物理化学性质为基础，通过特殊仪器测定物质的物理或物理化学参数来进行分析的方法，称为仪器分析法。根据物质的熔点、沸点、吸收或发射光谱特征、分子量大小、分子结构特点、电化学性质等特性建立相应的仪器分析方法，如常用的仪器分析方法有光谱分析法（包括吸收光谱法、发射光谱法、核磁共振光谱法等）、质谱法、色谱分析法（如经典色谱法、气相色谱法和高效液相色谱法等）、电化学分析法（如直接电位法、电位分析法、永停滴定法）等。

仪器分析法测定快速、灵敏度高，检测限低，测定所用试样量少，但测定相对误差较大，结果准确度较化学分析法差，适用于微量及痕量组分的分析。

二、定性分析、定量分析和结构分析

定性分析（qualitative analysis）的任务是鉴定物质由哪些元素、原子团或化合物组成；定量分析（quantitative analysis）的任务是测定物质中待测组分的含量；结构分析（structural analysis）的任务是研究物质的分子结构或晶体构型。例如在药品质量研究过程中，可利用定性分析对药品的真伪进行鉴别，利用定量分析对药品的优劣进行判断；对于物质结构的确定，可利用分析化学中的"四大图谱"（紫外-可见吸收光谱、红外光谱、核磁共振谱及质谱）进行结构解析。

三、无机分析和有机分析

无机分析（inorganic analysis）的分析对象是无机化合物，有机分析（organic analysis）的分析对象是有机化合物。两者的分析对象不同，对分析的要求和使用方法也不同。如对药物中微量元素的分析、重金属的分析等均属于无机分析，而绝大部分的药物为有机物，有机分析为药物分析的主要方法。按照分析对象不同，还可以将分析方法进一步分类，如药物分析、环境分析、生物分析、临床分析等。

四、常量分析、半微量分析、微量分析和超微量分析

根据试样的用量多少，可分为常量分析、半微量分析、微量分析和超微量分析。各种方法的试样用量情况如表1-1所示。

表 1-1　按试样用量分类的分析方法

方法	试样质量/mg	试样体积/mL
常量分析	>100	>10
半微量分析	10～100	1～10
微量分析	0.1～10	0.01～1
超微量分析	<0.1	<0.01

如前所述，化学定量分析多为常量分析，仪器分析多为微量分析及超微量分析。

根据试样中待测组分相对含量高低，可把待测组分分为常量组分（质量分数＞1%）、微量组分（质量分数在 0.01%～1%）和痕量组分（质量分数＜0.0l%），这些组分的分析又分别称为常量组分分析、微量组分分析及痕量组分分析，见表 1-2。注意这种分类方法与试样用量分类法不同，两个概念不能混淆。

表 1-2　按待测组分含量分类的分析方法

方法	待测组分在试样中含量
常量组分分析	＞1%
微量组分分析	0.01%～1%
痕量组分分析	＜0.01%

常量组分和微量组分的含量常用%或‰表示；痕量组分的含量常用 ppm（parts per million，10^{-6}，百万分率）、ppb（parts per billion，10^{-9}，十亿分率）、ppt（parts per trillion，10^{-12}，万亿分率）表示。它们是相对含量的表示方法，与质量单位 $\mu g(10^{-6}g)$、$ng(10^{-9}g)$、$pg(10^{-12}g)$应注意区分。

《中国药典》规定：%表示百分比，可根据实际需要采用下列符号表示：%（g/g）表示溶液 100g 中含有溶质若干克；%（mL/mL）表示溶液 100mL 中含有溶质若干毫升；%（mL/g）表示溶液 100g 中含有溶质若干毫升；%（g/mL）表示溶液 100mL 中含有溶质若干克。

五、例行分析和仲裁分析

例行分析（routine analysis）是一般化验室在日常生产或工作中对产品质量指标进行的分析，又称为常规分析。仲裁分析（arbitral analysis）是指不同单位对分析结果有争议时，请求法定检验单位使用法定方法进行裁判的分析。

第 2 节　试样分析的基本程序

试样的分析主要包括定性分析和定量分析，本节主要概述定量分析基本程序。定量分析的任务是测定物质中某种或某些组分的含量，分析过程通常包括：试样的采集、试样的处理（分离与富集等）、分析测定、分析结果的计算与评价、分析报告等。

一、试样的采集

试样的采集也称为取样，在分析中，所采集的试样必须具有代表性，即分析试样的组成及含量能代表整批待测样品的平均含量。否则，所做的分析工作无论多么认真，结果多么准确，该工作都将毫无价值，甚至可能导致错误的结论，从而给实际工作造成严重的后果。因此，必须采用科学取样法，以保证所分析的试样结果可代表整批试样的状况。由于待分析试样的物态和性质多种多样，因此对于不同的试样，其采集和处理方法也各有不同，对于各类试样采集的具体操作方法可参阅有关的国家标准或行业标准，如药品试样的采集可参考《中国药典》中有关取样方法的规定。

二、试样的处理

试样的处理过程主要包括分离与富集两方面。试样中组分复杂，在测定其中某一组分时，共存的其他组分可能会产生干扰，因此，测定该组分前应尽可能地消除干扰，对被测组分与干扰组分进行分离；另外，各种分析方法均有一定的适用范围，被测组分的浓度或含量应在所用分析方法的检测范围内才能保证测定结果的准确性，因此，对于含量低的被测组分，应采用富集的方法使其含量提高。

在药品分析工作中，绝大多数分析方法均要求试样为溶液，因此，若试样不是溶液，则需要通过适当的方法将其转化成溶液，这个过程称为供试品溶液的制备。供试品溶液的制备可根据试样的组成和特性、待测组分性质及分析目的，选择合适的方法进行。如若测定的对象是药物中的无机物或无机元素，则一般采用消化的方法，即把药品中的有机物破坏，测定其中的无机成分。消化的方法可为干法消化（高温加热灼烧），也可为湿法消化（常用浓 HNO_3 进行氧化处理）。若测定的对象是有机物，则可根据被测成分的极性大小、化学性质不同等采用不同溶剂、不同方法进行提取、净化、富集。提取的目的是使被测组分定量地转移到溶液中。常用来进行样品提取的溶剂有水、乙醇、甲醇、乙醚、三氯甲烷、乙酸乙酯、石油醚等，具体选择何种溶剂，应根据被测组分的极性大小来选择，选择原则为相似相溶原理。纯化目的是去除提取液中的干扰组分，富集的目的是提高被测组分的浓度，以达到检测限。目前常用来进行纯化、富集的方法有过滤、萃取、沉淀、柱色谱法等。若测定生物样品，其前处理比较复杂，涉及的步骤较多，包括了细胞的破碎、样液的除杂、浓缩和干燥等过程。细胞的破碎有机械法、反复冻融法、超声波处理法、酶解法、有机溶剂处理法等；除杂包括过滤、超滤或透析等操作；常用的浓缩法有超滤法、离子交换吸附法、沉淀重量法、萃取法等；干燥方法有常压干燥、真空干燥、冷冻干燥等。

三、分析测定

根据待测组分的性质、含量和对分析结果准确度的要求，选择合适的分析方法进行分析测定。分析化学中涵盖了多种分析方法，在学习过程中应熟悉各种分析方法的原理、特点及操作方法，根据它们的灵敏度、选择性及适用范围等，选择适合不同试样的分析方法进行测定。

四、分析结果的计算与评价

通过分析测试过程获得原始数据，运用统计学方法对其进行处理，计算试样中待测组分的含量，并对测定结果及其误差情况进行评价，将实验数据转化为物质系统的物理和化学信息。在此基础上，按要求将分析结果形成书面报告。

第 3 节 分析化学的发展与趋势

分析化学有着悠久的历史。人们最早是依靠感官与双手进行分析与判断，随着科学技术的不断发展，逐渐建立起更多的分析方法，分析测试工具也越来越先进，逐渐形成分析化学这门学科。分析化学学科的发展经历了三次大的变革。第一次变革在 20 世纪初，物理化学溶液理论的发展，为分析化学提供了理论基础，建立了溶液中四大平衡理论，使分析化学由一种技术发展为一门科学。第二次变革在第二次世界大战前后，物理学和电子学的发展，促进了各种仪器分析方法的发展，改变了分析化学以化学分析为主的局面。第三次变革是自 20 世纪 70 年代以来，以计算机应用为主要标志的信息时代的到来，以及生命、环境、材料和能源等科学发展的需要，基础理论及测试手段进一步完善，现代分析化学已经突破了纯化学领域，它将化学与数学、物理学、计算机学及生物学紧密地结合起来，发展成为一门多学科性的综合科学。现代分析化学完全可能为各种物质提供组成、含量、结构、分布、形态等全方位的信息。如具有专家系统功能的智能色谱仪和智能光谱仪的出现，使实验条件优化、数据处理速度及准确性都大为提高；各种联用技术如色谱与质谱联用正日益完善和发展，为复杂体系中的测定提供了有力的工具；无损分析、在线实时分析、活体原位分析等新方法应运而生。

今后，分析化学仍将为适应化学、生命科学、医药学、环境科学、安全与卫生等的发展需要，继续沿高灵敏度、高选择性、高准确度、快速、简便、智能化和信息化等方面发展，以解决更多、更新、更复杂的分析问题。

第 4 节 分析化学的学习方法

分析化学是中药学、药学专业的重要专业基础课之一，因此学好分析化学对于中药学、药学类各门专业课及其他几门化学课的学习都十分重要。

分析化学是各种分析方法的集合，本教材主要介绍了一些基本的、常用的分析方法，包括重量分析法、容量分析法和电分析法的相关理论和方法。在学习时，学生应对各种分析方法的原理、具体的操作、运用条件及适用范围理解并掌握，才能科学合理地应用各方法解决问题；在此基础上应对各种方法之间的相同之处和相异之处进行比较理解，更有利于合理地选择不同的分析方法及不同方法之间的综合应用；在各行各业所涉及的分析方法远远多于教材中所介绍的，但许多分析方法的基本原理和理论均与教材中所介绍的这些基本方法相同，因此掌握好分析化学的基本理论和方法，并在此基础上进一步理解、运用、推广，能自主学习也是学习分析化学的最终目标。

在分析化学学习过程中，要逐步建立起"量"的概念，即对"量"的准确度和精密度有严格的要求，这是分析化学不同于其他化学学科的特别之处。对样品分析时，包括分析方法、分析仪器的选择、取样、样品的前处理、试样溶液的制备、样品测定、读取数据、数据处理及报告等步骤，每一步对测定结果的准确度和精密度都可能带来影响，为了得到准确的测定结果，必须在分析的各步骤都要有"量"的概念，各操作步骤均要尽量减少误差的引入。"量"概念的建立首先应学习好理论知识，从理论上充分理解误差引入的原因及其克服的方法，这在每一章节内容中均会指出。如误差及分析数据的处理中所讲到的分析仪器的选择、有效数字的记录及分析结果表达；各种滴定分析方法中实验条件的控制，方法的适用范围等。其次，"量"的概念建立还需要正确而熟练地掌握分析化学的基本操作，具有精密地进行实验的技能。分析化学是一门实践性的学科，须通过实验才能得到分析结果，因此，实验教学是分析化学教学的重要环节。学生在理论上建立了"量"的概念后，必须通过正确和合理的实验操作才能得到准确的测定结果。这就要求学生在实验课上规范实验操作，掌握各种分析技术的基本操作技能，做实验过程中多思考，把理论与实践相结合，真正理解实验操作中每一步骤的作用，仔细观察并记录实验中各种现象及相关数据，注意培养严谨的实验态度。

分析化学及其应用涉及的领域很广，而且其发展日新月异，学生在学习过程中，还应学会查阅资料及文献，关注分析化学的前沿领域发展趋势，了解分析化学新技术、新方法在药学科学中的应用。

课 程 人 文

1. 分：会意，从八，从刀，表示"二物相别"、"一别为二"。"分，别也。"(《说文》)延伸理解为"定性"。"五谷不分，孰为夫子!"(《论语·微子》)

2. 析：形声，字从木，从斤，"斤"指斧钺，与"木"联合起来表示"以斧破木"。"析，破木也。"(《说文》)破木之前要"心中有数，即长、宽、高"，延伸理解为"定量"。"判天地之美，析万物之理。"(《庄子·天下》)

3. 化：会意，从二人，象二人相倒背之形，一正一反，以示变化。"状变而实无别而为异者，谓之化。"(《荀子·正名》)"我无为而民自化。"(《老子》)"鲲之大，不知其几千里，化而为鸟，其名为鹏。"(《庄子·逍遥游》)

4. "分析问题，解决问题。"常说的一句话，就是遇到问题，首先要调查研究，判断问题的性质和程度，才能处理好。

5. 哲学的三大终极问题"我是谁?""我从哪里来?""我将去何处?"相对应的是药物也有类似三大问题"药物的有效成分是什么、有多少?""如何发现找到这些有效成分?""这些有效成分进到体内，如何吸收、分布，即成分到哪里去啦?"要解决这三大问题，就要学好"分析化学"这门课程。

第 2 章
误差和分析数据的处理

定量分析是分析工作者根据分析的目的,选择合适的分析方法来测定试样中待测组分的含量。在分析过程中,由于受到所用方法、试剂、仪器、工作环境等各种主、客观因素的影响,测量结果不可能绝对准确,我们把测量值与真实值之间的差别称为误差。误差具有以下特点:一是误差处处可见,任何测量都存在误差,误差的存在是客观的;二是误差可减少,但不会消灭。测量过程中分析工作者可通过改变测定方法、提高测量仪器的精度、规范工作环境等方法不断减少误差,但由于任何测量都存在误差,误差永远不可能消灭;三是误差是可以传递的,一个定量分析往往要经过许多步骤,每步测量产生的误差都会对分析结果的准确度产生影响,因而定量分析结果的误差是各步分析误差的累积。

因此,在进行定量分析时,必须对分析结果的可靠性和准确度做出合理的判断和正确的表达,了解分析过程中产生误差的原因及减少误差的方法,从而不断提高分析结果的准确度。

本章将讨论误差来源、种类、性质、减免方法,有效数字含义、修约、运算、应用及运用统计学原理处理分析数据的一些基本方法。

第 1 节 误 差 分 类

在定量分析中,各种原因均可导致误差,按照误差来源和性质不同,可分为系统误差和偶然误差两类。

一、系统误差

系统误差(systematic error)又称可定误差,是由某种固定的原因造成的,具有"重现性"、"单一性"和"可测性"的特点。这类误差有固定的方向(即正或负)和大小,重复测定时重复出现。根据产生系统误差的主要原因,可把它分为方法误差、仪器误差、试剂误差和操作误差。

1. 方法误差 指所选用的分析方法本身所带来的误差。例如重量分析中沉淀具有一定的溶解度,滴定分析中反应进行不完全、存在副反应或是滴定终点与化学计量点不符等,都会产生方法误差,从而使测定结果不准确,可通过选择合适方法或通过误差校正减少误差。

2. 仪器误差 由于所使用的仪器不准确造成的误差。例如:天平砝码、滴定管的真值与标示值不符。可通过对仪器进行校准,来减少仪器误差。

3. 试剂误差 由于试剂或溶剂不纯所引起的误差。通过空白试验及使用高纯度的试剂等方法,可以减少试剂误差。

4. 操作误差　是由于操作人员主观原因造成的误差，如在辨别滴定终点颜色时，有人偏深，有人偏浅等。可通过多加训练、熟练操作，来减少操作误差。

二、偶然误差

偶然误差（accidental error）又称不可定误差。是由一些难以控制的、变化无常的、不可避免的偶然因素造成的。例如测定过程中环境条件（温度、湿度、噪声等）的微小变化，试样处理条件的微小差异等，都可能使测定结果产生波动，这些不可避免的偶然因素使分析数据在一定范围内波动而引起偶然误差。

偶然误差的特点是，误差大小和正负都不固定，有时大，有时小，有时正，有时负，因此偶然误差是无法测量的。但如果通过无限次测量就会发现，它们的出现服从统计规律，即大小相等、方向相反的测量误差出现的概率相等；大误差出现的概率小，小误差出现的概率大。因此，通过多次测量求平均值可以使偶然误差很大程度上相互抵消，实际工作中，常常通过增加平行测定次数来减小偶然误差。

系统误差和偶然误差的划分并不是绝对的，有时很难区别某种误差是系统误差还是偶然误差。例如在观察滴定终点颜色改变时，有人总是偏深，属于系统误差中的操作误差。但在多次测定中，观察滴定终点颜色的深浅程度不可能完全一致，时浅时深，又属于偶然误差。且系统误差和偶然误差完全可能同时存在。

除了系统误差和偶然误差外，在分析过程中往往会遇到由于操作错误引起的"过失误差"，其实是一种错误，不能称为误差。例如，数据记录时出错、滴定时加错指示剂、溶解时试样转移不完全等都属于过失误差。过失误差所得的数据称为离群值，在进行数据处理时应予以去除。

第2节　准确度和精密度

一、准确度和误差

准确度（accuracy）是指测量结果与真实值接近的程度，用误差（error）来衡量。测量值与真实值越接近，准确度越高，误差就越小；反之，误差越大。误差主要有两种表示方法：绝对误差与相对误差。

1. 绝对误差（absolute error）　测量值与真值之差称为绝对误差。若以 x 代表测量值，μ 代表真值，绝对误差 δ 为

$$\delta = x - \mu \tag{2-1}$$

绝对误差的单位与测量值相同，当测量值大于真值时，误差为正值；测量值小于真值时，误差为负值。

2. 相对误差（relative error）　相对误差是指绝对误差 δ 在真实值 μ 中所占的百分率，反映了测量误差在测量结果中所占的比例。

$$相对误差（\%）= \frac{\delta}{\mu} \times 100\% = \frac{x-\mu}{\mu} \times 100\% \tag{2-2}$$

例 2-1　用分析天平称量 A、B 两个试样，A 称得的质量为 1.2531g，而 A 的真实质量为 1.2530g；B 称得质量为 0.1254g，而其真实质量为 0.1253g。试分别计算 A、B 称量的绝对误差和相对误差。

解： A 试样绝对误差为：$\delta = 1.2531\text{g} - 1.2530\text{g} = 0.0001\text{g}$

相对误差为：$\dfrac{0.0001}{1.2530} \times 100\% = 0.008\%$

B 试样绝对误差为：$\delta = 0.1254\text{g} - 0.1253\text{g} = 0.0001\text{g}$

相对误差为：$\dfrac{0.0001}{0.1253} \times 100\% = 0.08\%$

由上可见，两个物体的质量相差 10 倍，测量的绝对误差都为 0.0001g，它们的相对误差不相同。显然，当测量的绝对误差相等时，被测定物质的质量越大，相对误差就越小，测定的准确度也就越高。

3. 真值与标准参考物质　真值是指某一物理量本身具有的客观存在的真实数值。由于任何测量都存在误差，因此实际测量不可能得到真值，而只能接近真值。那么计算误差中的真值如何得来，在分析中常用约定真值及相对真值当作真值来处理。

（1）约定真值：由国际计量大会定义的单位（国际单位）及我国的法定计量单位是约定真值。例如物质的量的单位（摩尔）、各元素的原子量等都是约定真值。

（2）相对真值：在分析工作中，由于没有绝对纯的化学试剂，因此也常用标准参考物质的证书上所给出的含量作为相对真值，也称为标准值。标准参考物质标准值必须是经公认的权威机构通过可靠分析方法分析鉴定所获得的结果，常用的标准参考物质如标准试样或对照品。

二、精密度和偏差

精密度（precision）表示多次平行测定值之间的接近程度，可用偏差（deviation）来衡量。由于分析结果的精密度受偶然误差影响，偏差越小，数据的离散程度越小，精密度越好，偶然误差越小；反之，偏差越大，数据的离散程度越大，精密度越差，偶然误差越大。偏差的表示方法有绝对偏差、平均偏差、相对平均偏差、标准偏差和相对标准偏差。

1. 绝对偏差（absolute deviation）　单个测量值与平均值之差称为绝对偏差，又称为偏差。若以 x_i 代表测量值，$\bar{x}$ 代表一组测量数据的平均值，则单个测量值 x_i 的偏差 d 为

$$d = x_i - \bar{x} \tag{2-3}$$

2. 平均偏差（average deviation）　各单次测量偏差绝对值的平均值，称为平均偏差，以 $\bar{d}$ 表示

$$\bar{d} = \frac{\sum_{i=1}^{n} |x_i - \bar{x}|}{n} \tag{2-4}$$

3. 相对平均偏差（relative average deviation）　平均偏差 $\bar{d}$ 与测量平均值 $\bar{x}$ 的比值称为相对平均偏差，用 $\bar{d}_\text{r}\%$ 表示

$$\bar{d}_\text{r}\% = \frac{\bar{d}}{\bar{x}} \times 100\% = \frac{\sum_{i=1}^{n} |x_i - \bar{x}|/n}{\bar{x}} \times 100\% \tag{2-5}$$

平均偏差及相对平均偏差代表了一组测量数据中任何一个数据的偏差，没有正负号，可表示一组数据间的离散性大小，且其计算比较简单，一般在分析工作中平行测定次数不多时，常用平均偏差或相对平均偏差来表示分析结果的精密度。

4. 标准偏差（standard deviation，S） 当测量次数较多时，常使用标准偏差或相对标准偏差来表示一组测量数据的精密度。标准偏差 S 的数学表达式为

$$S = \sqrt{\frac{\sum_{i=1}^{n}(x_i - \overline{x})^2}{n-1}} \tag{2-6}$$

式中，n 为测定次数。

5. 相对标准偏差（relative standard deviation，RSD） 标准偏差 S 与测量平均值 $\overline{x}$ 的比值称为相对标准偏差，又称变异系数（coefficient of variation），相对标准偏差 RSD 的数学表达式为

$$RSD = \frac{S}{\overline{x}} \times 100\% = \frac{\sqrt{\dfrac{\sum_{i=1}^{n}(x_i - \overline{x})^2}{n-1}}}{\overline{x}} \times 100\% \tag{2-7}$$

标准偏差通过平方运算，能突出大的误差，故标准偏差 S 能更好地说明测量值的离散程度。实际工作中，当测量次数较多时，常用相对标准偏差表示分析结果的精密度。

例 2-2 标定某盐酸溶液的浓度，五次结果分别为 0.1021mol/L、0.1032mol/L、0.1012mol/L、0.1002mol/L 和 0.1043mol/L。试计算标定结果的平均值、平均偏差、相对平均偏差、标准偏差和相对标准偏差。

解：平均值：$\overline{x} = \dfrac{0.1021 + 0.1032 + 0.1012 + 0.1002 + 0.1043}{5} = 0.1023mol/L$

平均偏差：$\overline{d} = \dfrac{0.0001 + 0.0010 + 0.0010 + 0.0020 + 0.0021}{5} = 0.0012mol/L$

相对平均偏差：$\dfrac{\overline{d}}{\overline{x}} \times 100\% = \dfrac{0.0013}{0.1022} \times 100\% = 1.3\%$

标准偏差：$S = \sqrt{\dfrac{(0.0001)^2 + (0.0010)^2 + (0.0010)^2 + (0.0020)^2 + (0.0021)^2}{5-1}}$

$= 0.0017mol/L$

相对标准偏差：$RSD = \dfrac{0.0017}{0.1022} \times 100\% = 1.7\%$

例 2-3 A、B 两人对同一试样进行测定，所得两组测定数据如下：

组别	x					$\overline{x}$	$\overline{d}_\text{r}$ / %	RSD/%
A	20.0	19.8	19.7	20.2	20.1	20.0	1.2	1.5
	20.4	20.3	20.2	19.6	19.7			
B	20.0	20.1	19.3	20.2	20.1	20.0	1.2	1.7
	19.8	20.5	19.8	20.3	19.9			

由例 2-3 可以看出，虽然 A、B 两组数据的平均值及相对平均偏差相同，但 A 组数据较集中，B 组数据较为分散，由此可见相对平均偏差未能分辨出精密度的差异，而相对标准偏差则可反映出 A 组的精密度好于 B 组。

三、准确度与精密度的关系

测定结果的评价应从精密度和准确度两个方面衡量。准确度反映测量结果与真值的接近程度，精密度反映测量结果之间的离散性。精密度是保证准确度的前提条件，没有好的精密度就没有好的准确度，准确度是在一定的精密度下，多次测量的平均值与真值相符的程度。

准确度与精密度关系可通过如下例子说明。图 2-1 表示 A、B、C、D 四人分析同一试样，每人测定 6 次所得的测量数据。由图可知 A 所测数据准确度与精密度均好，结果可靠；B 的精密度虽很高，但准确度太低，测量中存在较大的系统误差；C 的准确度与精密度均很差；D 的平均值虽接近真值，但精密度太差，只是由于正负误差相互抵消才使结果接近真值，但这结果是巧合得来的，是不可靠的，认为其结果准确度低。

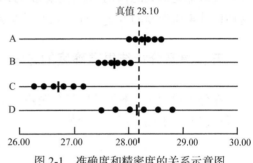

图 2-1　准确度和精密度的关系示意图

从上述可知，精密度高，若存在较大系统误差，测定结果的准确度不高，如图 2-1 中 B 的情况；精密度低，说明测定结果不可靠，此时考虑准确度无意义，如图 2-1 中 D；只有精密度与准确度都好的测量值才是可取的，如图 2-1 中 A。

四、误差的传递

在定量分析中，测定结果是通过各步测量及计算后得到的，每个测量值都存在误差，每步测量的误差都会传递到分析结果中，从而影响分析结果的准确性，我们把这种现象称为误差的传递（propagation of error）。系统误差的传递和偶然误差的传递规律有所不同，下面分别介绍。

1. 系统误差的传递　如果定量分析中各步测量误差均为系统误差，则其误差传递规律见表 2-1，可概括为：

①若测量结果由各步测量数据相加、减得来，则其测量结果的绝对误差等于各步测量值绝对误差的和或差。

②若测量结果由各步测量数据相乘、除得来，则其测量结果的相对误差等于各步测量值相对误差的和或差。

表 2-1　测量误差对计算结果的影响

运算式	系统误差	偶然误差	极值误差
1. $R = x + y - z$	$\delta_R = \delta_x + \delta_y - \delta_z$	$S_R^2 = S_x^2 + S_y^2 + S_z^2$	$\Delta R = \lvert \Delta x \rvert + \lvert \Delta y \rvert + \lvert \Delta z \rvert$
2. $R = x \cdot y / z$	$\dfrac{\delta_R}{R} = \dfrac{\delta_x}{x} + \dfrac{\delta_y}{y} - \dfrac{\delta_z}{z}$	$\left(\dfrac{S_R}{R}\right)^2 = \left(\dfrac{S_x}{x}\right)^2 + \left(\dfrac{S_y}{y}\right)^2 + \left(\dfrac{S_z}{z}\right)^2$	$\dfrac{\Delta R}{R} = \left\lvert \dfrac{\Delta x}{x} \right\rvert + \left\lvert \dfrac{\Delta y}{y} \right\rvert + \left\lvert \dfrac{\Delta z}{z} \right\rvert$

2. 偶然误差的传递 如果定量分析中各步的测量误差都是偶然误差，可用标准偏差对其影响进行估计，其规律可概括为（表2-1）：

①若测量结果由各步测量数据相加、减得来，则其测量结果的标准偏差的平方等于各步测量值标准偏差的平方和。

②若测量结果由各步测量数据相乘、除得来，则其测量结果的相对标准偏差的平方等于各步测量值相对标准偏差的平方和。

3. 测量值的极值误差 在分析化学中，当不需要严格的定量计算，只需要通过简单的方法估计一下整个过程可能出现的最大误差时，可用极值误差来表示。它假设在最不利的情况下各种误差都是最大的，而且是相互累积的，计算出结果的误差当然也是最大的，故称极值误差。这种估计累积误差的方法，称为极值误差法，其计算方法见表2-1。

五、提高分析结果准确度的方法

在分析过程中，不可避免存在误差，包括系统误差和偶然误差，要提高分析结果准确度必须减小误差。下面介绍减小分析误差的几种主要方法。

（一）减小系统误差

1. 系统误差的判断与评估

（1）对照试验：为了检验某分析方法是否存在系统误差及其误差的大小，常采用对照试验法。对照试验有两种做法，一是用待检验的分析方法测定已知含量的标准试样或纯物质，将所测得结果与标准值进行比较，以判断与评估该分析方法的系统误差；二是用公认可靠的分析方法和所选定方法对同一试样进行测定，比较两种方法测定结果的差值，以判断与评估所选定方法的系统误差。进行对照试验时，应尽量选择与试样组成相近的标准试样进行对照。

（2）回收试验：如果试样组成不明确时，可采用回收试验评估系统误差。其方法为向试样中加入一定量被测组分的纯物质，然后用该测定方法分别对试样及加入纯物质后的试样进行测定，比较被测组分含量的增加值与加入量之差，计算回收率，可估算出分析结果的系统误差。若设试样中待测组分的原有含量为 P_0，加入待测组分纯物质的量为 P_1，测得的总量为 P，则

$$回收率 = \frac{P - P_0}{P_1} \times 100\%$$

回收率越接近100%，说明系统误差越小，方法准确度越高。

2. 减小系统误差的方法

（1）选择合理的分析方法：对试样进行分析测定时，应考虑被分析组分的性质、含量大小、试样组成复杂程度及分析目的等方面，选择测定准确度、灵敏度均满足要求的方法，另外所选择的方法干扰要尽量少，步骤少，操作简单、快速等。被测组分的含量不同时，对分析结果准确度的要求不一样。例如对于常量组分的分析，由于组分含量高，选择测定方法时灵敏度易达到，准确度为其关键要求，由于化学分析法具有准确度高、灵敏度低特点，因此可选择化学分析方法对常量组分进行测定。而对于微量组分或痕量组分的分析，组分含量低，选择测定方法时灵敏度为关键要求，这时可采用灵敏度高、准确度相对较低的仪器分析法进行测定。不同的分析方法所能达到的准确度和灵敏度不一样，应根据具体情况和要求，选择合理的分析方法。

（2）校准仪器：仪器不准确引起的系统误差，可以通过校准仪器加以消除。例如在定量分析中，砝码、移液管和滴定管等必须进行校准，并在计算结果时采用校正值。

（3）减小测量的相对误差：在进行测量时，尽量减少测量本身带来的相对误差。例如，万分之一的分析天平每次读数的误差为±0.0001g，减量法称量时读数两次，为使称量的相对误差≤0.1%，则应称取的试样最小量为

$$\frac{0.0001 \times 2}{0.1\%} = 0.2g$$

滴定管每次读数误差为±0.01mL，在一次滴定中需读数两次，为使滴定的相对误差≤0.1%，则消耗滴定液的体积至少为

$$\frac{2 \times 0.01}{0.1\%} = 20mL$$

应该注意，不同分析方法的准确度要求不同，各测量步骤的准确度应与整体分析方法的准确度相当。例如称量 2g 样品，若称量相对误差允许±1%时，则试样的称量误差±1%×2 = ±0.02g，此时就没有必要准确至±0.0002g，即不必采用万分之一分析天平称量，称量时采用能精确至±0.01g 的天平即可。

（4）空白试验：在不加试样的情况下，用测定样品相同的分析方法对空白试样进行测定，所得结果称为空白值，从样品的分析结果中扣除空白值，可以消除或减少由于试剂不纯或干扰等引起的系统误差。

（5）遵守操作规章，消除操作误差。

（二）减小偶然误差

根据偶然误差的分布规律，平行测定次数越多，平均值越接近于真值，因此增加平行测定次数可以减小偶然误差对分析结果的影响。但有研究表明，测定次数超过 10 次后，不仅收效甚微，而且耗费太多的时间和试剂，因此，化学分析工作中一般平行测定 3～5 次。

第 3 节　有效数字及其运算法则

在实际的测量过程中，需要记录测量数据及对测量数据进行处理，从而获得测定结果。那么测量数据的记录及计算结果应保留到几位，才符合客观测量的实际情况呢？例如测量某人的身高，若记录为 1.6000m，从数据来讲，并无错误，但实际上用这样多位数的数字来表示上述测量结果是错误的，它没有反映客观事实，因为所用的分析方法和测量仪器不可能准确到这种程度。正确记录及表达测量数据，这就必须要了解"有效数字"在实际测量工作中的应用。

一、有效数字

有效数字是指在分析工作中实际上能测量到的数字。由于有效数字的获取来源于一个实际测量过程，因此一次测量结果的有效数字也是唯一的。

（一）有效数字记录

记录有效数字时，只允许保留一位可疑数字，即有效数字由实际读取准确数字和最后一位可疑数字组成，其误差是末位数字的±1个单位。如用分析天平称量某称量瓶时，分析天平读数为21.6514g，这六位数字中，前5位都是通过分析天平直接读出来的，是准确的，而最后一位是通过估计读出来的，有一定的误差，即该数字的读数误差为±0.0001g。

（二）有效数字的作用

有效数字的位数，不仅能表示测量数值的大小，还可反映测量的精密程度，从而推测出用于测量的量具。如上述称量瓶重21.6514g，显然使用的测量仪器是万分之一的分析天平，若读出某物质的质量为21.65g，显然使用的测量仪器不再是分析天平，而是准确称量到±0.01g的托盘天平。有效数字的位数，直接反映了测定的误差。例如，减量法称得某物质量为0.6250g，它表示该物实际质量是0.6250±0.0002g，其相对误差为

$$\pm\frac{0.0002}{0.6250}\times100\%=\pm0.032\%$$

但若称得该物质量为0.625g，则表示该物实际质量是0.625±0.002g，其相对误差为

$$\pm\frac{0.002}{0.625}\times100\%=0.32\%$$

由上例可知，测量时有效数字位数越多，表示测量误差越小，测量越准确。

（三）有效数字位数确定

在测量数据中数字"1~9"均为有效数字，但数据中"0"既可是有效数字，又可是用于定位的无效数字，应根据具体情况而定。当0前还有其他数字时，则该0为有效数字，如1.002g中两个0均为有效数字；当0位于其他数字之前，则该0不是有效数字，如0.0012g中的3个0均不是有效数字。

分析化学中还经常遇到pH、pC、lg$K$等对数值，其有效数字的位数仅取决于小数部分数字的位数，而整数部分只说明该数的方次。例如，pH=13.00 即[H$^+$]=1.0×10^{-13}mol/L，其有效数字为两位，而不是四位。

变换单位或改为科学记数法时不能改变有效数字的位数。例如0.0658g是三位有效数字，可写成6.58×10^{4}μg，不能写成65800μg，因为这样表示比较模糊，有效数字位数不确定。

常量分析一般要求四位有效数字，以表明分析结果的准确度为1‰。最后的计算结果必须表示为与准确度相适应的有效数字位数。

二、有效数字修约规则

测量值的有效数字的位数可能不同，在数据处理过程中，为了避免误差累积，按运算法则确定有效数字的位数后，舍入多余的尾数，称为数字修约。其基本原则如下：

（1）四舍六入五成双：测量值中被修约的那个数小于"5"时，舍弃，如10.31490→10.31；大于"5"时，进位，如10.31510→10.32，10.32501→10.33；等于"5"时，当"5"的前面一位是奇数时，进位，把奇数变成偶数，如10.31500→10.32；当"5"的前面一位是偶数时，舍弃，如10.32500→10.32。

过去沿用"四舍五入"修约规则，见五就进，能引入明显的舍入误差，使修约后的数值偏高。"四舍六入五成双"规则是逢五有舍有入，五的舍入引起的误差可以互相抵消。因此，数字修约中多采用此规则。

（2）只允许对原测量值一次修约至所需位数，不能分次修约。如 4.6349 修约为三位数，不能先修约成 4.635，再修约为 4.64，只能一次修约成 4.63。

（3）在大量数据运算时，为防止误差迅速累积，对参加运算的所有数据可先多保留一位有效数字，运算后，再将结果修约成与最大误差数据相当的位数。

（4）修约偏差：修约平均偏差、相对平均偏差、标准偏差和相对标准偏差时，在大多数情况下，取一位有效数字即可，最多取两位，有余数即进位。这是因为偏差的大小代表了数据的离散程度，偏差越大，数据越离散，进行修约后，应该使结果变得更差些，而不能使结果变得更好，否则有美化数据的嫌疑。如某计算结果的 RSD 为 0.313%，修约为两位有效数字应为 0.32%。

三、有效数字运算法则

在处理数据时，常遇到一些准确度不相同的数据，而这些数据的误差均可传递到分析结果中去，对于这些数据，应按照有效数字的运算法则合理取舍，才能不影响分析结果准确度的正确表达。常用的基本法则是：

1. 加减法　加减法中和或差的误差由各测量数据的绝对误差传递而来的。当几个数据相加或相减时，它们的和或差的有效数字的保留，应以小数点后位数最少（即绝对误差最大的）的数据为依据。例如 0.0132、26.54 及 2.1685 三数相加，因 26.54 中的 4 已是可疑数字，则三者之和为

$$0.013+26.54+2.168=28.72$$

2. 乘除法　乘除法中积或商的误差是各测量数据相对误差的传递结果。几个数据相乘除时，积或商的有效数字的保留，应以其中相对误差最大的那个数，即有效数字位数最少的那个数为依据。

如求 0.0132、26.54 及 2.1685 三数相乘之积，第一个数是三位有效数字，其相对误差最大，应以此数据为依据，确定其他数据的位数，然后相乘，则

$$0.0132\times26.54\times2.168=0.760$$

在计算式中，可认为常数有效数字的位数为无限制，即在计算时，可根据需要确定常数的有效数字。

四、有效数字在分析化学中的应用

1. 正确地记录测量数据　有效数字的记录应根据分析测定过程所使用仪器的准确度来决定，而不能随意增减有效数字位数，特别是当有效数字末位数字是 0 时，不可随意去除。如在万分之一分析天平上称得某物体重 0.3600g，只能记录为 0.3600g，不能记成 0.360g 或 0.36g；又如从滴定管上读取溶液的体积应该记为 22.00mL，不能记为 22mL 或 22.0mL。

2. 正确地选用测量仪器　测量仪器的选择应根据测定方法和测定结果对准确度的要求而定。如若需称取的样品重为 2g，测定的相对误差要求≤±0.1%时，通过计算可知此时要求的绝

对误差≤±0.002g即可，此时就不需要用万分之一的分析天平，用千分之一的天平即可；又如要求移取盐酸溶液25mL，用量筒移取即可，但若要求移取盐酸溶液25.00mL，则应用移液管移取。

由于分析测定结果的准确度最终由测量步骤中误差最大的那步来决定，则其他步骤的测量并不是越准确越好，其他步骤的测量误差应该与误差最大的那步相匹配，因此，各测量步骤的仪器选择应该根据误差相近的原则来选择。

3. 正确地表示分析结果 分析结果的有效数字的位数由各分析步骤的准确度决定，即由各步骤测量的有效数字的位数决定。一般来说，在计算分析结果时，含量＞10%组分的结果表达，一般要求四位有效数字，如15.26%；含量在1%～10%时一般要求三位有效数字，如4.36%；含量小于1%的组分只要求两位有效数字，如0.41%。

第4节 测量数据的统计处理

一、偶然误差的正态分布

无限多次测量值的偶然误差服从正态分布，其分布规律可用高斯方程及高斯曲线表示，见式（2-8）及图2-2。

$$y=\frac{1}{\sigma\sqrt{2\pi}}e^{\frac{-(x-\mu)^2}{2\sigma^2}} \tag{2-8}$$

式中，y为测量值出现的概率，正态分布曲线与横坐标所夹的总面积代表所有测量值出现的概率总和，其值为1；x为测量值；μ为总体平均值，是无限次测量所得数据的平均值，也称为真值，不同总体有不同的μ值；σ为总体标准差，即表示数据的精密度，用于衡量测量数据的离散程度，σ较小时，数据较集中；σ较大时，数据较分散，见图2-3。

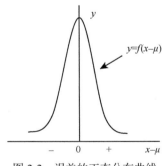

图2-2 误差的正态分布曲线

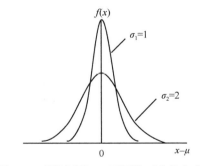

图2-3 真值相同、σ不同的正态分布曲线

由上可知，正态分布曲线的形状由μ与σ决定，由于这两个都是变量，为了计算方便，进行如下变量代换。

令

$$u=\frac{x-\mu}{\sigma} \tag{2-9}$$

则

$$y = f(x) = \frac{1}{\sigma\sqrt{2\pi}}e^{-\frac{u^2}{2}}$$

由式（2-9）得 $dx = \sigma \cdot du$ ，则

$$f(x)dx = \frac{1}{\sigma\sqrt{2\pi}}e^{-\frac{u^2}{2}}du \cdot \sigma = \phi(u)du$$

$$y = \phi(u) = \frac{1}{\sqrt{2\pi}}e^{-\frac{u^2}{2}} \qquad (2\text{-}10)$$

这样，曲线的横坐标变为 u ，纵坐标为概率密度，称这种正态分布为标准正态分布曲线，也称 u 分布。u 是以总体标准偏差 σ 为单位的 $x - \mu$ 值，经过这样变换，标准正态分布曲线形态与 σ 无关。

由于曲线与横坐标所夹面积代表测量值出现概率的总和，测量值在某一区间范围内出现的概率，可用某一区间范围内的曲线与左右两条垂线和横坐标所夹的面积来表示，也可以通过计算得出，结果制成相应的概率积分表可供直接查用，见表 2-2。

表 2-2　正态分布概率积分表

$|u|$	面积	$|u|$	面积	$|u|$	面积
0.0	0.0000	1.0	0.3413	2.0	0.4773
0.1	0.0398	1.1	0.3643	2.1	0.4821
0.2	0.0793	1.2	0.3849	2.2	0.4861
0.3	0.1179	1.3	0.4032	2.3	0.4893
0.4	0.1554	1.4	0.4192	2.4	0.4918
0.5	0.1915	1.5	0.4332	2.5	0.4938
0.6	0.2258	1.6	0.4452	2.6	0.4953
0.7	0.2580	1.7	0.4554	2.7	0.4965
0.8	0.2881	1.8	0.4641	2.8	0.4974
0.9	0.3159	1.9	0.4713	3.0	0.4987

由表 2-2 数据可知，当 $u = \dfrac{x - \mu}{\sigma} = \pm 1$ 时，测量值 x 落在（$\mu \pm 1\sigma$）范围内的概率为 68.3%；当 $u = \pm 2$ 时，x 落在（$\mu \pm 2\sigma$）范围内的概率为 95.5%；当 $u = \pm 3$ 时，x 落在（$\mu \pm 3\sigma$）范围内的概率为 99.7%。

由式（2-9）可得

$$\mu = x \pm u_p\sigma \qquad (2\text{-}11)$$

式（2-11）表示，由于偶然误差的影响，单次测量值相对于真值的误差为 $\pm u_p\sigma$ ，其概率为 P。或者真值落在（$x \pm u_p\sigma$）范围内的概率为 P ，落在此范围以外的概率为 $1-P$。$1-P$ 为显著性水平，用 α 表示。P 为置信水平或置信度，（$x \pm u_p\sigma$）为置信区间，$\pm u_p\sigma$ 为置信界限。

置信区间是指在一定置信度下，以测量值为中心，包括真值在内的范围。置信度（概率）越大，置信区间越宽，包括真值在内的可能性越大，但测量数据的准确性越差。

二、t分布与平均值的置信区间

（一）t分布

在实际测量中，进行的是有限次的测量，有限量测量值的偶然误差分布服从t分布。进行有限次测量时，只能求出样本的标准偏差S，用S来估算测量数据的离散度，此时，测量值及偶然误差不符合正态分布规律，可用t分布进行处理。

t分布曲线见图2-4，与标准正态分布曲线相似，只是由于测量次数少，数据的离散程度较高，分布曲线的形状变得低而钝。纵坐标是概率密度，横坐标是统计量t（用t代替无限次测量中的u），t分布曲线随自由度f不同（$f=n-1$，n为测量次数）而改变，当$f \to \infty$时，t分布就趋近正态分布。t的定义是

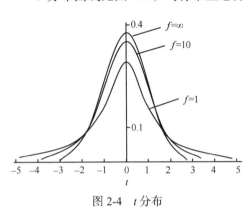

图2-4 t分布

$$t_{a,f} = \frac{x-\mu}{S} \qquad (2\text{-}12)$$

式中，μ为真值或总体均值；S为样本标准偏差，$t_{a,f}$是以样本标准偏差为单位的$x-\mu$值。当$f \to \infty$时，$t_{a,f}$值等于u值，与u分布一样，t分布曲线下面一定范围内的面积，就是该范围内的测定值出现的概率。但对于t分布曲线，当t值一定时，由于f值不同，其概率也不同。部分不同f值及概率所相应的t值见表2-3。

表2-3 $t_{a,f}$值表（双边）

$f(n-1)$	1	2	3	4	5	6	7	8	9	10	20	∞
$P=90\%$（$\alpha=0.10$）	6.31	2.92	2.35	2.13	2.02	1.94	1.90	1.86	1.83	1.81	1.72	1.64
$P=95\%$（$\alpha=0.05$）	12.71	4.30	3.18	2.78	2.57	2.45	2.36	2.31	2.26	2.23	2.09	1.96
$P=99\%$（$\alpha=0.01$）	63.66	9.92	5.84	4.60	4.03	3.71	3.50	3.36	3.25	3.17	2.84	2.58

表2-3中，P值称为置信水平或称置信度，它表示在某一t值时，测定值落在（$\mu \pm t_{a,f}S$）内的概率；显然，测定值落在此范围外的概率为$1-P$，用显著性水平α表示。由于t与置信度及自由度有关，一般表示为$t_{a,f}$。

（二）平均值的精密度和置信区间

由于通常不考虑单次测量值相对于真值μ的误差，而考虑的是样本多次测量的均值相对于真值μ的误差，所以在公式$t_{a,f} = \dfrac{x-\mu}{S}$中，$x$应用平均值$\bar{x}$替代，$S$应采用平均值的标准偏差$S_{\bar{x}}$替代，由于$S_{\bar{x}} = S/\sqrt{n}$，得公式：

$$t_{a,f} = \frac{\bar{x}-\mu}{S_{\bar{x}}} = \frac{\bar{x}-\mu}{S}\sqrt{n} \qquad (2\text{-}13)$$

则平均值的置信区间为

$$\mu = \overline{x} \pm \frac{t_{\alpha,f}S}{\sqrt{n}} \tag{2-14}$$

例 2-4　用高效液相色谱法测定大黄中总蒽醌的含量，10 次测定平均值为 1.52%，标准偏差为 0.024%，分别求出当 $P=95\%$ 和 $P=99\%$ 时，真值所在的置信区间。

解：（1）已知置信度为 95%，$\alpha=0.05$，$f=10-1=9$，查表得：$t=2.26$

$$\mu = \overline{x} \pm \frac{tS}{\sqrt{n}} = 1.52 \pm 2.26 \times \frac{0.024}{\sqrt{10}} = (1.52 \pm 0.02)\%$$

（2）已知置信度为 99%，$\alpha=0.01$，$f=10-1=9$，查表得：$t=3.25$

$$\mu = \overline{x} \pm \frac{tS}{\sqrt{n}} = 1.52 \pm 3.25 \times \frac{0.024}{\sqrt{10}} = (1.52 \pm 0.03)\%$$

三、显著性检验

在分析工作中，对分析结果的处理中常遇到两种情况，一是对标准物质或纯物质进行测定时，所得到的平均值与标准值是否存在显著性差异；二是不同分析人员、不同实验室或不同分析方法对同一试样进行分析时，两组测定数据的平均值是否存在显著性差异。由于测量都存在误差，测量数据之间存在差异是毫无疑问的，但这种差异是由偶然误差还是由系统误差引起的，则是未知的，因此必须对两组分析结果的准确度或精密度是否存在显著性差异作出判断，称之显著性检验。统计检验的方法很多，在定量分析中最常用 t 检验与 F 检验，分别用于检验两个分析结果是否存在显著的系统误差和偶然误差。

（一）样本平均值 $\overline{x}$ 与标准值（真值）μ 的比较

为了检验分析数据是否存在系统误差，可对标准试样进行测定，然后利用 t 检验法比较测定结果的平均值与标准值之间是否存在显著性差异。若存在显著性差异，说明该分析数据存在系统误差；若不存在显著性差异，说明测量数据与标准值的差异仅由偶然误差引起，不存在系统误差。

由公式 $\mu = \overline{x} \pm t_{\alpha,f}S/\sqrt{n}$ 可知，在一定的置信度下，若样本平均值 $\overline{x}$ 的置信区间（$\overline{x} \pm t_{\alpha,f}S/\sqrt{n}$）能将标准值 μ 包括在此范围内，则 μ 与 $\overline{x}$ 之间不存在显著性差异。因为按 t 分布规律，这些差异是由偶然误差造成的，而不属于系统误差。将式（2-14）改写为

$$t = \frac{|\overline{x} - \mu|}{S}\sqrt{n} \tag{2-15}$$

在做 t 检验时，先将所得数据 $\overline{x}$、μ、S 及 n 代入上式，求出 t 值，再与表 2-3 查得的相应 $t_{\alpha,f}$ 值（临界值）相比较。若算出的 $t > t_{\alpha,f}$，说明 $\overline{x}$ 与 μ 间存在显著性差异，即存在系统误差；若 $t \leqslant t_{\alpha,f}$，说明两者不存在显著性差异，$\overline{x}$ 与 μ 两者差异是由随机误差引起的正常差异。由此检验方法可对分析结果是否准确、新方法是否可行等进行评价。

例 2-5　为了检验某一测定 Fe^{3+} 的新方法，取一标样，其含量为 1.56%，用此方法测定 5 次，所得数据分别为：1.45%，1.58%，1.50%，1.55%，1.62%，试判断此新方法是否存在系统

误差（置信度 95%时）。

解：

$$\bar{x} = 1.54\%$$

$$S = \sqrt{\dfrac{\displaystyle\sum_{i=1}^{n}(x_i - \bar{x})^2}{n-1}} = 0.067\%$$

$$t = \dfrac{|\bar{x} - \mu|}{S}\sqrt{n} = \dfrac{|1.54\% - 1.56\%|}{0.067\%}\sqrt{5} = 0.667$$

查表 2-3 得

$$t < t_{0.05, 4} = 2.78$$

说明 $\bar{x}$ 与标准值间不存在显著性差异，故新方法不存在系统误差。

（二）两组测量数据平均值的比较

同一试样由不同分析人员、不同实验室或不同分析方法进行分析，所得数据的平均值不一定相等，需对所测得两组数据均值进行显著性差异检验，可先对数据进行 F 检验，然后进行 t 检验。

1. F 检验 精密度是保证准确度的前提，因此，判断两组数据系统误差是否存在显著性差异之前，先检验其偶然误差是否存在显著性差异。F 检验法是通过比较两组数据的方差 S^2，以确定它们的精密度是否存在显著性差异的方法，即

$$F = \dfrac{S_{大}^2}{S_{小}^2} \tag{2-16}$$

计算时，规定大的方差为分子，小的为分母。将计算所得的 F 值与表 2-4 中的 $F_{表}$ 进行比较，在一定的置信度及自由度时，若 F 值大于 $F_{表}$，说明两组数据的精密度存在着显著性差异，否则不存在显著性差异。

表 2-4　95%置信度时的 F 值（单边）

$f_{小}$ ＼ $f_{大}$	2	3	4	5	6	7	8	9	10	∞
2	19.00	19.16	19.25	19.30	19.33	19.36	19.37	19.38	19.39	19.50
3	9.55	9.28	9.12	9.01	8.94	8.88	8.84	8.81	8.78	8.53
4	6.94	6.59	6.39	6.26	6.16	6.09	6.04	6.00	5.96	5.63
5	5.79	5.41	5.19	5.05	4.95	4.88	4.82	4.78	4.74	4.36
6	5.14	4.76	4.53	4.39	4.28	4.21	4.15	4.10	4.06	3.67
7	4.74	4.35	4.12	3.97	3.87	3.79	3.73	3.68	3.63	3.23
8	4.46	4.07	3.84	3.69	3.58	3.50	3.44	3.39	3.34	2.93
9	4.26	3.86	3.63	3.48	3.37	3.29	3.23	3.18	3.13	2.71
10	4.10	3.71	3.48	3.33	3.22	3.14	3.07	3.02	2.97	2.54
∞	3.00	2.60	2.37	2.21	2.10	2.01	1.94	1.88	1.83	1.00

2. t 检验 若 F 检验验证两组数据精密度无显著性差异，则可对两组数据的均值是否存在系统误差进行 t 检验。设两组数据的测定次数、标准偏差及平均值分别为 n_1、S_1、$\bar{x}_1$ 及 n_2、S_2、

$\overline{x}_2$，由于 S_1、S_2 之间无显著性差异，则可通过下式求出合并标准偏差 S_R

$$S_R=\sqrt{\frac{(n_1-1)S_1^2+(n_2-1)S_2^2}{n_1+n_2-2}}=\sqrt{\frac{\sum\limits_{i=1}^{n_1}(x_{1i}-\overline{x}_1)^2+\sum\limits_{i=1}^{n_2}(x_{2i}-\overline{x}_2)^2}{(n_1-1)+(n_2-1)}} \qquad (2\text{-}17)$$

再计算统计量 t 值：

$$t=\frac{|\overline{x}_1-\overline{x}_2|}{S_R}\sqrt{\frac{n_1\times n_2}{n_1+n_2}} \qquad (2\text{-}18)$$

通过式（2-18）求出统计量 t，查表 2-3 中的 $t_{\alpha,f}$ 值，在一定的置信度及自由度下（总自由度 $f=n_1+n_2-2$），若 $t>t_{\alpha,f}$，两组测量数据之间存在系统误差；若 $t\leqslant t_{\alpha,f}$，则两组测量数据之间不存在系统误差，换句话说，两个样本来源于同一总体，即 $\mu_1=\mu_2$。

例 2-6 甲、乙两人用同一方法测定某物质含量，两人都平行测定 4 次。甲测得的结果为：1.58%、1.42%、1.48%、1.63%；乙测得的结果为：1.45%、1.32%、1.28%、1.40%，问当置信度为 95%时，甲、乙两人所测结果是否有显著性差异？

解： 判断两组测量结果是否有显著性差异，先判断其两组数据精密度是否有显著性差异，用 F 检验。通过 F 检验确定两组数据之间的精密度没有显著性差异的基础上，再进行 t 检验。

$$\overline{x}_甲=1.53\%, \quad \overline{x}_乙=1.36\%$$

$$S_甲^2=\frac{\sum\limits_{i=1}^{4}(x_i-\overline{x})^2}{n_1-1}=9.1\times10^{-7}, \quad S_乙^2=\frac{\sum\limits_{i=1}^{4}(x_i-\overline{x})^2}{n_1-1}=5.9\times10^{-7}$$

$$F=\frac{S_甲^2}{S_乙^2}=\frac{9.1\times10^{-7}}{5.9\times10^{-7}}=1.54$$

查表得

$$f_1=3, \quad f_2=3, \quad F_{0.95,3,3}=9.28$$

$$F=1.54<F_{0.95,3,3}$$

故甲、乙两组数据之间精密度无显著性差异。

当两组数据之间精密度无显著性差异时，合并两组数据的标准偏差

$$S_R=\sqrt{\frac{(n_甲-1)S_甲^2+(n_乙-1)S_乙^2}{n_甲+n_乙-2}}=\sqrt{\frac{(4-1)\times9.1\times10^{-7}+(4-1)\times5.9\times10^{-7}}{4+4-2}}=0.087\%$$

根据 $t=\dfrac{|\overline{x}_1-\overline{x}_2|}{S_R}\sqrt{\dfrac{n_1\times n_2}{n_1+n_2}}$，代入数据得

$$t=2.76$$

又由于

$$f=4+4-2=6$$

查表得

$$t>t_{0.05,6}=2.45$$

所以两组测量结果有显著性差异。

（三）使用显著性检验的几点注意事项

（1）两组数据的显著性检验顺序：先进行 F 检验而后进行 t 检验，先由 F 检验确认两组数据的精密度（或偶然误差）无显著性差别后，才能进行 t 检验。因为，只有两组数据的精密度或称偶然误差接近，准确度或系统误差的检验才有意义，否则会得出错误的判断。

（2）单侧与双侧检验：检验两个分析结果是否存在着显著性差异时，用双侧检验；若检验某分析结果是否明显高于（或低于）某值，则用单侧检验。

（3）置信水平 P 或显著性水平 α 的选择：t 与 F 等的临界值随置信水平 P（或显著性水平 α）的不同而不同，因此 P 的选择必须适当。

四、可疑数据的取舍

在平行测定时，常会发现某一组测量值中有个别数据与其他数据相差较大，这一数据称为可疑值（也称离群值）。此可疑值若是由于测量时错误操作引起的，则应舍弃；若是由偶然误差引起的，则应保留。可应用统计学的检验方法，确定该可疑值与其他平行测量数据是否来源于同一总体，以决定其取舍。常用的处理方法有 Q 检验法及 G 检验法。

设有 n 个数据，其递增的顺序为 x_1，x_2，$\cdots$，x_{n-1}，x_n，其中 x_1 或 x_n 可能为离群值。

（一）Q 检验法

当测量数据较少（3~10次）时，将一组数据按由小到大的顺序排列，计算其 Q 值，其 Q 的定义为

$$Q=\frac{|x_{可疑}-x_{相邻}|}{x_{max}-x_{min}} \tag{2-19}$$

具体步骤是：①由于测量数据由小到大排列，可疑值将在序列的最前面或最后面，计算可疑值与相邻值之差绝对值 $|x_{可疑}-x_{相邻}|$；②计算最大值与最小值之差 $x_{max}-x_{min}$；③计算 Q 值；④根据测定次数和置信度的要求，查表2-5，若计算的 $Q>Q_{表}$，则该可疑值应予舍弃，否则应保留。

表2-5 不同置信度下的 Q 值表

测定次数 n	3	4	5	6	7	8	9	10
Q（90%）	0.94	0.76	0.64	0.56	0.51	0.47	0.44	0.41
Q（95%）	0.97	0.84	0.73	0.64	0.59	0.54	0.51	0.49
Q（99%）	0.99	0.93	0.82	0.74	0.68	0.63	0.60	0.57

（二）G 检验（Grubbs）法

该法的适用范围较 Q 检验法广，由于在判断可疑值的过程中，引入了平均值与标准偏差，故此方法准确度更高。

其步骤是首先计算所有测量数据的平均值 $\bar{x}$ 和标准偏差 S，计算可疑值与平均值差值的绝对值，计算 G 值，其计算式为

$$G = \frac{\left| x_{可疑} - \bar{x} \right|}{S} \tag{2-20}$$

计算出 G 值后，查表 2-6，得到 G 的临界值 $G_{P,n}$，当 $G > G_{P,n}$，则该可疑值是由过失误差造成的，应当舍弃，反之则应保留。

表 2-6　$G_{P,n}$ 临界值表

测定次数 n	3	4	5	6	7	8	9	10	11	12	13	14	15	20
$P=90\%$	1.15	1.46	1.67	1.82	1.94	2.03	2.11	2.18	2.23	2.29	2.33	2.37	2.41	2.56
$P=95\%$	1.15	1.48	1.71	1.89	2.02	2.13	2.21	2.29	2.36	2.41	2.46	2.51	2.55	2.71
$P=99\%$	1.15	1.49	1.75	1.94	2.10	2.22	2.32	2.41	2.48	2.55	2.61	2.66	2.71	2.88

五、相关与回归

相关与回归（correlation and regression）是研究变量间相关关系的统计学方法，包括相关分析与回归分析。

在分析化学中，特别是在仪器分析中，常常利用建立标准曲线方法来测定待测样品的浓度，此方法是找出两个变量之间的线性关系（如吸收光度法中的吸光度 A 与物质浓度 c 之间的关系），然后利用此线性关系计算出待测物质的浓度。但由于方法的局限性及测量时误差的存在，所测数据不能保证一定呈线性关系，而我们的测量方法是建立在两个变量呈线性关系基础上的，因此，利用标准曲线法来计算待测样品浓度时，应先保证所建立的标准曲线是线性相关的，这样的测定结果才是合理的、准确的。为了确保所得分析结果的可靠性，我们利用相关与回归对所测数据进行处理。

（一）相关分析

对两组变量测量值的相关性进行分析称为相关分析。分析化学中所讲的相关分析一般是指两组变量的线性相关关系，把含有两组变量的测量数据排布于平面坐标系中，如果各点的排布接近一条直线，则表明两个变量线性相关关系较好；若是各点排布杂乱无章，则表明两个变量的相关性较差。为了定量地描述两个变量的相关性，设两个变量 x 和 y 的 n 次测量值分别为 $(x_1,\ y_1)$、$(x_2,\ y_2)$、$(x_3,\ y_3)$、…、$(x_n,\ y_n)$，可按下式计算相关系数 r 值。

$$r = \frac{\sum_{i=1}^{n}(x_i - \bar{x})(y_i - \bar{y})}{\sqrt{\sum_{i=1}^{n}(x_i - \bar{x})^2 \cdot \sum_{i=1}^{n}(y_i - \bar{y})^2}} \tag{2-21}$$

相关系数 r 是一个介于 0 和 ±1 之间的数值，即 $0 < |r| \leqslant 1$。当 $r = +1$ 或 $r = -1$ 时，表示 $(x_1,\ y_1)$、$(x_2,\ y_2)$、…等处于一条直线上，此时 x 与 y 完全线性相关。$r > 0$ 时，称为正相关；$r < 0$ 为负相关。相关系数的大小反映 x 与 y 两个变量间线性相关程度，r 越接近于 ±1，两者的线性相关性越好。

（二）回归分析

通过相关系数 r 的计算，若 r 达到定量分析要求，即 x、y 之间呈线性函数关系，就可以

通过回归分析，得到回归方程，用回归方程表示出 y 与 x 之间的关系。设 x 为自变量，y 为因变量，用最小二乘法解出回归系数 a（截距）与 b（斜率）：

$$a = \frac{\sum_{i=1}^{n} y_i - b \sum_{i=1}^{n} x_i}{n} \tag{2-22}$$

$$b = \frac{\sum_{i=1}^{n}(x_i - \bar{x})(y_i - \bar{y})}{\sum_{i=1}^{n}(x_i - \bar{x})^2} \tag{2-23}$$

根据测定时的数据可求出回归系数 a 与 b，以确定回归方程式，从而得到一条最接近所有实验点的直线。

$$y = a + bx \tag{2-24}$$

例 2-7 用分光光度法测定槐花中总黄酮的含量，以芦丁为对照品，采用标准曲线法测定。已知测定芦丁对照品不同浓度 c 及对应的吸光度 A，测定数据如下，求相关系数 r 及回归方程。

芦丁的浓度（μg/mL）：8.0　　16.0　　24.0　　32.0　　40.0

吸光度 A：　　　　0.110　0.224　0.335　0.441　0.560

解： 按上述公式计算相关系数 r 值及回归系数 a，b

$$r = \frac{\sum_{i=1}^{n}(x_i - \bar{x})(y_i - \bar{y})}{\sqrt{\sum_{i=1}^{n}(x_i - \bar{x})^2 \cdot \sum_{i=1}^{n}(y_i - \bar{y})^2}} = 0.9999$$

$$b = \frac{\sum_{i=1}^{n}(x_i - \bar{x})(y_i - \bar{y})}{\sum_{i=1}^{n}(x_i - \bar{x})^2} = 0.014 , \quad a = \frac{\sum_{i=1}^{n} y_i - b \sum_{i=1}^{n} x_i}{n} = -0.0011$$

回归方程为

$$y = 0.014x - 0.0011$$

相关系数

$$r = 0.9999$$

六、分析数据处理与报告

待测样品经过分析测试后，得到系列分析测定数据，由于误差等各种原因的存在，平行测定的数据不会完全相同，实验结束后，应对所测的数据进行数据处理，保留有效数据，去除不合理数据，并以规范的形式报告数据。现以分析测定某葡萄糖酸锌中锌含量所得的 5 次分析数据为例，说明分析数据统计处理过程及分析结果报告。

①根据记录将 5 次分析实验所得的 Zn% 的数据按从小到大依次排列：0.013%、0.039%、0.042%、0.045%、0.046%。

②用 Q 检验法，判断有无离群值。从以上数据可见，0.013%可能是离群值，作 Q 值检验：

$$Q = \frac{|0.013\% - 0.039\%|}{0.046\% - 0.013\%} = 0.79$$

由表 2-5 查得 P=95%，n=5 时，$Q_{0.95} = 0.73$，由于 $Q > Q_{0.95}$，因此 0.013%为离群值，应该舍弃。

③求平均值

$$\bar{x} = \frac{0.039\% + 0.042\% + 0.045\% + 0.046\%}{4} = 0.043\%$$

④求标准偏差

$$S = \sqrt{\frac{\sum(x_i - \bar{x})^2}{4 - 1}} = 3.2 \times 10^{-3}\%$$

⑤求置信区间（置信度为 95%），科学合理地表达分析结果。

$$\mu = \bar{x} \pm \frac{tS}{\sqrt{n}} = 0.043\% \pm \frac{3.18 \times 3.2 \times 10^{-3}\%}{\sqrt{4}} = (0.043 \pm 0.005)\%$$

思考与练习

1. 简述系统误差和偶然误差形成的原因、分类、特点及其减免方法。

2. 简述误差与偏差，准确度与精密度之间的关系。

3. 简述提高分析结果准确度的方法有哪些。

4. 说明置信区间、置信度、显著性水平、置信界限所表示的意义。u 值与 t 值所表示的数据意义有何异同？

5. 说明在数据统计分析中，F 检验与 t 检验的作用。

6. 举例说明分析数据处理与报告的过程与格式。

7. 如何理解相关系数与回归方程所代表的意义？

8. 判断下列哪些是系统误差，哪些是偶然误差：

（1）砝码未经校正，质量偏小；

（2）移液管未校正，体积偏大；

（3）试样未充分混合均匀；

（4）溶剂中含微量被测定离子；

（5）在转移时由于操作不慎损失了少量已称好的样品；

（6）称量样品时，由于空气的流动等原因使天平零点稍有变化；

（7）读滴定管刻度时，最后一位估计不准，稍有出入；

（8）用沉淀重量法测定样品中 Ba^{2+} 含量时，试样中仍有少量 Ba^{2+} 未沉淀完全；

（9）酸碱滴定中，对滴定至终点时指示剂颜色的判断稍有差异。

9. 计算下列有效数字的位数，并修约为两个有效数字。

（1）0.004549；（2）2.67251；（3）7.0120；（4）5.75×10^{-3}；（5）pK_a=10.26；（6）pH=7.00；（7）RSD=0.0231%。

10. 判断下列记录的数据是否正确？

（1）用万分之一分析天平称得某物质质量为 0.5000g；

（2）用量筒量取水的体积为 25.00mL；

（3）读得滴定管中液体的体积为 20.00mL；

（4）托盘天平称得某物质质量为 0.3265g；

（5）移液管移取溶液的体积为 20mL；

（6）通过数据处理，得到某测定的 RSD= 0.24345%。

11. 两位分析工作者同时测定某一试样中硫的质量分数，称取试样均为 4.0g，经过三次测定，所得结果分别报告为：甲：0.22%，0.21%，0.20%；乙：0.2201%，0.2135%，0.2041%。问哪一份报告是合理的，为什么？

12. 根据有效数字的运算规则进行计算：

（1）$7.9896 \div 0.986 - 5.10 = ?$ （3.00）

（2）$0.19 \times 6.30 \times 53.06 \div 120.8 = ?$ （0.53）

（3）$(2.576 \times 3.27) + 3.67 \times 10^{-2} - (0.76764 \times 0.0321) = ?$ （8.43）

（4）pH=3.33，$[H^+] = ?$ （4.7×10^{-4}）

13. 分析某药物中葡萄糖酸锌的百分含量，得到如下结果：0.68%、0.70%、0.67%、0.65%、0.69%，计算（1）平均值；（2）平均偏差；（3）相对平均偏差；（4）标准偏差；（5）相对标准偏差。

（0.68%，0.014%，2.1%，0.020%，3.0%）

14. 用气相色谱法测定伤湿止痛膏中挥发性成分含量，9 次测定标准偏差为 0.042%，平均值为 10.79%，求在 95% 与 99% 置信度下真值所在的置信区间。

（10.79%±0.032%，10.79%±0.047%）

15. 某药厂生产铁剂，要求每克药剂中含铁 46.00mg。对一批药品测定 5 次，结果为（mg/g）：45.23，46.85，45.60，46.33 和 47.13。问这批产品含铁量是否合格（P=95%）？ （合格）

16. 用两种方法分别标定某 HCl 溶液的浓度，结果如下：

方法 1：$\bar{x}_1 = 0.1110 \text{mol/L}$，$S_1 = 4.0 \times 10^{-3}$，$n_1 = 5$

方法 2：$\bar{x}_2 = 0.1010 \text{mol/L}$，$S_2 = 2.0 \times 10^{-3}$，$n_2 = 5$

当置信度为 95% 时，这两种物质标定的 HCl 溶液浓度是否存在显著性差异？ （有）

课 程 人 文

一、偶然性和必然性是辩证统一

1. 偶然误差是由偶然因素造成的，但偶然性背后总是隐藏着必然性，没有脱离必然性的纯粹的偶然性。

2. 小概率事件：是指一个事件的发生概率很小，它在一次试验中是几乎不可能发生，但在多次重复试验中是必然发生的。把概率很接近于 0，即在大量重复试验中出现的频率非常低的事件称为小概率事件。

二、误差的传递

1. 蝴蝶效应：是指在一个动力系统中，初始条件下微小的变化能带动整个系统的长期的巨大的连锁反应。

2. "图难于其易，为大于其细；天下难事，必作于易；天下大事，必作于细。是以圣人终不为大，故能成其大。"（《老子》）

3. "君子慎始，差若毫厘，谬以千里。"（《易经》）

4. 勿以恶小而为之，勿以善小而不为。

三、究竟真实

1. 准确度是指测量值与"真实"值接近的程度。有测量，就有误差，所有的"真实"都是相对的、约定的，没有绝对真实，我们只能越来越接近真实，即"究竟真实"。

2. 轻诺必寡信：置信区间越大，置信概率越高，离真实越远。

第3章
重量分析法

重量分析法简称重量法（gravimetric analysis），是通过称量物质的质量进行定量分析的方法。在重量分析法中，称取待测试样，用适当的方法将被测组分与试样中其他组分分离后，转化成一定的称量形式，通过称重求得该组分含量。根据被测组分与其他组分分离方法的不同，重量分析法主要分为挥发法、沉淀重量法、萃取法和电解法，其中在药物的定量分析中用得比较多的是挥发法及沉淀重量法。

重量分析法中，称取称量形式的质量来求得被测组分的含量时，所得的数据应为操作至恒重时的称重数据。所谓恒重，是指药物连续两次干燥或灼烧后所称得的质量之差不超过 0.3mg。

重量分析法直接采用分析天平称量的数据来获得分析结果，在分析过程中一般不需要基准物质作为参照，而称量误差一般较小，且没有容量器皿引起的误差，因此分析结果准确度较高；但该方法灵敏度较低，只适用于常量组分的分析，不适于微量及痕量组分的测定；该方法操作烦琐、费时，不适于快速分析。重量分析法目前主要运用于药品的炽灼残渣、中草药灰分、水分、干燥失重以及某些药品的含量测定等。

第1节 挥 发 法

一、基本原理

挥发法（volatilization method）是根据物质的挥发性或可转变为挥发性物质的特点，通过加热等方法使相关组分从试样中挥发逸出，通过称量挥发性组分的质量或剩余物质的质量从而计算其含量的方法。

通过挥发法可测定待测物质中挥发性组分的含量，也可测定待测物质中去除挥发性成分后剩余残渣的含量。其操作方法主要有以下两种：

（1）利用加热或加试剂等方法使试样中挥发性组分逸出，用适宜的吸收剂将其全部吸收，称量吸收剂所增加的质量至恒重并计算该组分含量的方法。例如，将某带有结晶水的固体，加热至适当温度，用高氯酸镁吸收逸出的水分，则高氯酸镁增加的质量就是该固体样品中结晶水的质量。此方法操作过程如下：

（2）利用加热等方法使试样中挥发性组分逸出后，称量其残渣，由样品质量的减少来计算该挥发组分的含量或计算残渣的含量。例如，测定氯化钡晶体（$BaCl_2 \cdot 2H_2O$）中结晶水的含

量，可将一定量的 $BaCl_2 \cdot 2H_2O$ 试样加热，使水分挥发掉，通过称量剩余氯化钡试样的质量即可推算出结晶水的含量；《中国药典》中检测药品的炽灼残渣时，称取一定量被检药品，经过高温炽灼，除去所有可挥发去除的成分后，称量剩余的非挥发性无机物的质量，即为该药品的炽灼残渣。此方法操作过程如下：

二、应用示例

挥发法在药物分析中的应用主要包括炽灼残渣、干燥失重、灰分、水分测定及某些药物的含量测定等。

1. 干燥失重 《中国药典》规定对某些药物进行"干燥失重"检查，就是利用挥发法测定药物干燥至恒重后减失的质量。具体为取一定量供试品，混合均匀，置于干燥至恒重的称量瓶中，在 105℃干燥至恒重，由减失的质量和取样量计算供试品的干燥失重。干燥失重方法包括加热干燥（常压、减压）、减压干燥、干燥剂干燥等。如《中国药典》（2020 版）中环维黄杨星 D、葡萄糖、肾上腺素等需进行干燥失重检查。

2. 总灰分测定 总灰分测定的方法是取一定量供试品置炽灼至恒重的坩埚中，称定质量，缓缓炽灼，至完全炭化时，逐渐升高温度至 500~600℃，使完全灰化并至恒重，根据残渣质量，计算供试品中总灰分的含量。如 2020 版《中国药典》中蒲黄、槐花、牡丹皮等均需进行总灰分测定。

3. 炽灼残渣测定 炽灼残渣测定的方法是取供试品适量，置已炽灼至恒重的坩埚中，精密称定，缓缓炽灼至完全炭化，放冷；除另有规定外，加硫酸 0.5~1mL 使湿润，低温加热至硫酸蒸气除尽后，在 700~800℃炽灼使完全灰化，至恒重，即得。如 2020 版《中国药典》中乙胺嘧啶、二盐酸奎宁等化学药均需作炽灼残渣检查。

第 2 节 沉 淀 法

一、基本原理

沉淀重量法（precipitation method）简称沉淀法，是利用沉淀反应，将被测组分转化成难溶性沉淀，将析出的沉淀经过滤、洗涤、烘干或灼烧后，称重，计算被测组分含量的方法。

（一）沉淀形式和称量形式

沉淀形式：向试样中加入沉淀剂，使被测组分沉淀出来，所得沉淀的化学组成。

称量形式：沉淀经烘干或灼烧等处理后，供最后称量的化学组成。

沉淀形式与称量形式可能相同，也可能不相同。例如用 $BaSO_4$ 沉淀重量法测定 Ba^{2+} 时，沉淀形式和称量形式都是 $BaSO_4$，两者相同；如用 $(NH_4)_2C_2O_4$ 作沉淀剂测定 Ca^{2+}，沉淀形式是 $CaC_2O_4 \cdot H_2O$，灼烧后所得的称量形式是 CaO，两者不同。为了便于操作并保证测定结果准确，重量分析法对沉淀形式及称量形式有一定的要求。

1. 对沉淀形式的要求

①沉淀的溶解度必须小，以保证被测组分沉淀完全，要求沉淀完全程度大于 99.9%。一般要求沉淀在溶液中溶解损失量小于分析天平的称量误差（±0.2mg）。

②沉淀纯度要高，尽量避免杂质的沾污。

③沉淀形式要易于过滤、洗涤，为此，应尽量获得粗大的晶形沉淀。

④沉淀易于转变为具有固定组成的称量形式。

2. 对称量形式的要求

①要有确定已知的化学组成，这是进行定量计算的依据。

②称量形式必须十分稳定，不受空气中水分、CO_2 和 O_2 等的影响。

③摩尔质量要大，在称量形式中被测组分的百分含量要小，可减少称量误差。

例 3-1　沉淀重量法测定 Al^{3+}，可用氨水沉淀为 $Al(OH)_3$ 后，灼烧成 Al_2O_3 称量。也可以用 8-羟基喹啉沉淀为 8-羟基喹啉铝（C_9H_6NO）$_3Al$，干燥后称重。按这两种称量形式计算，0.1000g Al^{3+} 可获得 0.1889g Al_2O_3 或 1.704g $(C_9H_6NO)_3Al$。分析天平的称量时误差一般为 ±0.2mg。对于上述两种称量形式，称量不准确而引起的相对误差分别为：

$$Al_2O_3\% = \frac{\pm 0.0002}{0.1889} \times 100\% = \pm 0.1\%$$

$$\left(C_9H_6NO\right)_3 Al\% = \frac{\pm 0.0002}{1.704} \times 100\% = \pm 0.01\%$$

显然用 8-羟基喹啉沉淀重量法测定铝准确度高。

（二）沉淀形态及形成过程

1. 沉淀形态　根据沉淀的物理性质不同，可将沉淀形态大致分为晶形沉淀和无定形沉淀，无定形沉淀又称为非晶形沉淀和凝乳状沉淀。晶形沉淀颗粒大（直径 0.1～1μm），体积小，内部排列规律，结构紧密，易于过滤和洗涤；而非晶形沉淀颗粒小（直径<0.02μm），体积庞大，结构疏松，含水量大，容易吸附杂质，难于过滤和洗涤。

在沉淀重量法中，为了得到准确的分析结果，希望获得的是易于过滤、洗涤的晶形沉淀。生成的沉淀是什么类型，主要决定于沉淀物的性质，同时与沉淀条件也密切相关。

2. 沉淀的形成过程　一般认为在沉淀形成过程中，首先是构晶离子在过饱和溶液中形成晶核，晶核进一步成长形成沉淀颗粒。当向试液中加入沉淀剂时，离子通过相互碰撞聚集成微小的晶核，晶核逐渐长大成为沉淀颗粒，这种由离子聚集成晶核，再进一步积聚成沉淀微粒的速度称为聚集速度；在聚集的同时，构晶离子又能够以一定速度且按一定的顺序定向排列，使沉淀微粒逐渐长大为沉淀颗粒，此速度称为定向速度。

若一种晶核聚集速度很慢，而定向速度很快，得到的是晶形沉淀；反之若晶核聚集速度很快，而定向速度很慢，得到的沉淀为非晶形沉淀。

聚集速度主要由溶液中生成沉淀物质的过饱和度决定的，溶液相对过饱和度越大，聚集速度越大，则易形成无定形沉淀。定向速度主要由沉淀物质性质决定，一般极性强的盐类，如 $BaSO_4$、CaC_2O_4 等，都具有较大的定向速度，易形成晶形沉淀；而高价金属的氢氧化物溶解度较小，聚集速度很大，定向速度小，因此氢氧化物沉淀一般均为非晶形沉淀或胶体沉淀，如

$Fe(OH)_3$、$Al(OH)_3$是胶状沉淀。

（三）沉淀重量法操作步骤

沉淀重量法包括取样、溶解、沉淀、沉淀处理、称量及计算等过程,可用以下流程图表示:

1. 试样的称取和溶解　在沉淀重量法中,试样的称取量必须适当,若称取量太多使沉淀量过大,给过滤、洗涤都带来困难;称样量太少,则称量误差以及各个步骤中所产生的误差将在测定结果中占较大比重,致使分析结果准确度降低。

一般情况下,取样量可根据所得称量形式的质量为基础进行计算,晶体沉淀为0.1~0.5g、非晶形沉淀则以0.08~0.1g为宜。由此可根据试样中被测组分的大致含量,计算出大约应称取的试样量。

取样后,常用水溶解,对难溶于水的试样,可用酸、碱等溶剂进行溶解。

例3-2　某试样约含10%的$MgCl_2$,若用沉淀重量法使之所得沉淀为$MgNH_4PO_4 \cdot 6H_2O$,灼烧后欲得0.50g $Mg_2P_2O_7$,应取试样多少克?

解:根据关系式

$$2MgCl_2 \sim 2MgNH_4PO_4 \cdot 6H_2O \sim Mg_2P_2O_7$$

设所需试样为x g,则可得

$$\frac{x \cdot 10\%}{95 \times 2} = \frac{0.50}{222}$$

计算得

$$x = 4.3g$$

2. 沉淀的制备　沉淀剂分为无机沉淀剂和有机沉淀剂。选择沉淀剂原则为加入沉淀剂后,使待测组分生成的沉淀均符合前述关于沉淀形式和称量形式的要求。

不同形态的沉淀,在一定条件下可以相互转化。例如常见的$BaSO_4$晶形沉淀,若在浓溶液中沉淀,很快地加入沉淀剂,也可以生成非晶形沉淀。沉淀究竟是哪一种形态,不仅决定于沉淀本身的性质,也决定于沉淀进行时的条件。为了获得纯净、易于过滤和洗涤的沉淀,应选择合适的沉淀条件。

晶形沉淀颗粒较大,结构紧密,易过滤及洗涤,操作相对简单,带来误差较小。制备晶形沉淀的条件是:

①在适当稀的溶液中进行沉淀。溶液的浓度越小,相对过饱和度越小,构晶离子的聚集速度小于定向排列速度,易得到大颗粒晶形沉淀。

②在热溶液中进行沉淀。在热溶液中进行沉淀,可降低溶液的过饱和度,得到颗粒较大的晶形沉淀,且沉淀对杂质的吸附量随温度升高而减小。

③在不断搅拌下缓慢加入沉淀剂,这样可避免由局部过浓而产生大量晶核。

④陈化。沉淀完全后,让刚生成的沉淀与母液在一起共置一段时间,这个过程称为陈化。

陈化能使细晶体溶解而粗大的结晶长大。

无定形沉淀颗粒小，吸附杂质多，易胶溶，结构疏松，不易过滤及洗涤，所以对无定形沉淀主要是防止胶溶，破坏胶体。制备无定形沉淀的条件是：

①在浓溶液中进行沉淀，迅速加入沉淀剂，使生成较为紧密的沉淀。

②在热溶液中进行沉淀，这样可以防止生成胶体，并减少杂质的吸附作用，使生成的沉淀更加紧密、纯净。

③加入适当的电解质以破坏胶体。常使用易挥发的电解质，如铵盐、盐酸、氨水等。

④不必陈化，沉淀完毕后，立即趁热过滤洗涤。

3. 沉淀的过滤、洗涤、烘干与灼烧 过滤沉淀时常使用滤纸或玻璃砂芯滤器。通常较好过滤的沉淀采用常温常压过滤即可；难以过滤的沉淀常采用减压过滤，如果沉淀的溶解度随温度变化较小，以趁热过滤较好。

洗涤沉淀是为了洗去沉淀表面吸附的杂质和混杂在沉淀中的母液。选择洗涤液的原则是：

①溶解度较小又不易生成胶体的沉淀，可用蒸馏水洗涤。

②溶解度较大的晶形沉淀，可用沉淀剂（干燥或灼烧可除去）稀溶液或沉淀的饱和溶液洗涤。

③溶解度较小的非晶形沉淀，需用热的挥发性电解质（如 NH_4NO_3）的稀溶液进行洗涤，以防止形成胶体。

洗涤后的沉淀，除吸附有大量水分外，还可能有其他挥发性物质存在，需用适当的方法使其转化成固定的称量形式。若沉淀只需除去其中的水分或一些挥发性物质，则经烘干处理即可，通常为 $105 \sim 120℃$ 烘干至恒重，若为有机沉淀，则干燥温度还需视具体情况再低些。

若沉淀的水分不易除去或沉淀形式组成不固定如 $Al(OH)_3 \cdot xH_2O$，则需经高温灼烧后转变成组成固定的形式（Al_2O_3）才能进行称量。

4. 分析结果计算 对于反应若存在如下计量关系：

$$aA+bB \longrightarrow cC \longrightarrow dD$$

设 A 为被测组分，B 为沉淀剂，C 为沉淀形式，D 为称量形式。沉淀重量法需通过称量 D 的质量来计算 A 的含量。

A 与 D 的物质的量 n_A 和 n_D 的关系为

$$n_A = \frac{a}{d} n_D$$

将 $n=m/M$ 代入上式得到

$$m_A = \frac{aM_A}{dM_D} m_D \tag{3-1}$$

式中，M_A 和 M_D 分别为被测组分 A 和称量形式 D 的摩尔质量；$\frac{aM_A}{dM_D}$ 为一常数，称为换算因数，用 F 表示。由式（3-1）可得

$$m_A = Fm_D \tag{3-2}$$

由此可见，换算因数 F 是被测组分的摩尔质量与称量形式的摩尔质量之比，但同时要乘上系数，以保证被测组分与称量形式原子数或分子数相等。例如：

被测组分	称量形式	换算因数
Fe	Fe_2O_3	$2M_{Fe}/M_{Fe_2O_3}$
Cl^-	AgCl	M_{Cl^-}/M_{AgCl}
$KAl(SO_4)_2 \cdot 12H_2O$	$BaSO_4$	$\dfrac{M_{KAl(SO_4)_2 \cdot 12H_2O}}{2M_{BaSO_4}}$

例 3-3 为了测定试样中 $KHC_2O_4 \cdot H_2C_2O_4 \cdot 2H_2O$ 的含量，称取试样 0.6520g，用 Ca^{2+} 为沉淀剂，最后灼烧成 CaO，称量得 0.2750g，试求试样中 $KHC_2O_4 \cdot H_2C_2O_4 \cdot 2H_2O$ 的质量分数。

解： 由题可知 $KHC_2O_4 \cdot H_2C_2O_4 \cdot 2H_2O \longrightarrow 2\,CaC_2O_4 \longrightarrow 2CaO$

$$F = \frac{M_{KHC_2O_4 \cdot H_2C_2O_4 \cdot 2H_2O}}{2M_{CaO}} = \frac{254.2}{2 \times 56.08} = 2.266$$

$$w(\%) = \frac{Fm_{CaO}}{m} = \frac{2.266 \times 0.2750}{0.6520} \times 100\% = 95.58\%$$

二、沉淀的溶解度及影响因素

沉淀重量法中，通过称量沉淀的质量来进行定量分析，因此希望沉淀损失越小越好。由于沉淀在水中均有一定的溶解度，会引起沉淀质量的损失，通常沉淀溶解度所引起的损失不超过分析天平测量的误差范围，即可认为沉淀完全，则该沉淀重量法是准确的。沉淀溶解度受到各种因素影响，现讨论如下。

1. 同离子效应   当沉淀反应达到平衡后，如果向溶液中加入过量沉淀剂，则沉淀的溶解度减小，这称为同离子效应。在沉淀反应中，存在如下平衡：

$$MA(固) \Longleftrightarrow MA(水) \Longleftrightarrow M^+ + A^-$$

由上式可以看出，加入过量的沉淀剂，促使反应向左进行，减少沉淀的溶解，从而减少称量时的误差。在实际工作中，通常利用同离子效应，即加大沉淀剂的用量，使被测组分沉淀完全。但沉淀剂加得太多，有时可能引起其他副反应，反而使沉淀溶解度增大。在一般情况下，以过量 20%～30% 为宜，但是如果沉淀剂易挥发，则可过量 50%～100%。

2. 盐效应   在强电解质溶液中，难溶化合物的溶解度比同温度时在纯水中的溶解度大的现象，称为盐效应。例如：在 KNO_3 强电解质存在的情况下，AgCl 的溶解度比在纯水中的大。

发生盐效应的原因是由于强电解质的存在，溶液的离子强度增大，活度系数减小，导致沉淀溶解度增大。因此，一般情况下，强电解质的浓度增加，沉淀溶解度也增大；构晶离子的电荷越高，盐效应影响越严重。

由于盐效应的存在，在沉淀重量法中，利用同离子效应降低沉淀溶解度时，还应考虑盐效应的影响，过量沉淀剂的作用是同离子效应和盐效应的总和，沉淀剂不能过量太多，否则会使沉淀的溶解度增大。

3. 酸效应   溶液的酸度影响沉淀溶解度的现象称为酸效应，又称 pH 效应。发生酸效应的原因是溶液中 H^+ 浓度对弱酸、弱碱离解平衡存在影响，从而导致沉淀溶解度增大或减少。

现以草酸钙沉淀为例，说明溶液的 pH 对沉淀溶解度的影响。CaC_2O_4 沉淀在溶液中建立如下平衡：

$$CaC_2O_4 \rightleftharpoons Ca^{2+} + C_2O_4^{2-}$$

$$C_2O_4^{2-} \underset{}{\overset{H^+}{\rightleftharpoons}} HC_2O_4^- \overset{H^+}{\rightleftharpoons} H_2C_2O_4$$

当溶液酸度增大，平衡向生成 $H_2C_2O_4$ 方向移动，CaC_2O_4 的溶解度增大。

酸度对沉淀溶解度的影响是比较复杂的，像 CaC_2O_4 这类弱酸盐难溶化合物，与 H^+ 作用后生成难离解的弱酸，而使溶解度增大的效应必须加以考虑，若是强酸盐的难溶化合物则影响不大。

4. 配位效应　沉淀反应时，若溶液中存在着能与构晶离子生成配合物的配体，则会使沉淀溶解度增大，甚至不产生沉淀的现象称为配位效应。产生配位效应主要有两种情况：一是外加配位剂，二是沉淀剂本身就是配位剂。配位效应对沉淀溶解度的影响，与配体的浓度及配位化合物的稳定性有关，配体的浓度越大，生成的配位化合物越稳定，沉淀的溶解度越大。

例如在 AgCl 沉淀溶液中加入 $NH_3 \cdot H_2O$，则 NH_3 能与 Ag^+ 配位生成 $[Ag(NH_3)_2]^+$ 配离子，结果使 AgCl 沉淀的溶解度大于在纯水中的溶解度，若 $NH_3 \cdot H_2O$ 足够大，则可能使 AgCl 完全溶解。

又如：用 Cl^- 为沉淀剂沉淀 Ag^+，最初生成 AgCl 沉淀，但若继续加入过量的 Cl^-，则 Cl^- 能与 AgCl 配位生成 $AgCl_2^-$、$AgCl_3^{2-}$ 等配离子，而使 AgCl 沉淀逐渐溶解。

5. 其他因素　除上述主要因素之外，影响沉淀溶解度的因素尚有温度、溶剂、沉淀颗粒的大小和沉淀析出的形态等。

三、沉淀的纯度及影响因素

沉淀重量法中，要求所得的沉淀必须是纯净的，否则将带来较大的误差。但当沉淀从溶液中析出时，总会或多或少地夹杂溶液中的其他组分。影响沉淀纯度的主要因素是共沉淀和后沉淀。

（一）共沉淀

共沉淀是指沉淀从溶液中析出时，某些可溶性杂质同时析出的现象。这是沉淀重量法误差主要来源之一，引起共沉淀的原因主要有以下几方面。

1. 表面吸附　由于沉淀表面所带电荷引起静电吸附，称之为表面吸附。

在沉淀的晶格中，正负离子按一定的晶格顺序排列，处在内部的离子都被带相反电荷的离子所包围，所以晶体内部处于静电平衡状态，而处于表面的离子至少有一个面未被包围，由于静电引力，表面上的离子具有吸引带相反电荷离子的能力，尤其是棱角上的离子更为显著。例如：用过量的 $AgNO_3$ 溶液与 NaCl 溶液作用时，生成的 AgCl 沉淀表面首先吸附过量的 Ag^+，形成第一吸附层，使晶体表面带正电荷。带正电荷的晶体表面又吸附溶液中的其他阴离子，从而产生共沉淀。

沉淀对不同杂质离子的吸附能力，主要决定于沉淀和杂质离子的性质，其一般规律是：沉淀优先吸附过量的构晶离子；同等浓度下，杂质离子的电荷越高越容易被吸附；与构晶离子生成化合物的溶解度越小，离解度越小越容易被吸附。同时，沉淀的总比表面积越大，温度低，吸附杂质量越多。减少吸附共沉淀的有效方法是洗涤沉淀。

2. 生成混晶 如果杂质离子的半径与构晶离子的半径相近，所形成的晶体结构相同，则它们易生成混晶。例如 Pb^{2+} 与 Ba^{2+} 的电荷相同，离子半径相近，$BaSO_4$ 与 $PbSO_4$ 的晶体结构相同，Pb^{2+} 离子就可能混入 $BaSO_4$ 的晶格中，与 $BaSO_4$ 形成混晶而被共沉淀下来。

混晶的生成多是由于杂质离子与沉淀的构晶离子半径相近，电荷相同，形成的晶体结构也相同，使沉淀受到沾污。由混晶引起的共沉淀纯化起来很困难，往往需经过一系列重结晶才能逐步加以除去，最好的办法是事先分离这类杂质离子。

3. 吸留和包藏 在沉淀过程中，如果沉淀生成太快，则表面吸附的杂质离子来不及离开沉淀表面就被沉积下来的离子所覆盖，使杂质或母液被吸留或包藏在沉淀内部，引起共沉淀的现象。

当沉淀剂加入过快或存在局部过浓现象，吸留和包藏就比较严重。这类共沉淀不能用洗涤的方法除去，可以借改变沉淀条件、熟化或重结晶的方法加以消除。

（二）后沉淀

当溶液中某一组分的沉淀析出后，另一难以析出沉淀的组分，也在沉淀表面逐渐沉积的现象，称之为后沉淀。

后沉淀多出现在该组分形成的稳定的过饱和溶液中，例如：当用草酸盐沉淀分离 Ca^{2+}、Mg^{2+} 时，会产生后沉淀现象。由于草酸镁能形成稳定的过饱和溶液而不立即析出，当草酸钙析出后，草酸镁常能沉淀在草酸钙上产生后沉淀。要消除后沉淀现象，必须缩短沉淀在溶液中的放置时间，因为沉淀在溶液中放置时间越长，后沉淀现象越显著。

四、应用示例

某些中药中无机化合物可用沉淀重量法测定，例如西瓜霜的含量测定采用的是沉淀重量法。西瓜霜中的主要成分是硫酸钠，其含量测定主要过程是：取本品 0.4g，精密称定，加水 150mL，振摇 10min，过滤，沉淀用水 50mL 分 3 次洗涤，过滤，合并滤液，加盐酸 1mL，煮沸，不断搅拌，并缓缓加入热氯化钡试液（约 20mL），至不再生成沉淀，置水浴上加热 30min，静置 1h，用无灰滤纸或称定质量的古氏坩埚过滤，沉淀用水分次洗涤，至洗液不再显氯化物的反应，干燥，并炽灼至恒重，精密称定，计算试样中 Na_2SO_4 的含量。

思考与练习

1. 什么是恒重？
2. 挥发法在药物分析中的应用主要有哪些方面？试举例说明。
3. 沉淀形式和称量形式有何区别？各有何特点？
4. 沉淀分析法包括哪些操作过程？
5. 沉淀的类型有哪几种？影响沉淀溶解度的因素有哪些？
6. 计算下列换算因数。

①从 $Mg_2P_2O_7$ 的质量计算 $MgSO_4 \cdot 7H_2O$ 的质量；

②根据 $PbCrO_4$ 测定 Cr_2O_3；

③从 $Cu(C_2H_3O_2)_2 \cdot 3Cu(AsO_2)$ 的质量计算 As_2O_3 和 CuO 的质量；

④根据 $(NH_4)_3PO_4 \cdot 13MoO_3$ 测定 $Ca_3(PO_4)_2$；

⑤从 8-羟基喹啉铝 $(C_9H_6NO)_3Al$ 的质量计算 Al_2O_3 的质量。

7. 精密称取含有杂质的盐酸小檗碱样品 0.3500g，以苦味酸为沉淀剂，其反应方程式为：$C_{20}H_{18}O_4N \cdot Cl + C_6H_3O_7N_3 =\!=\!= C_{20}H_{17}O_4N \cdot C_6H_3O_7N_3 \downarrow + HCl$，若反应生成苦味酸小檗碱沉淀 0.2768g（已知换算因数为 0.6587），试计算该样品中小檗碱的含量。 （52.09%）

8. 称取含酒石酸（$H_2C_4H_4O_6$）试样 0.1120g，与钙离子反应后制得钙盐（$CaC_4H_4O_6$）后灼烧成碳酸钙，然后用过量 HCl 溶液处理，所得溶液蒸发至干，残渣中的氯离子以氯化银形式测定，得 AgCl 重 0.1000g，求试样中酒石酸的含量。 （46.67%）

课程人文

1. "恒重"是相对的，变化是绝对的，分析天平读数极值误差是 0.2mg。

2. 萃卦：坤下兑上，泽上于地。萃，聚也。

第4章

滴定分析法概论

第1节 概 述

一、有关术语

1. 滴定分析法（titrimetric analysis） 是将一种已知准确浓度的试剂即标准溶液（standard solution）滴加到被测物质的溶液中去，直至标准溶液与被测组分按化学计量关系恰好反应完全为止，然后根据标准溶液的浓度、体积计算出被测物质的含量的一类方法。由于此类方法测量的是体积，故又称为容量分析法，是化学分析中最常用的分析方法。在滴定分析中所使用的标准溶液称为滴定剂（titrant）。

2. 化学计量点（stoichiometric point） 当加入的滴定剂与被测物质按反应式的化学计量关系恰好反应完全时，反应即到达了化学计量点，用 sp 表示。

3. 指示剂（indicator） 由于绝大多数反应不能直接观察到外部特征的变化，为了指示化学计量点到达，在被滴定的溶液中加入一种辅助试剂，由于这种试剂的颜色会随溶液中待测物质的浓度改变而变化，故称为指示剂。

4. 滴定终点（end-point of the titration） 在滴定过程中，被滴定溶液的颜色或电位、电导、电流等发生突变之点称为滴定终点，简称终点，用 ep 表示。

5. 滴定误差（titration error） 在实际分析中，滴定终点与理论上的化学计量点不一定恰好吻合，由此造成的分析误差称为滴定误差或终点误差（end point error）。

6. 滴定曲线（titration curve）**及滴定突跃** 在滴定时，随着滴定剂的不断加入，被测组分的浓度不断降低，可用滴定曲线来描述滴定过程中组分浓度与加入滴定剂体积的关系变化。一般来说，滴定曲线的横坐标为加入滴定剂的体积，纵坐标表示被测组分浓度的参数，如 pH，pM 或溶液的电极电位等，如图 4-1 所示。

从上述滴定曲线中可看出，当加入滴定剂体积在靠近化学计量点时，被测组分浓度及其相关参数发生急剧变化，这一现象称为滴定突跃。一般取加入滴定剂体积在化学计量点前后±0.1%时所对应的被测组分浓度或相关参数范围为滴定突跃范围。突跃范围在滴定分析中有重要的实际运用价值：①它是选择指示剂的依据，所选择的指示剂变色范围应全部或大部分落在突跃范围内；②它反映

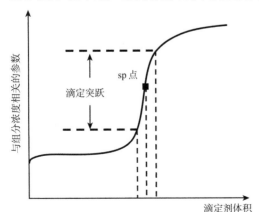

图 4-1 滴定分析曲线

了滴定反应的完全程度，滴定突跃范围越大，该反应越完全，滴定越准确。

二、滴定反应类型

根据反应的类型不同，滴定分析法可分为下列 4 种类型。

1. 酸碱滴定法（acid-base titration）　是以酸碱反应为基础的滴定分析方法。可用来测定酸、碱以及能直接或间接与酸、碱发生反应的物质的含量。酸碱滴定反应的实质可表示为

$$H^+ + OH^- \rightleftharpoons H_2O$$

2. 沉淀滴定法（precipitation titration）　是以沉淀反应为基础的滴定分析方法。此类方法中，银量法应用最为广泛，本法可用来测定含 Cl^-、Br^-、I^-、SCN^- 及 Ag^+ 等离子的化合物。银量法的反应实质为

$$Ag^+ + X^- \rightleftharpoons AgX\downarrow$$

3. 配位滴定法（complex-formation titration）　是以配位反应为基础的滴定分析方法。此类方法中，EDTA 作为配位剂测定金属离子的应用最为广泛，可以测定多种金属离子。配位反应的实质为

$$M + Y \rightleftharpoons MY$$

4. 氧化还原滴定法（oxidation-reduction titration）　是以氧化还原反应为基础的滴定分析方法。可用于直接测定具有氧化性或还原性的物质或间接测定某些不具有氧化性或还原性的物质。氧化还原滴定反应的实质为

$$Ox_1 + Red_2 \rightleftharpoons Red_1 + Ox_2$$

氧化还原滴定法又分为碘量法、高锰酸钾法、重铬酸钾法、铈量法等。

三、滴定方式

（一）直接滴定法

用标准溶液直接滴定待测物质，这类滴定方式称为直接滴定法（direct titration）。例如，以盐酸标准溶液滴定氢氧化钠试样溶液。

各种类型的化学反应虽然很多，但并非所有反应都能用于滴定分析，用于直接滴定分析的化学反应必须具备以下几个条件。

（1）反应必须定量完成，即反应按一定的反应方程式进行。

（2）反应要完全，通常要求反应转化率达到 99.9% 以上，无副反应干扰。

（3）反应速度要快，滴定剂滴入后应立即反应完成。

（4）有适宜指示剂或其他简便可靠的指示终点的方法。

直接滴定法是滴定分析中首选的方法，该法简便、快速，引入误差的因素少，是最常用、最基本的滴定方式。但若反应不能完全满足上述要求，则可采用间接滴定法进行滴定。

（二）间接滴定法

对不与滴定剂直接起反应的物质或是滴定反应不满足直接滴定反应条件时，可通过另一化学反应，以间接的方式进行滴定，此法称为间接滴定法（indirect titration）。例如，用氧化还原

法测定 Ca^{2+} 含量，可将 Ca^{2+} 沉淀为 CaC_2O_4，过滤，将沉淀溶于 H_2SO_4 中，再用 $KMnO_4$ 标准溶液滴定与 Ca^{2+} 结合的 $C_2O_4^{2-}$，从而间接测定 Ca^{2+} 含量。间接滴定法中常用的两种方法有返滴定法和置换滴定法。

1. 返滴定法（back titration） 又称剩余滴定法、回滴法。当滴定剂与待测物之间的反应速度慢或因其他原因不能进行直接滴定时，可采用返滴定法。返滴定法是在待测物中先加入定量、过量的标准溶液，待反应完全后，再用另一滴定剂滴定剩余标准溶液的方法。如沉淀滴定法中利用福尔哈德法测定 Br^-，加入过量、定量的 $AgNO_3$ 溶液，反应完成后，再用 NH_4SCN 标准溶液滴定剩余的 Ag^+；又如，Al^{3+} 的测定，由于 Al^{3+} 与 EDTA 配位反应速度较慢，不能采用直接滴定法测定 Al^{3+}，可在 Al^{3+} 溶液中先加入定量、过量 EDTA 标准溶液并加热促使反应加速完成，冷却至室温后再用 $ZnSO_4$ 标准溶液滴定剩余的 EDTA 标准溶液。

2. 置换滴定法（replacement titration） 当被测物质与标准溶液反应不按确定的化学计量关系（如伴有副反应）时，不能用直接滴定法滴定待测物质，可以先用适当的试剂与待测物质起反应，定量地置换出能被直接滴定的物质后，再用适当的滴定剂滴定，此法称为置换滴定法。例如在标定 $Na_2S_2O_3$ 溶液浓度实验中，由于 $Na_2S_2O_3$ 与 $K_2Cr_2O_7$ 及其他强氧化剂反应没有确定的化学计量关系而无法进行计算，但是 $Na_2S_2O_3$ 与 I_2 的反应是有明确计量关系的，若在一定量 $K_2Cr_2O_7$ 的酸性溶液中加入过量的 KI，使二者反应置换出定量的 I_2，即可用 $Na_2S_2O_3$ 直接滴定，因此就可以用 $K_2Cr_2O_7$ 作为基准物质标定 $Na_2S_2O_3$ 溶液浓度。其反应方程式为：

$$Cr_2O_7^{2-}+6I^-+14H^+ \rightleftharpoons 2Cr^{3+}+3I_2+7H_2O$$
$$I_2+2S_2O_3^{2-} \rightleftharpoons S_4O_6^{2-}+2I^-$$

四、滴定分析法的特点

与其他分析方法相比，滴定分析法具有以下特点：
（1）操作简便，测定速度快，所需仪器设备简单；
（2）分析结果准确度高，相对误差不超过 $\pm 0.2\%$；
（3）应用范围广，可用于无机物及有机物的分析，但其灵敏度较低，适用于常量分析。

由滴定分析法特点可知，滴定分析法主要适用于组分含量较高，对测定灵敏度要求较低，对准确度要求较高的常量组分的分析，如化学药的原料药质量控制中较多采用滴定分析法。

第2节 标准溶液

一、基准物质

（一）基准物质

用来直接配制标准溶液或标定标准溶液的物质称为基准物质（primary standard substance），基准物质属于标准物质的一种，又称为滴定分析标准物质。基准物质必须符合下列条件：
（1）物质组成与化学式完全符合；
（2）纯度要高，通常是在 99.9% 以上；

（3）性质稳定，如称量时不吸湿，在空气中不易变质等；

（4）试剂参加滴定反应时，应按反应式定量进行，没有副反应。

一般来说，基准物质应为优级纯试剂，但并不是所有的优级纯试剂均可作为基准物质。有些标识为高纯、超纯和光谱纯的试剂，只是表明这些试剂中特定杂质项的含量很低，并不表明它的主要成分的纯度在 99.9% 以上。有时候因为其中含有水分或其他不影响测定的杂质，以及试剂本身的组分不固定等原因，主要成分的质量分数达不到 99.9% 以上，不能用作基准物质。

（二）常用的基准物质

常用的基准物质可以是单质或化合物，对其干燥处理并保存的方法必须适宜，表 4-1 为常用的基准物质及其干燥条件和应用范围。

表 4-1　常用基准物质干燥条件和应用范围

基准物质		预处理方法	处理后的组成	标定对象
名称	化学式			
硼砂	$Na_2B_4O_7 \cdot 10H_2O$	置于装有 NaCl-蔗糖饱和溶液的干燥器中	$Na_2B_4O_7 \cdot 10H_2O$	酸
无水碳酸钠	Na_2CO_3	300℃灼烧至恒重	Na_2CO_3	酸
邻苯二甲酸氢钾	$KHC_8H_4O_4$	105～110℃干燥至恒重	$KHC_8H_4O_4$	碱或 $HClO_4$
草酸钠	$Na_2C_2O_4$	105℃干燥至恒重	$Na_2C_2O_4$	$KMnO_4$
重铬酸钾	$K_2Cr_2O_7$	（120±2）℃干燥至恒重	$K_2Cr_2O_7$	还原剂
碘酸钾	KIO_3	（180±2）℃干燥至恒重	KIO_3	还原剂
溴酸钾	$KBrO_3$	（120±2）℃干燥至恒重	$KBrO_3$	还原剂
三氧化二砷	As_2O_3	硫酸干燥器中干燥至恒重	As_2O_3	氧化剂
氧化锌	ZnO	800℃灼烧至恒重	ZnO	EDTA
锌	Zn	硫酸干燥器中放置 24h 以上	Zn	EDTA
氯化钠	NaCl	500～600℃灼烧至恒重	NaCl	$AgNO_3$
氯化钾	KCl	500～600℃灼烧至恒重	KCl	$AgNO_3$
硝酸银	$AgNO_3$	硫酸干燥器中干燥至恒重	$AgNO_3$	氯化物

二、标准溶液的配制与标定

（一）标准溶液的配制

标准溶液是已知准确浓度的试剂溶液。配制标准溶液的方法主要有以下两种。

1. 直接配制法　若待配制的标准溶液有相应的基准物质时，可用直接配制法配制标准溶液。准确称取一定量的基准物质，溶解后定量转移到量瓶中，稀释至刻度，根据称取基准物的质量和量瓶的体积即可计算出该标准溶液的浓度。这样配成的标准溶液一经配成浓度便准确已知，可用它来标定其他溶液的浓度。例：精密称取基准物质 NaCl 0.5844g，置于烧杯中，加适量水溶解后定量转移到 100mL 量瓶中，再用水稀释至刻度，即得 0.1000mol/L 的 NaCl 标准溶液。

直接配制法的优点是简便，一经配好即可使用，但必须用基准物质配制。

2. 间接配制法　若是待配制的标准溶液没有相应的基准物质时，其标准溶液不能采用直接法配制，而应采用间接法配制，如常用的 NaOH 标准溶液、HCl 标准溶液等。间接配制法是指将待配制的标准溶液先配制成一种近似于所需浓度的溶液，然后用相关基准物质或另一种标准溶液来标定它的准确浓度。例：欲配制 0.1mol/L NaOH 标准溶液，先用托盘天平称取一定量的 NaOH，加水溶解后配制成浓度大约为 0.1mol/L NaOH 溶液，然后准确称取一定量的基准物质（如邻苯二甲酸氢钾）或利用另一已知准确浓度的 HCl 溶液进行标定，这样即可求出 NaOH 标准溶液的准确浓度。

（二）标准溶液的标定

利用基准物质或已知准确浓度的标准溶液来测定待标定溶液浓度的操作过程称为标定（standardization）。

1. 用基准物质标定　准确称取一定量的基准物质，溶解后用待标定溶液滴定，根据基准物质的质量和待标定溶液消耗的体积，即可计算出待标定溶液的准确浓度。大多数标准溶液用基准物质来标定其准确浓度。例如，HCl 标准溶液常用无水碳酸钠、硼砂等基准物质来标定其准确浓度。

2. 与已知浓度的标准溶液比较标定　利用待测标准溶液与已知浓度标准溶液的定量反应，根据两种溶液的滴定体积和标准溶液的浓度来计算待标液浓度。例如用已知浓度 NaOH 标准溶液标定未知 HCl 溶液浓度。

由以上两种标定待测标准溶液的方法可知，基准物质标定法相对来说操作简单，测定结果较准确；而利用已知浓度的标准溶液比较法标定中由于要先行测定用来标定的标准溶液浓度，这就使得在待测标准溶液浓度确定过程中多了一次滴定操作，测定结果误差来源更多。因此，在实际工作中，常常首选基准物质标定法。

三、标准溶液浓度的表示方法

（一）物质的量浓度

物质的量浓度（amount-of-substance concentration）是指单位体积溶液中所含溶质的物质的量，用符号 c 表示。即

$$c = \frac{n}{V} \qquad (4\text{-}1)$$

式中，n 为溶液中溶质的物质的量，单位为 mol 或 mmol；V 为溶液的体积，常用单位为 L 或 mL；c 为溶质物质的量浓度，常用 mol/L 或 mmol/L 表示。

若某物质的质量为 m，其摩尔质量为 M，n 表示其物质的量，则

$$n = \frac{m}{M} \qquad (4\text{-}2)$$

式中，m 的单位为 g；M 的单位为 g/mol。

将式（4-2）代入式（4-1）中得

$$c = \frac{m}{M \times V} \qquad (4\text{-}3)$$

例 4-1　已知浓 H_2SO_4 的密度为 1.84g/mL，其中 H_2SO_4 的含量为 98%（质量分数），求此

浓 H_2SO_4 的物质的量浓度。

解：设取此 H_2SO_4 溶液 V mL，根据式（4-3），得

$$c = \frac{1.84 \times V \times 98\%}{98 \times V \times 10^{-3}} = 18\text{mol/L}$$

因此，此 H_2SO_4 溶液物质的量浓度为 18mol/L。

（二）滴定度

滴定度（titer）是指每毫升滴定剂相当于待测物质的质量（克），用 $T_{T/A}$ 表示，下标 T 是滴定剂，A 是待测物。例如，$T_{K_2Cr_2O_7/Fe} = 0.005000\text{g/mL}$ 表示在该滴定反应中，每消耗 1mL $K_2Cr_2O_7$ 滴定剂相当于被测样品中含 0.005000g Fe。在生产单位的例行分析中，常需对大批量试样进行分析测定，为了计算方便，常用滴定度表示标准溶液的浓度。

例 4-2 用 $T_{K_2Cr_2O_7/Fe} = 0.005000\text{g/mL}$ 的 $K_2Cr_2O_7$ 滴定剂测定试样中铁的含量，如果消耗滴定剂 24.00mL，则待测溶液中铁的质量为 $0.005000 \times 24.00 = 0.1200\text{g}$。

（三）物质的量浓度与滴定度的关系

滴定度与物质的量浓度可以换算。假设滴定剂物质的量为 n_T，待测物物质的量为 n_A，n_T 与 n_A 的关系可依据二者的化学反应关系式得到。当用滴定剂 T 直接滴定待测物 A 的溶液时，二者之间的滴定反应可表示为

$$t\text{T} + a\text{A} \rightleftharpoons b\text{B} + c\text{C}$$

当上述反应达到化学计量点时，t mol T 恰好与 a mol A 反应完全，即

$$n_T : n_A = t : a$$

故

$$n_T = \frac{t}{a} n_A$$

$$n_T = c_T V_T \ , \quad n_A = \frac{m_A}{M_A}$$

$$c_T \cdot V_T = \frac{t}{a} \cdot \frac{m_A}{M_A} \tag{4-4a}$$

式（4-4a）中，m_A 的单位为 g；M_A 的单位为 g/mol；V 的单位为 L；c 的单位为 mol/L。由于在滴定分析中，体积常以毫升计量，当体积单位为毫升时，式（4-4a）可写为

$$c_T \cdot V_T = \frac{t}{a} \cdot \frac{m_A}{M_A} \times 1000 \tag{4-4b}$$

而滴定度是指 1mL 滴定剂相当于待测物的质量（克），因此，把 $V_T = 1\text{mL}$ 代入式（4-4b）中，即可求得待测物质量 m_A，此时所求 m_A 大小相当于 $T_{T/A}$，即为滴定度。

$$c_T = \frac{t}{a} \cdot \frac{T_{T/A}}{M_A} \times 1000 \tag{4-4 c}$$

例 4-3 在 $T_{K_2Cr_2O_7/Fe} = 0.005000\text{g/mL}$ 中，求 $K_2Cr_2O_7$ 溶液的物质的量浓度。

解： 由于 $K_2Cr_2O_7$ 与 Fe 反应系数比值为 1：6，根据公式（4-4c），可得

$$c_T = \frac{1}{6} \times \frac{0.005000}{M_{Fe}} \times 1000 = 0.01492 \text{mol/L}$$

第3节 滴定分析的计算

一、滴定分析的计算依据

在滴定分析中，虽然滴定分析类型不同，滴定结果计算方法也不尽相同，但其根本依据均是根据滴定剂与待测物反应达到化学计量点时，两者的物质的量之间的关系与其化学反应式中系数比相同，这是滴定分析计算的依据。

在直接滴定中，设滴定剂 T 与被测物质 A 有下列化学反应：

$$t\text{T}+a\text{A} \rightleftharpoons b\text{B}+c\text{C}$$

当上述反应达到化学计量点时，$n_T : n_A = t : a$。

在置换滴定法或间接滴定法中，涉及两个或两个以上的反应，此时应从所有参与反应的方程式中找出滴定剂与被测物质的关系，然后再进行计算。例如在标定 $Na_2S_2O_3$ 溶液时，用 $K_2Cr_2O_7$ 为基准物质，发生的反应有：

$$Cr_2O_7^{2-}+6I^-+14H^+ === 2Cr^{3+}+3I_2+7H_2O$$

$$2S_2O_3^{2-}+I_2 === 2I^-+S_4O_6^{2-}$$

反应是利用定量的 $K_2Cr_2O_7$ 氧化 I^- 后生成定量 I_2，利用待标定的 $Na_2S_2O_3$ 溶液滴定 I_2，从而求出 $Na_2S_2O_3$ 溶液的浓度。为了计算 $Na_2S_2O_3$ 溶液浓度，可找出 $Na_2S_2O_3$ 与 $K_2Cr_2O_7$ 之间的关系：

$$Cr_2O_7^{2-} \sim 3I_2 \sim 6S_2O_3^{2-}$$

得到 $Na_2S_2O_3$ 与 $K_2Cr_2O_7$ 之间的计量数比为 6：1，由此关系即可进行计算。

二、滴定分析的计算实例

（一）溶液浓度的计算

1. 用液体或固体配制一定浓度的溶液

例 4-4 已知浓盐酸的密度为 1.19g/mL，其中 HCl 的含量为 37%，欲配制 0.10mol/L HCl 标准溶液 1000mL，应取浓 HCl 多少毫升？（$M_{HCl} = 36.46$g/mol）

解： 根据 HCl 稀释前后物质的量不变，可得：

$$c_{稀HCl} \times V_{稀HCl} = c_{浓HCl} \times V_{浓HCl}$$

$$0.10\text{mol/L} \times 1000\text{mL} \times 10^{-3} = \frac{1.19\text{g/mL} \times V_{浓HCl}\text{mL} \times 37\%}{36.46\text{g/mol}}$$

$$V_{浓HCl} = 8.3\text{mL}$$

2. 标准溶液的标定

例 4-5　精确称取硼砂基准物 0.3895g，用 HCl 标准溶液滴定至终点时，消耗了 HCl 标准溶液 20.13mL，计算 HCl 标准溶液的浓度（ $M_{Na_2B_4O_7·10H_2O}=381.37g/mol$ ）。

解：
$$Na_2B_4O_7·10H_2O + 2HCl === 4H_3BO_3 + 2NaCl + 5H_2O$$

$$n_{HCl}:n_{Na_2B_4O_7·10H_2O} = 2:1$$

当 V=20.13mL 时

$$c_{HCl}·V_{HCl} = \frac{2}{1}·\frac{m_{Na_2B_4O_7·10H_2O}}{M_{Na_2B_4O_7·10H_2O}}×1000$$

$$c_{HCl} = \frac{2×0.3895×1000}{381.37×20.13} = 0.1015mol/L$$

（二）估计样品的取样量

在滴定分析中，为减少滴定管的读数误差，一般消耗标准溶液应大于等于 20mL，则称取样品的大约质量可预先估算。

例 4-6　若在滴定时拟消耗 0.20mol/L HCl 溶液 20～24mL，应称取基准物 Na_2CO_3 多少克（ $M_{Na_2CO_3}=105.99g/mol$ ）？

解：
$$Na_2CO_3 + 2HCl === 2NaCl + CO_2 ↑ + H_2O$$

$$c_{HCl}·V_{HCl} = \frac{2}{1}·\frac{m_{Na_2CO_3}}{M_{Na_2CO_3}}×1000$$

当消耗 HCl 体积为 20mL 时： $m_{Na_2CO_3} = \frac{0.20×20×105.99}{2×1000} = 0.21g$

当消耗 HCl 体积为 24mL 时： $m_{Na_2CO_3} = \frac{0.20×24×105.99}{2×1000} = 0.25g$

因此，所取基准物 Na_2CO_3 应在 0.21～0.25g 之间。

（三）被测物质含量的计算

被测组分的含量是指被测组分（ m_A ）占样品质量（ S ）的百分比。

$$A\% = \frac{m_A}{S}×100\% \tag{4-5}$$

例 4-7　精确称取药用辅料硫酸铝 0.3502g，置 250mL 锥形瓶中，使溶解，精确加入 0.04895mol/L 乙二胺四乙酸二钠滴定液（ Na_2H_2Y ）50mL，加乙酸-乙酸铵缓冲液（pH 4.5）20mL，充分反应后，加入指示剂，用 0.05545mol/L 锌标准溶液滴定至终点，消耗锌标准溶液 24.00mL，求该样品中硫酸铝的百分含量（ $M_{Al_2(SO_4)_3}=342.14g/mol$ ）。

解：由题可知该滴定为返滴定法，存在反应

$$Al^{3+} + Y^{4-} === AlY^- \qquad Zn^{2+} + Y^{4-} === ZnY^{2-}$$

由于 Al^{3+}、Zn^{2+} 与 Y^{4-} 反应均是 $1:1$ 型反应，所以

$$Al_2(SO_4)_3\% = \frac{(0.04895 \times 50.00 - 0.05545 \times 24.00) \times 342.14}{1000 \times 0.3502 \times 2} \times 100\% = 54.55\%$$

（四）滴定度在滴定分析中的应用

在前面已经讨论了滴定剂的物质的量浓度 c_T 与滴定度 $T_{T/A}$ 之间的关系，即 $T_{T/A}$ 是 1mL 滴定剂（T）相当于待测物（A）的质量（克），故 $T_{T/A}$ 等于当 $V_T =$ 1mL 时待测物质的质量 m_A。

1. 物质的量浓度与滴定度的关系转化

例 4-8 试计算 0.1000mol/L HCl 滴定剂对 Na_2CO_3 的滴定度（$M_{Na_2CO_3} = 105.99$g/mol）。

解：
$$2HCl + Na_2CO_3 == 2NaCl + H_2O + CO_2 \uparrow$$

$$n_{HCl} : n_{Na_2CO_3} = 2 : 1$$

$$T_{HCl/Na_2CO_3} = \frac{1}{2} \times \frac{0.1000 \times 105.99 \times 1}{1000} = 5.300 \times 10^{-3} \text{g/mL}$$

2. 用滴定度 $T_{T/A}$ 计算待测物的百分含量

$$A\% = \frac{T_{T/A} \cdot V_T}{S} \times 100\% \tag{4-6}$$

例 4-9 精确称取 0.3700g 维生素 $C(C_6H_8O_6)$ 片样品，加水约 50mL 溶解后，用 0.1010mol/L I_2 标准溶液滴定至终点时消耗 I_2 液 20.05mL，求样品中维生素 C 百分含量。已知每毫升 I_2 滴定液（0.1mol/L）相当于 0.0176g 的 $C_6H_8O_6$（$M_{C_6H_8O_6} = 176.13$g/mol）。

解： 维生素 C 与碘的反应为
$$C_6H_8O_6 + I_2 == C_6H_6O_6 + 2HI$$

$$Vc\% = \frac{20.05 \times 0.0176 \times \dfrac{0.1010}{0.1000}}{0.3700} \times 100\% = 96.33\%$$

第 4 节　滴定分析中的化学平衡

滴定分析的定量过程中，化学反应的最终状态是达到化学平衡。溶液中的化学平衡是定量化学分析的理论基础，通过化学平衡计算可以判断反应是否能用于滴定分析。化学分析体系中常常存在多种成分，因此存在多种化学平衡。通过对滴定体系中化学平衡的分析及计算，可评价各种副反应对测定的干扰情况及选择合适的测定条件。因此，化学平衡是分析化学中分析方法的理论基础。

化学平衡包括多方面，下面先介绍在分析化学中常用到的有关化学平衡及其相关概念。

一、分布系数和副反应系数

（一）分布系数

在滴定分析过程已达平衡体系中，一种物质往往以多种型体存在。其分析浓度是溶液

中该溶质各种平衡浓度的总和，用符号 c 表示。平衡浓度是在平衡状态时溶液中溶质各型体的浓度，用符号"[　]"表示。例如 0.1mol/L 的 NaCl 和 HAc 溶液，它们各自的分析浓度 c_{NaCl} 和 c_{HAc} 均为 0.1mol/L，在平衡状态下，$[Cl^-]=[Na^+]=0.1mol/L$；而 HAc 是弱酸，因部分离解，在溶液中有两种型体存在，平衡浓度分别为[HAc]和[Ac⁻]，二者之和为分析浓度，即：

$$c_{HAc} = [HAc] + [Ac^-]$$

分布系数（distribution coefficient）是指溶液中某型体的平衡浓度在溶质分析浓度中所占的比例，以 δ_i 表示，其计算式为

$$\delta_i = \frac{[i]}{c} \tag{4-7}$$

式中，i 表示某种型体。分布系数的大小能定量说明溶液中各型体的分布情况，每种物质各种型体的分布系数加和等于 1。

如上乙酸溶液中的 HAc 和 Ac⁻两种型体，设其平衡浓度分别为[HAc]、[Ac⁻]，则

$$\delta_{HAc} = \frac{[HAc]}{c_{HAc}} \qquad \delta_{Ac^-} = \frac{[Ac^-]}{c_{HAc}}$$

$$\delta_{Ac^-} + \delta_{HAc} = 1$$

（二）副反应系数

滴定分析中的基本滴定反应为主反应，一些影响主反应化学平衡的因素表现为副反应。副反应是指主反应的反应物或生成物发生的其他反应，显然副反应可减少主反应组分型体的浓度，从而影响主反应的反应平衡。通常用副反应系数 α 表示副反应对主反应影响程度的大小。某反应中若某组分 Y 平衡时浓度为[Y]，分析浓度为 c，则

$$\alpha = \frac{c}{[Y]} \tag{4-8}$$

由上可知：副反应系数（side reaction coefficient）是指物质各种型体浓度总和与参与主反应物质型体平衡浓度的比值。副反应系数是分布系数的倒数，二者在滴定分析各种化学平衡中都有着广泛的应用。

二、质量平衡、电荷平衡及质子平衡

（一）质量平衡

质量平衡（mass balance），又称物料平衡，在平衡状态下某一物质的分析浓度等于该组分各种型体的平衡浓度之和。它的数学表达式称作质量平衡方程（mass balance equation，MBE）。例如 c mol/L Na₂C₂O₄溶液的质量平衡方程为

$$[H_2C_2O_4] + [HC_2O_4^-] + [C_2O_4^{2-}] = c$$

质量平衡将平衡浓度与分析浓度联系起来，是在溶液平衡计算中经常用到的关系式。

（二）电荷平衡

电荷平衡（charge balance）在一个化学平衡体系中是呈电中性的，也就是溶液中正电荷的

总数等于负电荷的总数，这种关系称为电荷平衡。其数学表达式称为电荷平衡方程（charge balance equation，简写为 CBE）。例如 c mol/L $Na_2C_2O_4$ 溶液的电荷平衡方程为

$$[Na^+]+[H^+]=[OH^-]+[HC_2O_4^-]+2[C_2O_4^{2-}]$$

应该注意的是，离子平衡浓度前的系数等于它所带电荷数的绝对值。由于 1mol $C_2O_4^{2-}$ 带有 2mol 负电荷，故 $[C_2O_4^{2-}]$ 前面的系数为 2。中性分子不包括在电荷平衡方程中。

（三）质子平衡

质子平衡（proton balance）主要对象是酸碱溶液，按照酸碱质子理论，酸碱反应的实质是质子转移。当酸碱反应达到平衡时，酸失去的质子数与碱得到的质子数相等，这种关系称为质子平衡，其数学表达式称为质子条件式，又称质子平衡式（proton balance equation，简写为 PBE）。

由于在平衡状态下，同一体系中质量平衡和电荷平衡的关系必然同时成立，因此可先列出该体系的 MBE 和 CBE，然后消去其中代表非质子转移反应所得产物的各项，从而得出 PBE。例如根据 c mol/L $Na_2C_2O_4$ 溶液的 MBE 和 CBE，可以得到下式：

$$2[H_2C_2O_4]+2[HC_2O_4^-]+2[C_2O_4^{2-}]+[H^+]=[OH^-]+[HC_2O_4^-]+2[C_2O_4^{2-}]$$

整理，可得质子条件式为

$$2[H_2C_2O_4]+[HC_2O_4^-]+[H^+]=[OH^-]$$

在实际书写质子式时，为了简便起见，可由酸碱反应得失质子的相等关系直接写出质子条件式。这种方法的要点是：

①从酸碱平衡体系中选取质子参考水准，它们是溶液中大量存在并参与质子转移反应的物质。

②根据质子参考水准判断得失质子的产物及其得失质子的物质的量，并把获得质子的产物浓度写在一边，失去质子的产物浓度写在另一边，根据得失质子的量相等的原则写出质子条件式。

③质子条件式中应不包括质子参考水准本身的有关项，也不含有与质子转移无关的组分。

例 4-10 写出 Na_2HPO_4 溶液的质子条件式。

解：由于与质子转移反应有关的起始酸碱组分为 HPO_4^{2-} 和 H_2O，因此它们就是质子参考水准。溶液中得失质子的反应可列于表 4-2。

表 4-2　Na_2HPO_4 溶液的得失质子表

得质子产物	参考水准	失质子产物
$H_2PO_4^-$、H_3PO_4、H_3O^+	HPO_4^{2-}、H_2O	PO_4^{3-}、OH^-

质子条件式为

$$[H_2PO_4^-]+2[H_3PO_4]+[H_3O^+]=[PO_4^{3-}]+[OH^-]$$

在计算各类酸碱溶液中氢离子的浓度时，上述三种平衡方程都是处理溶液中酸碱平衡的依据。特别是质子条件式，反映了酸碱平衡体系中得失质子的量的关系，因而最为常用。

思考与练习

1. 化学计量点与滴定终点有何不同？在滴定分析中，一般用什么方法确定计量点的到达？
2. 滴定反应可分为哪几种类型？各种类型的反应通式如何表达？各反应类型适用的测定范围是什么？
3. 用于滴定分析的化学反应应满足什么条件？滴定分析的特点有哪些？
4. 作为基准物质应具备哪些条件？举例说出常用的基准物质，并写出其应用范围。
5. 什么是标准溶液？标准溶液浓度表示方法有哪几种？其相互转换关系如何？
6. 标准溶液配制和标定有哪些方法？分别在何种情况下使用？
7. 下列物质的标准溶液哪些可以用直接法配制？哪些只能用间接法配制？

NaOH；HCl；$HClO_4$；$AgNO_3$；NaCl；EDTA；$ZnSO_4$；$K_2Cr_2O_7$；$Na_2S_2O_3$；I_2；$KMnO_4$

8. 用 37% HCl 溶液（密度为 1.19g/mL）配制下列溶液，需此 HCl 溶液各多少毫升（M_{HCl}=36.46g/mol）？

（1）1.0mol/L 的 HCl 溶液 1000mL。　　　　　　　　　　　　　　　　　（83mL）

（2）配制滴定度 $T_{HCl/CaCO_3}$ = 0.005000g/mL 的溶液 500mL。　　　　　　（4.14mL）

9. 欲配制 0.12mol/L NaOH 溶液 1000mL，应称取 NaOH 的量为多少？　　　（4.8g）

10. 试计算 0.1000mol/L $K_2Cr_2O_7$ 滴定剂对 Fe^{2+}的滴定度。　　　　（0.03351g/mL）

11. 精确称取 0.3587g 阿司匹林（$C_9H_8O_4$）样品，加中性乙醇约 25mL 溶解后，用 0.1020mol/L NaOH 液滴定至终点时消耗 NaOH 滴定液 18.38mL，求样品中阿司匹林百分含量。已知每毫升 NaOH 滴定液（0.1mol/L）相当于 18.02mg 的 $C_9H_8O_4$。　　　　　　　　　　　　　　　　　　　　　　（94.18%）

课 程 人 文

1. 滴：滴水之恩，常怀感恩之心；滴水穿石，持之以恒。二十分之一毫升为一滴，即 0.05mL/滴。

2. 定："知止而后有定，定而后能静，静而后能安，安而后能虑，虑而后能得。"（《大学》）

3. 戒、定、慧。

4. 基准与标准：基准是测量时的起算标准，标准是衡量事物的准则。基准是制定标准的依据，标准是基准的具体体现。

第 5 章

酸碱滴定法

酸碱滴定法（acid-base titration）是以酸碱反应为基础的滴定分析方法，也称为中和滴定法。酸碱滴定法是滴定分析中重要的方法之一，应用广泛，一般能与酸、碱发生质子转移的物质可用酸碱滴定法测定。

酸碱滴定法既可在水溶液中进行，又可在非水溶液中进行，其反应本质均为质子从酸转移到碱，下面以水溶液中酸碱滴定为例介绍。

第 1 节　水溶液中的酸碱平衡

人们对酸碱的认识，经历了由浅入深的过程，1887 年，阿伦尼乌斯（S. A. Arrhenius）提出了酸碱电离理论，他对酸碱的定义是：在溶液中能电离出 H^+，而没有其他阳离子的物质为酸；在溶液中能电离出 OH^-，而没有其他阴离子的物质为碱。1923 年，美国物理化学家路易斯（Lewis）提出了酸碱电子理论；同年，布朗斯特（Brønsted）和劳里（Lowry）提出了酸碱质子理论，扩大了酸碱的范畴，更新了酸碱的含义。下面介绍酸碱质子理论。

一、酸碱质子理论

（一）酸碱定义

酸碱质子理论认为：凡是能给出质子的物质是酸，凡是能接受质子的物质是碱。如 HCl、NH_4^+、H_3PO_4 为酸，NH_3、PO_4^{3-}、OH^- 为碱。有些物质，既可以给出质子，又可以接受质子，则称为两性物质，如 HPO_4^{2-}、HCO_3^-、H_2O。在酸碱质子理论中，酸和碱既可以是分子，也可以是离子。酸（HA）失去一个质子后变成碱（A^-），而碱（A^-）接受一个质子后变成酸（HA），因此，酸碱关系可用下式表示

$$HA（酸）\rightleftharpoons H^+ + A^-（碱）$$

HA 与 A^- 称为共轭酸碱对。HA 为 A^- 的共轭酸，A^- 为 HA 的共轭碱，一对共轭酸碱彼此只相差一个质子。

（二）酸碱反应的实质

酸碱反应实质上是发生在两对共轭酸碱对之间的质子转移反应，而质子的转移是通过溶剂合质子来实现的。

例如，在水溶液中发生的 HAc 与 NH_3 的反应

$$HAc + NH_3 \rightleftharpoons NH_4^+ + Ac^-$$

上述反应实际上包含了两个反应

反应式 1　　　　　　　　$HAc+H_2O \rightleftharpoons H_3O^+ +Ac^-$

反应式 2　　　　　　　　$NH_3+H_3O^+ \rightleftharpoons NH_4^+ +H_2O$

质子的转移是通过水完成的。在反应式 1 中，由于 HAc 给出质子的能力比 H_2O 强，所以 H_2O 接受质子，表现为碱性；在反应式 2 中，由于 H_3O^+ 给出质子的能力比 NH_3 强，H_3O^+ 表现为酸性。

由于酸碱质子理论扩大了酸和碱的范畴，因此，在电离理论中的酸碱电离、中和反应、水解反应都包括在酸碱反应的范围之内，可以将它们看成是质子转移的酸碱反应。如：

$$HCl+H_2O \rightleftharpoons H_3O^+ +Cl^-$$

$$NH_3+H_2O \rightleftharpoons NH_4^+ +OH^-$$

$$H^+ +OH^- \rightleftharpoons H_2O$$

$$Ac^- +H_2O \rightleftharpoons HAc+OH^-$$

酸碱电离就是水与酸、碱的质子转移反应。如在水溶液中，酸电离给出质子，生成水合离子及共轭碱。由于强酸给出质子能力强，其共轭碱碱性很弱，几乎不能结合质子，因此酸碱反应完全；而弱酸给出质子能力较弱，其共轭碱则有较强结合质子的能力，电离反应不能进行完全，为可逆反应。同理，碱也具有类似的性质。

由以上示例可知，在溶液中，给质子能力强的为酸，得质子能力强的为碱，同一种物质在不同体系中，显示出不同的酸碱性。如 H_2O，在 HCl 体系中表现为碱，在 NH_3 体系中表现为酸。由此可见，物质的酸碱性是相对的，在不同的化学反应中，物质是酸还是碱，取决于反应中该物质对质子亲和力的相对大小。因此，当讨论某一物质是酸还是碱时，不能脱离该物质和其他物质的相互关系。

（三）酸碱的强度

酸碱的强度是指酸碱给出或者结合质子的能力大小，可以用反应平衡常数的大小来衡量，$K_a(K_b)$ 值越大，酸（碱）性越强。例如弱酸 HA、弱碱 A^- 在水溶液中的离解反应，即它们与溶剂之间的酸碱反应为

$$HA+H_2O \rightleftharpoons H_3O^+ +A^-$$

$$A^- +H_2O \rightleftharpoons HA+OH^-$$

上述反应的平衡常数称为酸、碱的离解常数，分别用 K_a 或 K_b 来表示：

$$K_a = \frac{[A^-][H_3O^+]}{[HA]} \tag{5-1}$$

$$K_b = \frac{[HA][OH^-]}{[A^-]} \tag{5-2}$$

由酸、碱离解常数可看出：酸、碱强度不仅取决于酸、碱本身给出质子和接受质子的能力，同时也取决于溶剂接受和给出质子的能力，即酸、碱的强度与酸、碱的性质和溶剂的性质有关。如在水溶液中，$HClO_4$、H_2SO_4、HCl、HNO_3 都是强酸，而把这些酸溶于冰醋酸中，则均变为弱酸，这是由于醋酸结合质子的能力没有水强，而使得 $HClO_4$ 等溶质给出质子的难度增加；

再如 NH_3 在水中是弱碱，而在醋酸中其碱性强得多，这是因为醋酸的酸性比水强，它比水容易将质子给予 NH_3，从而增强了 NH_3 的碱性。

（四）共轭酸碱对的 K_a 与 K_b 相互关系

将式（5-1）和（5-2）相乘，可得

$$K_w = K_a \times K_b = [H_3O^+] \times [OH^-] = 10^{-14} \qquad (25℃) \qquad （5-3）$$

$$pK_a + pK_b = pK_w = 14 \qquad （5-4）$$

由上可见：酸的强度与其共轭碱的强度是反比关系，酸越强（K_a 越大），其共轭碱越弱（K_b 越小），反之亦然。如已知 HAc 的 K_a 值为 1.8×10^{-5}，试求其共轭碱 Ac^- 的 K_b 值：

$$K_b = \frac{K_w}{K_a} = \frac{10^{-14}}{1.8 \times 10^{-5}} = 5.6 \times 10^{-10}$$

或

$$pK_b = pK_w - pK_a = 14.00 - 4.74 = 9.26$$

多元酸碱在水中分级电离，其水溶液中存在多个共轭酸碱对。例如：三元酸 H_3A 的三级离解常数分别为 K_{a_1}、K_{a_2}、K_{a_3}，若其共轭碱 A^{3-}、HA^{2-}、H_2A^- 的碱度常数用 K_{b_1}、K_{b_2}、K_{b_3} 表示，则

$$A^{3-} + H_2O \rightleftharpoons HA^{2-} + OH^- \qquad K_{b_1} = K_w/K_{a_3}$$

$$HA^{2-} + H_2O \rightleftharpoons H_2A^- + OH^- \qquad K_{b_2} = K_w/K_{a_2}$$

$$H_2A^- + H_2O \rightleftharpoons H_3A + OH^- \qquad K_{b_3} = K_w/K_{a_1}$$

由此可见，多元酸 H_nA 最强的共轭碱 A^{n-} 的离解常数 K_{b_1} 对应着最弱的共轭酸 HA^{n-1} 的 K_{a_n}；而最弱的碱 $H_{n-1}A^-$ 的离解常数 K_{b_n} 对应着最强的共轭酸 H_nA 的 K_{a_1}。

二、酸碱溶液中各型体的分布

前面，我们已经介绍了分析浓度与平衡浓度的概念，酸的浓度是指酸的分析浓度，酸度是指溶液中 H^+ 的浓度，严格地说是指 H^+ 的活度，常用 pH 表示。同样，碱的浓度与碱度也是不同的，碱度常用 pOH 表示。酸碱平衡体系中，同时存在多种组分，这些组分的浓度，随溶液的酸度变化而改变，可由分布系数来求出各组分的平衡浓度。

（一）一元弱酸（碱）溶液中各型体的分布系数

对于一元弱酸 HA，若其分析浓度为 c(mol/L)，在水溶液中达到离解平衡后，存在型体 HA 和 A^-，根据第 4 章中分布系数的定义，则 HA 分布系数表达式为

$$\delta_{HA} = \frac{[HA]}{c} = \frac{[HA]}{[HA]+[A^-]} = \frac{1}{1+\dfrac{K_a}{[H^+]}} = \frac{[H^+]}{[H^+]+K_a} \qquad （5-5）$$

同理，可得 A^- 分布系数表达式

$$\delta_{A^-} = \frac{K_a}{[H^+]+K_a} \qquad （5-6）$$

显然

$$\delta_{HA} + \delta_{A^-} = 1$$

例 5-1 计算 pH=5.00 时，0.1mol/L HAc 溶液中各型体的分布系数和平衡浓度。

解： 已知 $K_a = 1.8 \times 10^{-5}$，$[H^+] = 1.0 \times 10^{-5}$mol/L，则

$$\delta_{HAC} = \frac{[H^+]}{[H^+] + K_a} = \frac{1.0 \times 10^{-5}}{1.0 \times 10^{-5} + 1.8 \times 10^{-5}} = 0.36$$

$$\delta_{Ac^-} = 1 - \delta_{HAc} = 0.64$$

$$[HAc] = \delta_{HAc} \times c_{HAc} = 0.36 \times 0.10 = 0.036 \text{mol/L}$$

$$[Ac^-] = \delta_{Ac^-} \times c_{Ac^-} = 0.64 \times 0.10 = 0.064 \text{mol/L}$$

由上可知，一元弱酸分布系数与溶液中[H⁺]有关。按上述的计算公式可算出不同 pH 溶液中 δ_{HA}、δ_{A^-} 的值。以乙酸为例，可得如图 5-1 所示各型体分布曲线。

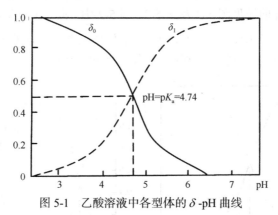

图 5-1 乙酸溶液中各型体的 δ-pH 曲线

由图 5-1 可知，随着溶液 pH 增大，δ_{HAc}（δ_0）逐渐减小，而 δ_{Ac^-}（δ_1）则逐渐增大。在两条曲线的交点处，即 $\delta_{HAc} = \delta_{Ac^-} = 0.50$ 时，此时[HAc]=[Ac⁻]，溶液的 pH=pK_a=4.74，显然。当 pH<pK_a 时，溶液中 HAc 为主要型体；反之，当 pH>pK_a 时，Ac⁻ 为主要存在型体。其他一元弱酸（碱）溶液中各型体的分布可用类似的方法求得。

（二）多元弱酸（碱）溶液中各型体的分布系数

对于二元弱酸，如草酸，若其分析浓度为 c，在水溶液中以 $H_2C_2O_4$、$HC_2O_4^-$、$C_2O_4^{2-}$ 三种型体存在，则有

$$c = [H_2C_2O_4] + [HC_2O_4^-] + [C_2O_4^{2-}]$$

经推导可得

$$\delta_{H_2C_2O_4} = \frac{[H^+]^2}{[H^+]^2 + [H^+]K_{a_1} + K_{a_1}K_{a_2}} \tag{5-7}$$

$$\delta_{HC_2O_4^-} = \frac{[H^+]K_{a_1}}{[H^+]^2 + [H^+]K_{a_1} + K_{a_1}K_{a_2}} \tag{5-8}$$

$$\delta_{C_2O_4^{2-}} = \frac{K_{a_1}K_{a_2}}{[H^+]^2 + [H^+]K_{a_1} + K_{a_1}K_{a_2}} \tag{5-9}$$

$$\delta_{H_2C_2O_4} + \delta_{HC_2O_4^-} + \delta_{C_2O_4^{2-}} = 1$$

对于三元酸，如磷酸，在水溶液中可存在四种型体：H_3PO_4、$H_2PO_4^-$、HPO_4^{2-} 和 PO_4^{3-}，同样可推导出各型体的分布系数计算式

$$\delta_{H_3PO_4} = \frac{[H^+]^3}{[H^+]^3 + [H^+]^2 K_{a_1} + [H^+] K_{a_1} K_{a_2} + K_{a_1} K_{a_2} K_{a_3}} \tag{5-10}$$

$$\delta_{H_2PO_4} = \frac{[H^+]^2 K_{a_1}}{[H^+]^3 + [H^+]^2 K_{a_1} + [H^+] K_{a_1} K_{a_2} + K_{a_1} K_{a_2} K_{a_3}} \tag{5-11}$$

$$\delta_{HPO_4^{2-}} = \frac{[H^+] K_{a_1} K_{a_2}}{[H^+]^3 + [H^+]^2 K_{a_1} + [H^+] K_{a_1} K_{a_2} + K_{a_1} K_{a_2} K_{a_3}} \tag{5-12}$$

$$\delta_{PO_4^{3-}} = \frac{K_{a_1} K_{a_2} K_{a_3}}{[H^+]^3 + [H^+]^2 K_{a_1} + [H^+] K_{a_1} K_{a_2} + K_{a_1} K_{a_2} K_{a_3}} \tag{5-13}$$

草酸及磷酸的 δ-pH 曲线见图 5-2 及图 5-3。图 5-2 中，δ_0、δ_1、δ_2 表示 $H_2C_2O_4$、$HC_2O_4^-$、$C_2O_4^{2-}$ 的分布系数；图 5-3 中，δ_0、δ_1、δ_2、δ_3 表示 H_3PO_4、$H_2PO_4^-$、HPO_4^{2-} 和 PO_4^{3-} 的分布系数。由图可知，多元酸（碱）各型体分布与溶液 pH 相关。

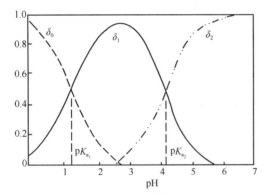

图 5-2　草酸溶液中各型体的 δ-pH 曲线

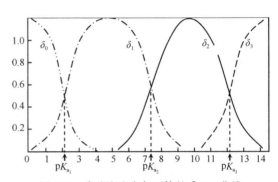

图 5-3　磷酸溶液中各型体的 δ-pH 曲线

三、酸碱溶液中 pH 的计算

在质子理论中，酸碱电离其本质为质子转移的反应，其反应达平衡时，同时满足质量平衡、电荷平衡及质子平衡。计算酸碱溶液中 H^+ 浓度，可根据共轭酸碱对之间的质子转移平衡关系式来计算，下面介绍各类酸、碱溶液的 pH 计算方法。

（一）强酸（碱）溶液的 pH 计算

强酸、强碱在溶液中全部离解，故若浓度较大时（$c > 10^{-6}$ mol/L）时，水电离出的 $[H^+]$ 可忽略，直接计算出酸（碱）电离出的 $[H^+]$（或 $[OH^-]$）即可；若浓度较稀时（10^{-8} mol/L $< c <$ 10^{-6} mol/L），计算溶液中的 $[H^+]$ 或 $[OH^-]$，还需考虑水离解对总浓度的影响；若强酸（碱）的浓度小于 10^{-8} mol/L，则此时它们解离出的 $[H^+]$ 或 $[OH^-]$ 可忽略。

例 5-2 计算 0.1mol/L HCl 溶液的 pH。

解： 根据质子平衡式

$$[H^+]=[A^-]+[OH^-]$$

当 HCl 浓度为 0.1mol/L 时，水电离出[H⁺]可忽略，则

$$[H^+]=[Cl^-]=0.1mol/L \qquad pH=1.0$$

例 5-3 计算 1.0×10^{-7}mol/L HCl 溶液的 pH。

解： 根据质子平衡式

$$[H^+]=[A^-]+[OH^-]$$

由于此时 HCl 浓度较稀，水电离出[H⁺]不可忽略，则

$$[H^+]=[Cl^-]+K_w/[H^+]$$

$$[H^+]^2-1.0\times10^{-7}[H^+]-1.0\times10^{-14}=0$$

解方程得

$$[H^+]=1.6\times10^{-7}mol/L \qquad pH=6.79$$

（二）一元弱酸（碱）溶液的 pH 计算

一元酸 HA（设浓度为 c_a mol/L）溶液的质子条件式是

$$[H^+]=[A^-]+[OH^-]$$

由于 $K_a=\dfrac{[H^+][A^-]}{[HA]}$ 可得 $[A^-]=\dfrac{K_a[HA]}{[H^+]}$，又因为 $[OH^-]=\dfrac{K_w}{[H^+]}$，将其代入质子条件式有

$$[H^+]=\frac{K_a[HA]}{[H^+]}+\frac{K_w}{[H^+]}$$

$$[H^+]=\sqrt{K_a[HA]+K_w} \tag{5-14}$$

由分布系数可知 $[HA]=\delta_{HA}\times c_a=\dfrac{c_a[H^+]}{K_a+[H^+]}$ 代入式（5-14）中，即得计算出一元弱酸溶液[H⁺]精确式。由于数学处理十分麻烦，在实际工作中通常根据计算[H⁺]浓度时允许误差，采用近似方法进行计算。通常分析化学计算溶液 pH 时的允许相对误差为 5%。当 $c_aK_a\geqslant20K_w$ 时，水的离解影响很小，式（5-14）中含 K_w 项可略去，则

$$[H^+]^2=K_a(c_a-[H^+])$$

$$[H^+]=\frac{-K_a+\sqrt{K_a^2+4K_ac_a}}{2} \tag{5-15}$$

当 $c_aK_a\geqslant20K_w$，同时 $c_a/K_a\geqslant400$ 时，弱酸的离解对总浓度的影响也可略去，$c_a-[H^+]\approx c_a$，得到最简式：

$$[H^+]=\sqrt{c_aK_a} \tag{5-16}$$

同理，对于一元弱碱可采用类似方法处理，当 $c_bK_b\geqslant20K_w$，同时 $c_b/K_b\geqslant400$ 时，得到计算[OH⁻]的最简式：

$$[OH^-]=\sqrt{c_bK_b} \tag{5-17}$$

例 5-4 计算 0.10mol/L NH₄Cl 溶液的 pH，已知 NH₃ · H₂O 的 $K_b=1.8\times10^{-5}$。

解： NH_4^+ 的 K_a 为

$$K_a=\frac{K_w}{K_b}=\frac{1.0\times10^{-14}}{1.8\times10^{-5}}=5.6\times10^{-10}$$

由于 $c_aK_a=0.1\times5.6\times10^{-10}>20K_w$，$\dfrac{c_a}{K_a}=\dfrac{0.10}{5.6\times10^{-10}}>400$，故可按最简式计算：

$$[H^+]=\sqrt{c_a\cdot K_a}=\sqrt{0.10\times5.6\times10^{-10}}=7.5\times10^{-6}\text{mol/L}$$

$$pH=5.13$$

例 5-5 计算 0.10mol/L NaCOOH 溶液的 pH，已知 HCOOH 的 $K_a=1.8\times10^{-4}$。

解： $HCOO^-$的 K_b 为

$$K_b=\frac{K_w}{K_a}=\frac{1.0\times10^{-14}}{1.8\times10^{-4}}=5.6\times10^{-11}$$

由于 $c_bK_b=0.1\times5.6\times10^{-11}>20K_w$，$\dfrac{c_b}{K_b}=\dfrac{0.10}{5.6\times10^{-11}}>400$，故可按最简式计算：

$$[OH^-]=\sqrt{c_b\cdot K_b}=\sqrt{0.10\times5.6\times10^{-11}}=2.4\times10^{-6}\text{mol/L}$$

$$pOH=5.60 \qquad pH=8.40$$

（三）多元弱酸碱溶液的 pH 计算

多元弱酸（碱）在溶液中是逐级离解的，因此，其溶液中[H⁺]的计算较一元弱酸（碱）复杂。以二元弱酸 H₂A（设浓度为 c_a mol/L）为例，其溶液的质子条件式为

$$[H^+]=[HA^-]+2[A^{2-}]+[OH^-]$$

根据离解平衡关系，将有关平衡常数代入，就可得到计算[H⁺]的准确式为

$$[H^+]=\frac{c_aK_{a_1}[H^+]}{[H^+]^2+K_{a_1}[H^+]+K_{a_1}K_{a_2}}+\frac{2c_aK_{a_1}K_{a_2}}{[H^+]^2+K_{a_1}[H^+]+K_{a_1}K_{a_2}}+\frac{K_w}{[H^+]} \tag{5-18}$$

和一元弱酸处理的方法相似，根据实际溶液对该公式进行简化处理。当 $c_aK_a\geqslant20K_w$ 时，忽略水的离解，含 K_w 项可略去；通常，二元酸的 $K_{a_1}\gg K_{a_2}$（或 $\dfrac{K_{a_1}}{K_{a_2}}\geqslant10^4$），则二级离解可忽略，故式（5-18）可简化成以下近似式

$$[H^+]=\frac{c_aK_{a_1}}{[H^+]+K_{a_1}}$$

则

$$[H^+]=\sqrt{(c_a-[H^+])K_{a_1}} \tag{5-19}$$

当 $c_a/K_{a_1}\geqslant400$ 时，还可同时忽略酸的离解对总浓度的影响，即 $c-[H^+]\approx c$，得到以下计算二元酸溶液中[H⁺]的最简式

$$[H^+]=\sqrt{c_aK_{a_1}} \tag{5-20}$$

多元碱溶液的 pOH 可参照多元酸的处理方法。

（四）两性物质溶液的 pH 计算

两性物质是指在溶液中既可得到质子又可失去质子的物质，常见的有多元酸的酸式盐、弱酸弱碱盐等。其溶液中的酸碱平衡较复杂，可根据具体情况，进行近似处理。

以 NaHA（浓度为 c_a mol/L）为例，该溶液的质子条件式为

$$[H^+]+[H_2A]=[A^{2-}]+[OH^-]$$

K_{a_1}、K_{a_2} 分别为 H_2A 的一级和二级离解常数，若以计算分布系数的公式代入，得计算$[H^+]$的准确式为

$$[H^+]+\frac{[H^+][HA^-]}{K_{a_1}}=\frac{K_{a_2}[HA^-]}{[H^+]}+\frac{K_w}{[H^+]}$$

由于通常两性物质给出质子和接受质子能力都比较弱，可认为$[HA^-]\approx c_a$，将该溶液的质子条件式简化为

$$[H^+]+\frac{c_a[H^+]}{K_{a_1}}=\frac{c_aK_{a_2}}{[H^+]}+\frac{K_w}{[H^+]}$$

则

$$[H^+]=\sqrt{\frac{K_{a_2}c_a+K_w}{1+\frac{c_a}{K_{a_1}}}} \tag{5-21}$$

当 $c_aK_{a_2}\geqslant 20K_w$，$K_w$ 项也可略去，式（5-21）可简化为以下近似式

$$[H^+]=\sqrt{\frac{K_{a_2}c_a}{1+\frac{c_a}{K_{a_1}}}} \tag{5-22}$$

若 $c_a/K_{a_1}>20$，则分母中的 1 可略去，得最简式为

$$[H^+]=\sqrt{K_{a_1}K_{a_2}} \tag{5-23}$$

例 5-6　计算 0.10mol/L $NaHCO_3$ 溶液的 pH。已知 $K_{a_1}=4.5\times10^{-7}$，$K_{a_2}=4.7\times10^{-11}$。

解：由于 $c_aK_{a_2}\geqslant 20K_w$，且 $c_a/K_{a_1}>20$，故可用最简式计算

$$[H^+]=\sqrt{K_{a_1}K_{a_2}}=\sqrt{4.5\times10^{-7}\times4.7\times10^{-11}}=4.6\times10^{-9} \qquad pH=8.34$$

（五）缓冲溶液的 pH 计算

酸碱缓冲溶液是一类对溶液的酸度有稳定作用的溶液，当向这类溶液中加入少量的酸或碱，溶液的 pH 基本保持不变。酸碱缓冲溶液的组成一般是由一对共轭酸碱组成。

现讨论弱酸 HA（浓度为 c_a mol/L）与共轭碱 NaA^-（浓度为 c_b mol/L）组成的缓冲溶液的 pH 计算。

由电荷平衡式得

$$[H^+]+[Na^+]=[OH^-]+[A^-]$$

转化可得

$$[H^+]+c_b=[OH^-]+[A^-]$$

整理得

$$[A^-]=c_b+[H^+]-[OH^-]$$

由质量平衡式得

$$c_a+c_b=[HA]+[A^-]$$

合并二式得

$$[HA]=c_a-[H^+]+[OH^-]$$

由弱酸离解常数得

$$[H^+]=K_a\frac{[HA]}{[A^-]}=K_a\frac{c_a-[H^+]+[OH^-]}{c_b+[H^+]-[OH^-]} \tag{5-24}$$

此式是计算缓冲溶液 H⁺的精确式。

当溶液呈酸性（pH＜6）时，$[H^+]\geqslant[OH^-]$，上式简化为近似式

$$[H^+]=\frac{c_a-[H^+]}{c_b+[H^+]}K_a \tag{5-25}$$

当 $c_a\geqslant20[H^+]$，$c_b\geqslant20[H^+]$ 时，得

$$[H^+]=\frac{c_a}{c_b}K_a \tag{5-26}$$

或

$$pH=pK_a+\lg\frac{c_b}{c_a} \tag{5-27}$$

这是计算缓冲溶液中[H⁺]的最简式。作为一般控制酸度用的缓冲溶液，因缓冲剂本身的浓度较大，对计算结果也不要求十分准确，所以，通常可采用该式进行计算。但需明白的是，由于受到离子强度等各种因素的影响，理论计算出溶液的 pH 与溶液实际 pH 不一定完全相同，实际工作中，缓冲溶液的 pH 一般以测定结果为准。常用的 pH 缓冲溶液见表 5-1。

表 5-1　常用 pH 缓冲溶液组成

缓冲溶液	酸	碱	pK_a
氨基乙酸-HCl	$^+NH_3CH_2COOH$	$^+NH_3CH_2COO^-$	2.35
HAc-NaAc	HAc	Ac^-	4.76
六次甲基四胺-HCl	$(CH_2)_6N_4H^+$	$(CH_2)_6N_4$	5.15
NaH₂PO₄- Na₂HPO₄	$H_2PO_4^-$	HPO_4^{2-}	7.20
Tris-HCl	$^+NH_3C(CH_2OH)_3$	$NH_2C(CH_2OH)_3$	8.10
Na₂B₄O₇-HCl	H_3BO_3	$H_2BO_3^-$	9.24
NH₃-NH₄Cl	NH_4^+	NH_3	9.25
NaHCO₃-Na₂CO₃	HCO_3^-	CO_3^{2-}	10.33

注：Tris 为三（羟甲基）氨基甲烷

例 5-7　计算 0.20mol/L HAc-0.10mol/L NaAc 溶液的 pH。已知 HAc 的 $pK_a=4.74$。

解：
$$pH=pK_a+\lg\frac{c_{NaAc}}{c_{HAc}}$$
$$pH=4.74+\lg\frac{0.10}{0.20}=4.44$$

第 2 节　基 本 原 理

一、酸碱指示剂

（一）变色原理

酸碱指示剂（acid-base indicator）一般是有机弱酸或弱碱，它们的共轭酸式和共轭碱式具有不同结构，从而呈现出不同颜色。当溶液的 pH 改变，指示剂失去或得到质子，发生共轭酸碱式结构互变，引起所在溶液的颜色改变。

例如酚酞（phenolphthalein，PP）是一种有机弱酸，它在水溶液中存在如下共轭酸碱式结构：

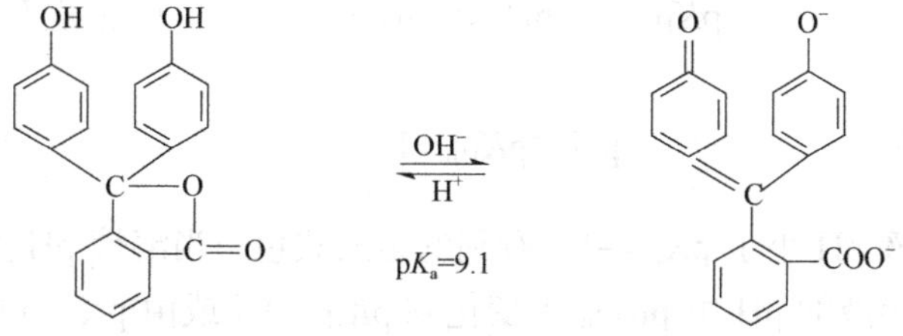

无色（共轭酸式色）　　　红色（共轭碱式色）

在酸性溶液中，酚酞主要以共轭酸式存在，溶液无色；随着溶液碱性增强，平衡向右移动，酚酞由共轭酸式转变为共轭碱式存在，溶液显红色；反之，在碱性溶液中，随着溶液酸性增强，酚酞由红色变为无色。

甲基橙（methyl orange，Mo）是一种有机弱碱，它在水溶液中存在下述平衡

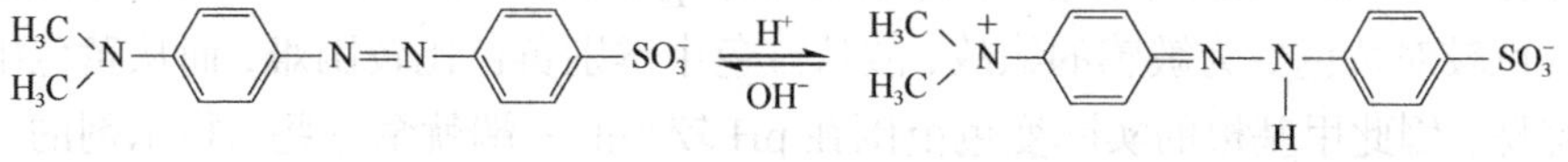

黄色（共轭碱式色）　　　红色（共轭酸式色）

在碱性溶液中，甲基橙主要以碱式体存在，溶液呈黄色。当溶液酸度增强时，平衡向右移动，甲基橙主要以共轭酸式体存在，溶液由黄色向红色转变。

由上可知，指示剂的变色原理是随着溶液中[H⁺]的改变，指示剂共轭酸碱式发生结构互变，由于其共轭酸碱式颜色不同，从而导致溶液颜色发生变化。

（二）变色范围

指示剂的变色主要是由于溶液中的 pH 发生变化引起的，但是不同指示剂变色所需要的 pH 不同，下面讨论指示剂的颜色变化与溶液 pH 之间的关系。

现以 HIn 表示指示剂的共轭酸式，In⁻表示指示剂的共轭碱式，溶液中有如下离解平衡：

$$HIn \rightleftharpoons H^+ + In^-$$

平衡时，则得

$$K_{HIn} = \frac{[H^+][In^-]}{[HIn]}$$

式中，K_{HIn} 为指示剂的离解平衡常数，称为指示剂常数（indicator constant），在一定温度下，K_{HIn} 为一个常数。上式可改写为

$$\frac{[In^-]}{[HIn]} = \frac{K_{HIn}}{[H^+]}$$

上式表明在溶液中，$[In^-]$ 和 $[HIn]$ 的比值取决于溶液的指示剂常数 K_{HIn} 和溶液酸度两个因素。在一定温度下，K_{HIn} 为一个常数，因此该比值只取决于溶液的 $[H^+]$。一般认为，当两种颜色的浓度之比是 10 倍或 10 倍以上时，我们只能看到浓度较大的那种颜色。

指示剂呈现的颜色与溶液中 $[In^-]/[HIn]$ 的比值及 pH 三者之间的关系为

$$\frac{[In^-]}{[HIn]} = \frac{K_{HIn}}{[H^+]} \leqslant \frac{1}{10} \qquad pH \leqslant pK_{HIn} - 1 \qquad\qquad 酸式色$$

$$\frac{1}{10} < \frac{[In^-]}{[HIn]} < 10 \qquad pK_{HIn} - 1 < pH < pK_{HIn} + 1 \qquad 颜色逐渐变化的混合色$$

$$\frac{[In^-]}{[HIn]} = \frac{K_{HIn}}{[H^+]} \geqslant 10 \qquad pH \geqslant pK_{HIn} + 1 \qquad\qquad 碱式色$$

由上可知，当溶液 pH 小于 $pK_{HIn} - 1$，看到的是酸式色；当溶液 pH 大于 $pK_{HIn} + 1$ 时，看到的是碱式色；只有当溶液的 pH 由 $pK_{HIn} - 1$ 变化到 $pK_{HIn} + 1$（或由 $pK_{HIn} + 1$ 变化到 $pK_{HIn} - 1$）时，才可以观察到指示剂由酸式（碱式）色经混合色变化到碱式（酸式）色这一过程。因此，这一颜色变化的 pH 范围，即 $pH = pK_{HIn} \pm 1$，称为指示剂的理论变色范围。其中，当 $[In^-]/[HIn] = 1$，即溶液的 $pH = pK_{HIn}$ 时，称为指示剂的理论变色点。

在实际工作中，指示剂的变色范围是通过人目测确定的，与理论值 $pK_{HIn} \pm 1$ 并不完全一致，这是因为人眼对各种颜色的敏感程度不同等因素造成的。例如甲基橙的 $pK_{HIn} = 3.5$，理论变色范围应为 $pH = 2.5 \sim 4.5$，但实际变色范围却是 $pH = 3.1 \sim 4.4$。产生上述差异的原因是由于人眼对于红色较对黄色更为敏感的缘故，故从红色中辨别黄色比较困难，而从黄色中辨别出红色就比较容易，因此甲基橙的实际变色范围在 pH 较小的一端就窄一些。指示剂的变色范围越窄，指示剂的灵敏度越高，这样当溶液的 pH 稍有变化时，就能引起指示剂的颜色突变，这对提高测定的准确度是有利的。常用酸碱指示剂列于表 5-2 中。

表 5-2　常用的酸碱指示剂

指示剂	变色范围 pH	颜色		pK_{HIn}	浓度	用量/（滴/10mL 试液）
		酸色	碱色			
百里酚蓝	1.2～2.8	红	黄	1.65	0.1%的 20%乙醇溶液	1～2
甲基黄	2.9～4.0	红	黄	3.30	0.1%的 90%乙醇溶液	1
甲基橙	3.1～4.4	红	黄	3.46	0.1%的水溶液	1
溴酚蓝	3.0～4.6	黄	蓝	3.85	0.1%的 20%乙醇溶液	1
溴甲酚绿	3.8～5.4	黄	蓝	4.66	0.1%的 20%乙醇溶液	1

续表

指示剂	变色范围 pH	颜色 酸色	颜色 碱色	pK_{HIn}	浓度	用量/（滴/10mL 试液）
甲基红	4.4～6.2	红	黄	5.00	0.1%的 60%乙醇溶液	1
溴百里酚蓝	6.0～7.6	黄	蓝	7.10	0.1%的 20%乙醇溶液	1
中性红	6.8～8.0	红	黄	7.40	0.1%的 60%乙醇溶液	1
酚酞	8.2～10.0	无	红	9.40	1%的 60%乙醇溶液	1～3
百里酚酞	9.4～10.6	无	蓝	10.0	0.1%的 90%乙醇溶液	1～2

（三）影响指示剂变色范围的因素

1. 温度　温度的变化会引起指示剂离解常数 K_{HIn} 发生变化，因而指示剂的变色范围亦随之改变。例如，在室温下，甲基橙的变色范围为 3.1～4.4；而在 100℃时，则为 2.5～3.7。一般酸碱滴定都在室温下进行，若有必要加热煮沸，也须在溶液冷却至室温后再滴定。

2. 指示剂的用量　在滴定过程中，适宜的指示剂浓度将使其在终点变色比较敏锐，有助于提高滴定分析的准确度。如指示剂的浓度过高或过低，会使得溶液的颜色太深或太浅，因变色不够明显而影响到终点的准确判断。同时指示剂自身也是弱酸弱碱，其变色也要消耗一定的滴定剂，从而引入误差，故使用时其用量要合适。

3. 电解质　电解质的存在对指示剂的影响主要是两个方面，一是增大了溶液的离子强度，使得指示剂的离解常数发生改变，从而影响其变色范围；此外，电解质的存在还影响指示剂对光的吸收，使其颜色的强度发生变化，因此滴定中不宜有大量中性盐存在。

除了上述影响因素外，滴定的溶剂及滴定程序等因素也会影响指示剂的变色范围。

（四）混合指示剂

在酸碱滴定中，为了达到一定的滴定准确度，有时需要将滴定终点限制在较窄小的 pH 范围内。这时，一般的指示剂就难以满足需要，可采用混合指示剂。混合指示剂利用了颜色之间的互补作用，具有较窄的变色范围，且变色更加敏锐。

混合指示剂有两种配制方法：一是采用一种颜色不随溶液中 H^+ 浓度变化而改变的染料（称为惰性染料）和一种指示剂配制而成，由于惰性染料颜色不随 pH 变化，仅为互补背景颜色，因此该种混合指示剂变色范围不变；二是选择两种或多种指示剂按一定的比例混合使用，由于颜色互补，使变色范围变窄，颜色变化更敏锐。混合指示剂配制时两种指示剂比例要适当，否则达不到预期效果。

例如，1 份 0.1%甲基橙和 1 份 0.25%靛蓝二磺酸钠组成的混合指示剂，靛蓝二磺酸钠在滴定过程中保持蓝色不变，在 pH＞4.4 时，显绿色（黄与蓝混合色），pH≤3.1 时，显紫色（红与蓝混合色），在 pH=3.1～4.4 时，显浅灰色（几乎无色）。混合指示剂由绿色（或紫色）变化为紫色（或黄绿色），中间呈近乎无色的浅灰色，变色敏锐，易于辨别。

又如 3 份 0.1%溴甲酚绿乙醇溶液（pK_{HIn}=4.66，酸式色为黄色，碱式色为蓝色）和 1 份 0.2%甲基红乙醇溶液（pK_{HIn}=5.00，酸式色为红色，碱式色为黄色）组成的混合指示剂，溶液的变色点为 pH=5.1，在 pH＜5.1 时显酒红色，在 pH＞5.1 时，显绿色，当 pH=5.1，二者颜色产生互补,显灰色,颜色变化十分明显。且混合指示剂的变色范围较各单独指示剂的均窄。

二、滴定曲线

在酸碱滴定分析中,需要考虑这几个方面的问题:一是待测物质能否用滴定分析方法准确测定;二是在滴定过程中溶液中的[H⁺]或 pH 是如何变化的;三是测定过程中应如何选用合适的指示剂;四是滴定终点时如何评价滴定误差。

在滴定分析中,随着滴定剂体积的增大,反应液中待测组分浓度也随之变化,以组分浓度(或浓度负对数)为纵坐标,加入滴定剂的体积为横坐标作图,得到的曲线称为滴定曲线。

(一)强酸强碱的滴定

强酸强碱在溶液中全部解离,其滴定反应为

$$H^+ + OH^- \rightleftharpoons H_2O$$

反应的平衡常数(滴定常数)K_t 为

$$K_t = \frac{1}{[H^+][OH^-]} = \frac{1}{K_w} = 1.00 \times 10^{14} \quad (25℃)$$

滴定分数(titration fraction)用 α 表示,是指滴定过程中,滴定反应进行的比例。以强碱滴定强酸为例,则 $\alpha = n_{OH^-}/n_{H^+}$。

现以 0.1000mol/L NaOH 溶液滴定 20.00mL(V_{HCl})0.1000mol/L 的 HCl 溶液为例,设滴定中加入 NaOH 的体积为 V_{NaOH}(mL),整个滴定过程可按四个阶段来考虑。

①滴定前,溶液的酸度等于 HCl 的原始浓度

$$[H^+] = 0.1000mol/L, \quad pH = 1.00$$

②滴定开始至化学计量点之前($V_{NaOH} < V_{HCl}$):随着 NaOH 溶液的加入,溶液中[H⁺]逐渐减少,其大小取决于剩余 HCl 的浓度,即

$$[H^+] = \frac{V_{HCl} - V_{NaOH}}{V_{HCl} + V_{NaOH}} \times c_{HCl}$$

当滴入 19.98mL NaOH 溶液时(化学计量点前 0.1%),此时滴定分数 $\alpha = 0.999$,

$$[H^+] = \frac{(20.00 - 19.98)}{(20.00 + 19.98)} \times 0.1000 = 5.00 \times 10^{-5} mol/L$$

$$pH = 4.30$$

③化学计量点时($V_{NaOH} = V_{HCl}$):滴入 20.00mL NaOH 溶液时,HCl 与 NaOH 恰好完全反应,溶液呈中性,此时滴定分数 $\alpha = 1.000$,即

$$[H^+] = [OH^-] = 1.00 \times 10^{-7} mol/L$$

$$pH = 7.00$$

④计量点后($V_{NaOH} > V_{HCl}$),溶液的 pH 由过量的 NaOH 的浓度决定,即

$$[OH^-] = \frac{V_{NaOH} - V_{HCl}}{V_{HCl} + V_{NaOH}} \times c_{NaOH}$$

当滴入 20.02mL NaOH 溶液时(化学计量点后 0.1%),此时滴定分数 $\alpha = 1.001$,

$$[OH^-] = \frac{(20.02 - 20.00)}{(20.00 + 20.02)} \times 0.1000 = 5.00 \times 10^{-5} \text{ mol/L}$$

$$pOH = 4.30 \qquad pH = 9.70$$

用类似的方法可以计算滴定过程中各阶段溶液 pH，并将主要计算结果列入表 5-3 中，以 V_{NaOH} 为横坐标，以溶液的 pH 为纵坐标，绘制滴定曲线，见图 5-4。

表 5-3　NaOH（0.1000mol/L）滴定 20.00mL HCl 溶液（0.1000mol/L）（25℃）

加入 NaOH 的量/mL	剩余 HCl 的量/mL	滴定分数 α	[H$^+$]	pH	
0.00	20.00	0.000	1.00×10^{-1}	1.00	
18.00	2.00	0.900	5.00×10^{-3}	2.30	
19.80	0.20	0.990	5.00×10^{-4}	3.30	
19.98	0.02	0.999	5.00×10^{-5}	4.30	突
20.00	0.00	1.000	1.00×10^{-7}	7.00	跃
	过量 NaOH 的量/mL		[OH$^-$]		范
20.02	0.02	1.001	5.00×10^{-5}	9.70	围
20.20	0.20	1.010	5.00×10^{-4}	10.70	

从表 5-3 和图 5-4 中可以看出，从滴定开始到加入 NaOH 液 19.98mL 时，HCl 被滴定了 99.9%，溶液的 pH 仅改变了 3.30 个 pH 单位，但从 19.98～20.02mL，即在化学计量点前后±0.1%范围内，溶液的 pH 由 4.30 急剧增到 9.70，增大了 5.40 个 pH 单位，溶液由酸性突变到碱性，此后过量 NaOH 溶液单位体积变化所引起的 pH 变化又愈来愈小。在此滴定中，pH 4.3～9.7 为滴定突跃范围，选择指示剂时，最理想的指示剂应该是恰好在化学计量点时变色，但在突跃范围内变色的指示剂，引起的误差不超过±0.1%，由此，本滴定可选择酚酞或甲基红作指示剂。

若用 HCl 溶液滴定 NaOH 溶液（条件与前相同），其滴定曲线与上述曲线互相对称，但溶液 pH 变化的方向相反。滴定突跃由 pH=9.70 降至 pH=4.30，可选择酚酞或甲基红为指示剂。

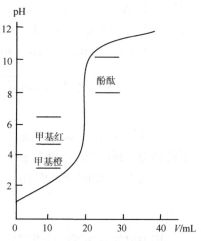

图 5-4　0.1000mol/L NaOH 溶液滴定 0.1000mol/L HCl 溶液 20.00mL 的滴定曲线

（二）一元弱酸弱碱的滴定

一般采用强碱或强酸滴定弱酸（HA）、弱碱（B）溶液。其滴定反应为

$$OH^- + HA \rightleftharpoons A^- + H_2O$$

$$H^+ + B \rightleftharpoons BH^+$$

现以 0.1000mol/L NaOH 溶液滴定 0.1000mol/L HAc 溶液 20.00mL(V_{HAc})为例进行讨论。若滴定时加入 NaOH 溶液的体积为 V_{NaOH} mL，整个滴定过程仍按四个阶段来考虑。

①滴定之前：溶液中的[H$^+$]主要来自 HAc 的离解。因为 $K_a = 1.8 \times 10^{-5}$，$c_a K_a > 20 K_w$，$c_a/K_a > 400$，则

$$[H^+]=\sqrt{c_aK_a}=\sqrt{0.1000\times1.8\times10^{-5}}$$
$$=1.3\times10^{-3}\,\text{mol/L}$$
$$\text{pH}=2.89$$

②滴定开始至化学计量点之前（$V_{NaOH}<V_{HCl}$）：随着滴定剂的加入，溶液组成 HAc-NaAc 缓冲体系，其 pH 可按下式求得

$$\text{pH}=\text{p}K_a+\lg\frac{c_{Ac^-}}{c_{HAc}}$$

当滴入 19.98mL NaOH 溶液时（化学计量点前 0.1%），$\alpha=0.999$，

$$c_{Ac^-}=\frac{c_b\times V_b}{V_a+V_b}=\frac{0.1000\times19.98}{20.00+19.98}=5.0\times10^{-2}\,\text{mol/L}$$

$$c_{HAc}=\frac{c_aV_a-c_bV_b}{V_a+V_b}=\frac{0.1000\times(20.00-19.98)}{20.00+19.98}=5.0\times10^{-5}\,\text{mol/L}$$

$$\text{pH}=4.74+\lg\frac{5.0\times10^{-2}}{5.0\times10^{-5}}=7.74$$

③化学计量点时（$V_{NaOH}=V_{HCl}$）：滴入 20.00mL NaOH 溶液时，HAc 与 NaOH 定量反应全部生成 NaAc，为弱碱。溶液的 pH 取决于 Ac⁻接受质子的能力，由于溶液的体积增大一倍，$c_b=0.1000/2=0.05000\,\text{mol/L}$。

由于 $c_bK_b>20K_w$，$c_b/K_b>400$，可按最简式计算：

$$\alpha=1.000\,,\quad[OH^-]=\sqrt{c_bK_b}=\sqrt{c_b\frac{K_w}{K_a}}=\sqrt{5.00\times10^{-2}\times\frac{1.0\times10^{-14}}{1.8\times10^{-5}}}=5.4\times10^{-6}\,\text{mol/L}$$
$$\text{pOH}=5.28\qquad\text{pH}=8.72$$

④计量点后（$V_{NaOH}>V_{HCl}$）：溶液由 NaAc 与 NaOH 组成，由于 NaOH 过量，Ac⁻接受质子的能力受到抑制，溶液的 pH 主要由过量的 NaOH 决定，计算方法与强碱滴定强酸相同。

当滴入 20.02mL NaOH 溶液时（化学计量点后 0.1%）
$$\alpha=1.001\,,\quad\text{pOH}=4.30$$
$$\text{pH}=9.70$$

用类似的方法可以计算滴定过程中各阶段溶液 pH，并将主要计算结果列入表 5-4 中；以 V_{NaOH} 为横坐标，以溶液的 pH 为纵坐标，绘制 pH-V 滴定曲线，见图 5-5。

与滴定 HCl 相比较，NaOH 滴定 HAc 的滴定曲线有如下特点：

①曲线的起点高：由于 HAc 是弱酸，部分离解，滴定曲线的起点 pH 为 2.89，比相同浓度强酸的 pH 高。

②pH 的曲线形状不同：滴定过程中 pH 的变化速率不同于强酸强碱的滴定曲线，滴定开始时，溶液 pH 变化较快，其后变化稍慢，特点是在加入滴定剂 50%体积（10mL）附近，pH 变化平缓，接近化学计量点时 pH 又发生突变。这是由于随着滴定的进行，HAc 浓度不断降低，Ac⁻的浓度逐渐增大，HAc-Ac⁻的缓冲作用使溶液的 pH 增加速度减慢，接近化学计量点时，HAc 浓度越来越低，缓冲作用减弱，溶液碱性增强，pH 又增加较快，曲线斜率又迅速增大。

表 5-4 用 NaOH（0.1000mol/L）滴定 20.00mL HAc 溶液（0.1000mol/L）的 pH（25℃）

加入 NaOH 的量/mL	剩余 HAc 的量/mL	滴定分数 α	pH
0.00	20.00	0.000	2.89
10.00	10.00	0.500	4.74
18.00	2.00	0.900	5.71
19.80	0.20	0.990	6.73
19.98	0.02	0.999	7.74
20.00	0.00	1.000	8.72
	过量 NaOH 的量/mL		
20.02	0.02	1.001	9.70
20.20	0.20	1.010	10.70

（pH 7.74、8.72、9.70 为突跃范围）

③突跃范围小，化学计量点处于碱性区域：由上可知，滴定突跃范围为 pH 7.74～9.70，这比相同浓度强碱滴定强酸的滴定突跃 pH 4.30～9.70 小得多。由于滴定产物 NaAc 为弱碱，化学计量点处于碱性区域（pH=8.72），显然在酸性区域变色的指示剂如甲基橙、甲基红等都不能用，而应选用在碱性区域内变色的指示剂，如酚酞（pK_{HIn} 9.4）或百里酚酞（pK_{HIn} 10.0）来指示滴定终点。

若用强酸滴定弱碱，例如 HCl 滴定 NH_3 溶液（条件同前），其滴定曲线与 NaOH 滴定 HAc 的相似，但 pH 变化的方向相反。由于生成的产物是 NH_4^+，故计量点时溶液呈酸性，且整个滴定突跃也位于酸性范围（pH=6.3～4.3），可以选择甲基红为指示剂。同样，由于反应的完全程度低于强酸与强碱的反应，故滴定突跃范围较小。

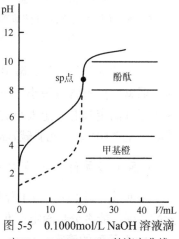

图 5-5 0.1000mol/L NaOH 溶液滴定 HAc(0.1000mol/L)的滴定曲线

（三）影响滴定突跃范围的因素

滴定突跃范围越大，表示该滴定反应越完全，滴定所引起的测量误差越小。那么，在进行滴定分析时，滴定突跃范围的影响因素有哪些？

1. 溶液的浓度 相同物质进行滴定时，滴定溶液浓度越大，滴定突跃越大。分别用 0.01000mol/L、0.1000mol/L、1.000mol/L NaOH 溶液滴定 20.00mL 0.01000mol/L、0.1000mol/L、1.000mol/L 的 HCl 溶液，滴定曲线如图 5-6 所示，其突跃范围分别为 pH 5.3～8.7、pH 4.3～9.7、pH 3.3～10.7，强酸、强碱溶液的浓度各增大 10 倍，滴定突跃范围则向上下两端各延伸一个 pH 单位。滴定突跃越大，可供选用的指示剂亦越多，如突跃为 pH 3.3～10.7，此时甲基橙、甲基红和酚酞均可采用；若突跃范围为 pH 5.3～8.7，此时欲使终点误差不超过 0.1%，应采用溴百里酚蓝为指示剂较适宜。

2. 酸碱的强度 滴定弱酸（碱）时，当浓度一定，酸（碱）的强度越弱，即 $K_a(K_b)$ 越小，滴定突跃范围亦越小。用 NaOH(0.1000mol/L)滴定同浓度不同强度的一元弱酸滴定曲线，如图

5-7 所示。由图可知，当 $K_a < 10^{-9}$ 时，在滴定曲线上已无明显突跃，表明此时反应的完全程度很低，难以利用指示剂来确定滴定终点。

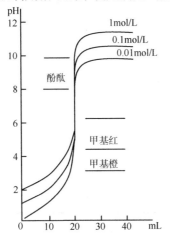
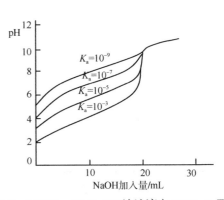

图 5-6　不同浓度 NaOH 溶液滴定不同浓度 HCl　　图 5-7　0.1000mol/L NaOH 溶液滴定 20.00mL 不同
　　　　　溶液的滴定曲线　　　　　　　　　　　　　　　强度的酸（0.1000mol/L）的滴定曲线

　　由上述的分析可知，影响突跃范围的因素主要有酸碱的强度及滴定溶液的浓度，如果弱酸、弱碱的离解常数很小，或是浓度很低，达到一定限度时，就不能进行直接准确滴定了。为了保证滴定具有一定大小的突跃范围，在酸碱滴定中，进行直接准确滴定的条件是：一元弱酸 $c_a K_a \geq 10^{-8}$，一元弱碱 $c_b K_b \geq 10^{-8}$。

（四）多元酸（碱）的滴定

　　多元酸（碱）在溶液中分步离解，在多元酸（碱）的滴定中，主要考虑以下几个问题：多元酸（碱）能否分步滴定；准确滴定到哪一级；各步滴定应如何选择指示剂等。

1. 多元酸的滴定

①首先用 $c_a K_a \geq 10^{-8}$ 判断多元酸离解的 H^+ 可被准确滴定到哪一级；

②根据相邻两级离解常数的比值判断相邻两级离解的 H^+ 能否分步滴定，若 $K_{a_{n-1}}/K_{a_n} \geq 10^4$，则可分步滴定，反之，则不能分步滴定。如：某多元酸 $K_{a_1}/K_{a_2} \geq 10^4$，且 $cK_{a_1} \geq 10^{-8}$，则第一级离解的 H^+ 先被准确滴定，形成第一个突跃；然后再与第二级离解的 H^+ 反应，能否准确滴定，形成第二个突跃，则取决于是否 $c_{sp_1} K_{a_2} \geq 10^{-8}$，如此逐级判断至不能准确滴定时为止。

　　例 5-8　用 0.1000mol/L NaOH 溶液滴定 20.00mL 0.1000mol/L H_3PO_4 溶液，求该滴定是否能分步进行？滴定可准确到哪步？试求每步滴定应选用的指示剂是什么？已知：H_3PO_4 的 $K_{a_1} = 7.08 \times 10^{-3}$，$K_{a_2} = 6.31 \times 10^{-8}$，$K_{a_3} = 4.79 \times 10^{-13}$。

　　解：由于 $K_{a_1}/K_{a_2} \geq 10^4$，$K_{a_2}/K_{a_3} \geq 10^4$，所以 NaOH 与 H_3PO_4 反应是分步进行的，即

$$H_3PO_4 + NaOH \Longrightarrow NaH_2PO_4 + H_2O$$

$$NaH_2PO_4 + NaOH \Longrightarrow Na_2HPO_4 + H_2O$$

$$Na_2HPO_4 + NaOH \Longrightarrow Na_3PO_4 + H_2O$$

又由于 $cK_{a_1} \geqslant 10^{-8}$，所以第一级离解的 H^+ 可被准确滴定，在第一化学计量点附近形成滴定突跃；又 $c_{sp_1}K_{a_2} \approx 10^{-8}$，若滴定允许稍大误差，则第二级离解的 H^+ 可被准确滴定，形成第二个突跃；而 $c_{sp_2}K_{a_3} \ll 10^{-8}$，不能直接准确滴定，无突跃。

选择指示剂可根据滴定突跃范围来确定，但为了简便起见，也可根据滴定计量点时的 pH，来估算突跃范围，从而来选择合适的指示剂。

NaOH 溶液分步滴定 H_3PO_4 的化学计量点 pH 可用最简式计算：

第一化学计量点：

$$[H^+] = \sqrt{K_{a_1}K_{a_2}}$$

$$pH = \frac{1}{2}(pK_{a_1} + pK_{a_2}) = \frac{1}{2}(2.15 + 7.20) = 4.68$$

第二化学计量点：

$$[H^+] = \sqrt{K_{a_2}K_{a_3}}$$

$$pH = \frac{1}{2}(pK_{a_2} + pK_{a_3}) = \frac{1}{2}(7.20 + 12.32) = 9.76$$

第一计量点可选用甲基红为指示剂，也可选用甲基橙与溴甲酚绿的混合指示剂。第二计量点可选用百里酚酞（无色→浅蓝色）作指示剂，也可选用酚酞与百里酚酞的混合指示剂。NaOH 溶液滴定 H_3PO_4 溶液的滴定曲线见图 5-8。

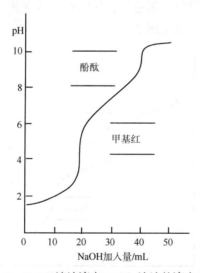

图 5-8　NaOH 溶液滴定 H_3PO_4 溶液的滴定曲线

2. 多元碱的滴定　多元碱滴定的方法与多元酸的滴定相似，根据是否 $c_bK_b \geqslant 10^{-8}$ 判断能否准确滴定；根据是否 $K_{b_{n-1}}/K_{b_n} \geqslant 10^4$ 判断是否可分步滴定，下列举例说明。

例 5-9　用 0.1000mol/L HCl 滴定 20.00mL 0.1000mol/L Na_2CO_3，已知 H_2CO_3 的 $K_{a_1} = 4.47 \times 10^{-7}$，$K_{a_2} = 4.68 \times 10^{-11}$。

解： Na_2CO_3 为二元碱，其在水溶液中的离解常数分别为

$$K_{b_1} = \frac{K_w}{K_{a_2}} = 2.1 \times 10^{-4}, \quad K_{b_2} = \frac{K_w}{K_{a_1}} = 2.2 \times 10^{-8}$$

由于 $K_{b_1}/K_{b_2} \approx 10^4$，所以 HCl 与 Na_2CO_3 反应是分步进行的，即

$$HCl + Na_2CO_3 \rightleftharpoons NaHCO_3 + NaCl$$

$$HCl + NaHCO_3 \rightleftharpoons NaCl + H_2CO_3$$

又由于 $cK_{b_1} > 10^{-8}$，所以 CO_3^{2-} 可被准确滴定，在第一化学计量点附近形成滴定突跃；又 $c_{sp1}K_{b_2} \approx 10^{-8}$，若滴定允许稍大误差，则 HCO_3^- 可被准确滴定，形成第二个突跃。

在第一计量点，产物为 $NaHCO_3$，可根据下式求得溶液的 pH。

$$[H^+] = \sqrt{K_{a_1}K_{a_2}}$$

$$pH = \frac{1}{2}(pK_{a_1} + pK_{a_2}) = \frac{1}{2}(6.35 + 10.33) = 8.34$$

可选用酚酞作指示剂，亦可采用甲酚红和百里酚蓝混合指示剂（变色点 pH 8.3）。

滴定至第二计量点时溶液是 CO_2 的饱和溶液，常压下，H_2CO_3 的浓度约为 0.040mol/L，则

$$[H^+] = \sqrt{c_{sp_2}K_{a_1}} = \sqrt{0.040 \times 4.47 \times 10^{-7}} = 1.34 \times 10^{-4} \text{ mol/L}$$

$$pH = 3.87$$

可选用甲基橙作指示剂。为防止近计量点时形成 CO_2 的过饱和溶液，使溶液的酸度稍有增大，终点提前出现，在滴定到终点附近时，应剧烈摇动或煮沸溶液，以加速 H_2CO_3 分解，除去 CO_2，使终点明显。滴定曲线见图 5-9。

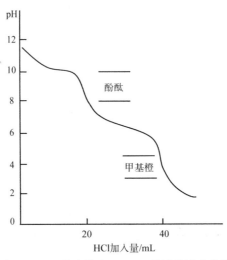

图 5-9 HCl 溶液滴定 Na_2CO_3 溶液的滴定曲线

第 3 节　酸碱滴定终点误差

滴定终点误差是由于指示剂的变色点与化学计量点不一致所引起的相对误差，也称滴定误差（titration error，TE），常用百分数表示。

酸碱滴定时，如果终点与化学计量点不一致，说明溶液中有剩余的酸或碱未被完全中和，

或者是过量滴加了酸或碱标准溶液。因此终点相对误差是终点时过量的酸或碱的量与理论应加入的酸或碱的量之比。

一、强酸（碱）滴定的终点误差

现以强碱（NaOH）滴定强酸（HCl）为例，滴定误差为

$$TE\% = \frac{n_{NaOH} - n_{HCl}}{n_{HCl}} \times 100\% = \frac{(c_{NaOH}^{ep} - c_{HCl}^{ep})V_{ep}}{c_{sp}V_{sp}} \times 100\% \qquad (5\text{-}28)$$

式中，c_{NaOH}^{ep}、c_{HCl}^{ep} 分别表示滴定终点时 NaOH、HCl 的浓度；c_{sp} 表示化学计算点时被测酸的浓度；V_{ep}、V_{sp} 分别为滴定终点时和化学计量点时溶液的体积，因 $V_{sp} \approx V_{ep}$，代入式（5-28）得

$$TE\% = \frac{c_{NaOH}^{ep} - c_{HCl}^{ep}}{c_{sp}} \times 100\%$$

滴定中溶液中存在下列平衡：

$$[H^+] + [Na^+] = [OH^-] + [Cl^-]$$

即

$$c_{NaOH} - c_{HCl} = [OH^-] - [H^+]$$

于是，滴定终点误差公式为

$$TE\% = \frac{[OH^-]_{ep} - [H^+]_{ep}}{c_{sp}} \times 100\% \qquad (5\text{-}29)$$

若滴定终点在化学计量点处　　　$[OH^-]_{sp} = [H^+]_{sp}$　　　$TE\% = 0$
指示剂在化学计量点以后变色　　$[OH^-]_{ep} > [H^+]_{ep}$　　　$TE\% > 0$（终点误差为正值）
指示剂在化学计量点以前变色　　$[OH^-]_{sp} < [H^+]_{sp}$　　　$TE\% < 0$（终点误差为负值）

滴定至终点时，溶液的体积增加近一倍

$$c_{sp} \approx \frac{1}{2}c_a$$

同理，强酸滴定强碱时的终点误差可由下式计算：

$$TE\% = \frac{[H^+]_{ep} - [OH^-]_{ep}}{c_{sp}} \times 100\% \qquad (5\text{-}30)$$

若滴定终点与化学计量点 pH 相差 ΔpH，即

$$\Delta pH = pH_{ep} - pH_{sp} = -\lg[H^+]_{ep} - (-\lg[H^+]_{sp}) = -\lg\frac{[H^+]_{ep}}{[H^+]_{sp}}$$

则

$$[H^+]_{ep} = [H^+]_{sp} \times 10^{-\Delta pH}$$

而

$$\Delta pOH = pOH_{ep} - pOH_{sp} = \lg\frac{[OH^-]_{ep}}{[OH^-]_{sp}} = (pK_w - pH_{ep}) - (pK_w - pH_{sp}) = -\Delta pH$$

$$[OH^-]_{ep} = [OH^-]_{sp} \times 10^{\Delta pH}$$

代入式（5-29）得

$$TE\% = \frac{[OH^-]_{sp} \times 10^{\Delta pH} - [H^+]_{sp} \times 10^{-\Delta pH}}{c_{sp}} \times 100\%$$

而对于强碱滴定强酸计量点时：

$$[H^+]_{sp} = [OH^-]_{sp} = \sqrt{K_w}$$

故

$$TE\% = \frac{10^{\Delta pH} - 10^{-\Delta pH}}{\sqrt{K_t c_{sp}}} \times 100\% \qquad （其中 K_t 为滴定常数） \qquad （5-31）$$

人们通常把误差计算式（5-31）称为林邦误差公式。

同理，对于强酸滴定强碱时终点误差也可用林邦误差公式计算，其相应公式为

$$TE\% = \frac{10^{-\Delta pH} - 10^{\Delta pH}}{\sqrt{K_t c_{sp}}} \times 100\% \qquad （5-32）$$

例 5-10 计算 HCl 溶液（0.1000mol/L）滴定 NaOH 溶液（0.1000mol/L）至 pH 4.0（甲基橙指示终点）和 pH 9.0（酚酞指示终点）的滴定终点误差。

解：（1）甲基橙在 pH 4.0 变色，则

$$[H^+] = 10^{-4.0} \, mol/L \qquad [OH^-] = 10^{-10.0} \, mol/L \qquad c_{sp} = \frac{0.1000}{2} = 0.05000 mol/L$$

按式（5-30）计算

$$TE\% = \frac{[H^+]_{ep} - [OH^-]_{ep}}{c_{sp}} \times 100\%$$

$$= \frac{10^{-4.0} - 10^{-10.0}}{0.05000} \times 100\% = 0.2\%$$

（2）酚酞在 pH 9.0 变色，则

$$[H^+] = 10^{-9.0} \, mol/L \qquad [OH^-] = 10^{-5.0} \, mol/L$$

$$TE\% = \frac{10^{-9.0} - 10^{-5.0}}{0.05000} \times 100\% = -0.02\%$$

例 5-11 计算 HCl 溶液（0.01000mol/L）滴定 NaOH 溶液（0.01000mol/L）至 pH 4.0 和 pH 9.0 的滴定终点误差。

解：（1）滴定终点 pH 4.0，则

$$[H^+] = 10^{-4.0} \, mol/L \qquad [OH^-] = 10^{-10.0} \, mol/L \qquad c_{sp} = \frac{0.01000}{2} = 0.005000 mol/L$$

按式（5-30）计算

$$TE\% = \frac{10^{-4.0} - 10^{-10.0}}{0.005000} \times 100\% = 2\%$$

（2）滴定终点 pH 9.0，则

$$[H^+] = 10^{-9.0} \, mol/L \qquad [OH^-] = 10^{-5.0} \, mol/L$$

$$TE\% = \frac{10^{-9.0} - 10^{-5.0}}{0.005000} \times 100\% = -0.2\%$$

若用林邦公式（5-32）计算，强酸滴定强碱的化学计量点 pH=7.0，滴定终点为 pH=4.0 时：

$$\Delta pH = 4.0 - 7.0 = -3.0$$

$$TE\% = \frac{10^3 - 10^{-3}}{\sqrt{\dfrac{1}{1.0 \times 10^{-14}} \times 0.005000}} \times 100\% = 2.0\%$$

滴定终点为 pH=9.0 时：

$$\Delta pH = 9.0 - 7.0 = 2.0$$

$$TE\% = \frac{10^{-2.0} - 10^{2.0}}{\sqrt{\dfrac{1}{1.0 \times 10^{-14}} \times 0.005000}} \times 100\% = -0.2\%$$

由此可见，采用两种方法的计算结果是一致的。

二、弱酸（碱）的滴定终点误差

现以强碱 NaOH 滴定一元弱酸 HA（离解常数为 K_a）为例，其滴定误差为

$$TE\% = \frac{n_{NaOH} - n_{HA}}{n_{HA}} \times 100\% = \frac{(c_{NaOH}^{ep} - c_{HA}^{ep})V_{ep}}{c_{sp}V_{sp}} \times 100\%$$

式中，c_{NaOH}^{ep}、c_{HA}^{ep} 分别表示滴定终点时 NaOH、HA 的浓度；c_{sp} 表示化学计算点时被测酸的浓度；V_{ep}、V_{sp} 分别为滴定终点时和化学计量点时溶液的体积，因 $V_{sp} \approx V_{ep}$，可得

$$TE\% = \frac{c_{NaOH}^{ep} - c_{HA}^{ep}}{c_{sp}} \times 100\% \tag{5-33}$$

滴定中溶液中存在下列平衡：

$$[H^+] + c_{NaOH} = [OH^-] + [A^-] = c_{HA} + [OH^-] - [HA]$$

因为强碱滴定弱酸，终点附近溶液呈碱性，即 $[OH^-]_{ep} \gg [H^+]_{ep}$，因而 $[H^+]$ 可忽略，即

$$c_{NaOH} - c_{HA} = [OH^-] - [HA]$$

代入式（5-33）中，可得

$$TE\% = \frac{[OH^-] - [HA]}{c_{sp}} \times 100\%$$

终点时 [HA] 可用分布系数表示，得一元弱酸的滴定误差公式为

$$TE\% = \left(\frac{[OH^-]}{c_{sp}} - \delta_{HA} \right) \times 100\%$$

式中，$\delta_{HA} = \dfrac{[HA]_{ep}}{c_{sp}} = \dfrac{[H^+]}{[H^+] + K_a}$。

同理，一元弱碱（B）的滴定终点误差用类似方法处理得到

$$TE\%=\left(\frac{[H^+]}{c_{sp}}-\delta_B\right)\times100\% \qquad (5\text{-}34)$$

例 5-12 用 NaOH 溶液（0.1000mol/L）滴定 HAc 溶液（0.1000mol/L）至 pH 9.30 和 pH 8.30 的滴定终点误差。

解：（1）滴定终点为 pH 9.30，则

$$[H^+]=5.0\times10^{-10}\text{mol/L} \qquad [OH^-]=2.0\times10^{-5}\text{mol/L} \qquad c_{sp}=\frac{0.1000}{2}=0.05000\text{mol/L}$$

$$TE\%=\left(\frac{2.0\times10^{-5}}{0.05000}-\frac{5.0\times10^{-10}}{5.0\times10^{-10}+1.8\times10^{-5}}\right)\times100\%=0.038\%$$

（2）滴定终点为 pH 8.30，则

$$[H^+]=5.0\times10^{-9}\text{mol/L} \qquad [OH^-]=2.0\times10^{-6}\text{mol/L}$$

$$TE\%=\left(\frac{2.0\times10^{-6}}{0.05000}-\frac{5.0\times10^{-9}}{5.0\times10^{-9}+1.8\times10^{-5}}\right)\times100\%=-0.024\%$$

第4节　应用与示例

一、标准溶液的配制与标定

酸碱滴定最常用的标准溶液是 HCl 和 NaOH，也可用 H_2SO_4、HNO_3、KOH 等其他强酸强碱，浓度一般在 0.01~1mol/L 之间，最常用的浓度是 0.1mol/L。在标准溶液的配制与标定中，需注意的问题一是取用量的问题，即应取多少物质的量来配制或标定标准溶液；二是操作过程中，分析器皿的选用问题，即在配制与标定工作中，应根据所需结果的准确度来合理地选择分析量具。

（一）盐酸标准溶液配制与标定

由于无基准物质，HCl 标准溶液一般用浓 HCl 间接法配制，即先配制成近似浓度后再用基准物质标定。常用的基准物质是无水碳酸钠或硼砂。

无水碳酸钠（Na_2CO_3）易制得纯品，价格便宜，但吸湿性强，用前应在 270~300℃干燥至恒重，置干燥器中保存备用。

硼砂（$Na_2B_4O_7\cdot10H_2O$）有较大的摩尔质量，称量误差小，无吸湿性，也易制得纯品，其缺点是在空气中易风化失去结晶水，因此应保存在相对湿度为 60%的密闭容器中备用。

例 5-13 拟用浓 HCl（百分含量 36.5%，密度 1.19g/mL，$M_{HCl}=36.46$g/mol）配制 0.1mol/L HCl 1000mL，需量取此浓 HCl 体积是多少？在溶液配制时，应采用什么量器量取？

解：由于稀释前后 HCl 物质的量保持不变，即

$$\frac{1.19\text{g/mL}\times V_{HCl}\times36.5\%}{36.46\text{g/mol}}=0.1\text{mol/L}\times1000\text{mL}\times10^{-3}$$

$$V_{HCl} \approx 8mL$$

由上述可知，由于用来配制盐酸标准溶液的浓盐酸的浓度不准确，所配制的 0.1mol/L HCl 溶液也是近似浓度，而非准确浓度，所以配制该溶液时，只需用量筒量取约 8mL 浓盐酸即可，不必用更精密的量器量取。

例 5-14　用 $Na_2B_4O_7 \cdot 10H_2O$（$M_{Na_2B_4O_7 \cdot 10H_2O} = 381.37g/mol$）标定 0.10mol/L HCl 溶液，拟消耗的 HCl 溶液控制在 20～24mL 之间，问约需称取硼砂多少克？应采用什么量具称取该硼砂？

解：根据反应方程式

$$Na_2B_4O_7 \cdot 10H_2O + 2HCl === 4H_3BO_3 + 2NaCl + 5H_2O$$

可得

$$\frac{c_{HCl}V_{HCl}}{1000} = 2 \times \frac{m_{Na_2B_4O_7 \cdot 10H_2O}}{M_{Na_2B_4O_7 \cdot 10H_2O}}$$

代入数据可得

$$m_{Na_2B_4O_7 \cdot 10H_2O} = 0.38～0.46g$$

本题拟用硼砂标定盐酸溶液，由题可计算出称取硼砂的量应在 0.38～0.46g 范围之间，由公式可知，所标定盐酸溶液的准确浓度由硼砂的量计算而得，因此，硼砂的量应精密称定，即应采用万分之一的分析天平称量。

（二）NaOH 标准溶液配制与标定

NaOH 无基准物质，因此用间接法配制。由于 NaOH 易吸潮，也易与空气中的 CO_2 反应，生成 Na_2CO_3，为了配制不含 CO_3^{2-} 的碱标准溶液，可采用浓碱法，先用 NaOH 配成饱和溶液，在此溶液中 Na_2CO_3 溶解度很小，待 Na_2CO_3 沉淀后，取上清液稀释成所需浓度，再加以标定。标定 NaOH 常用的基准物质有邻苯二甲酸氢钾（$KHC_8H_4O_4$，简写为 KHP）、草酸等。邻苯二甲酸氢钾（$K_{a_2} = 3.9 \times 10^{-6}$）易获得纯品，不吸潮，摩尔质量大，其标定反应如下

可选用酚酞作指示剂。

例 5-15　拟配制 0.10mol/L NaOH（$M_{NaOH} = 40.00g/mol$）溶液 1000mL，需称取 NaOH 的量是多少？用什么量具称取该物质？

解：根据配制前后 NaOH 物质的量保持不变，即

$$\frac{m_{NaOH}}{40.00g/mol} = 0.10mol/L \times 1000mL \times 10^{-3}$$

$$m_{NaOH} \approx 4.0g$$

由于用来配制标准溶液的 NaOH 不是基准物质，所配制的 0.1mol/L NaOH 溶液也是近似浓度，而非准确浓度，所以配制该溶液时，只需用托盘天平称取即可。

二、滴定方式

（一）直接滴定法

试样中凡能溶于水的酸、碱性物质，且 $c \cdot K \geqslant 10^{-8}$ 时，同时满足第 4 章中直接滴定法对滴定反应的要求时，该物质均可用酸、碱标准溶液直接滴定。

1. 乙酰水杨酸的测定　阿司匹林是常用的解热镇痛药，其主要成分为乙酰水杨酸，在水溶液中可离解出 H^+（$pK_a=3.49$），故可用标准碱溶液直接滴定，以酚酞为指示剂，其滴定反应为

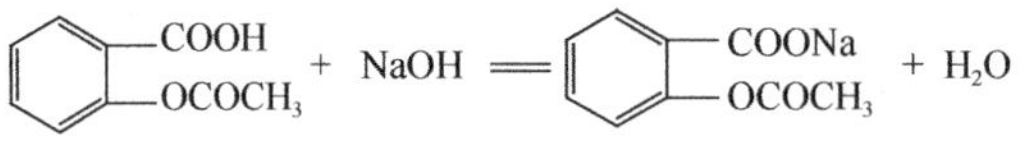

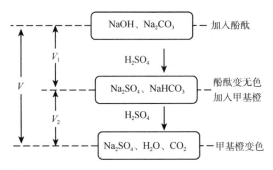

为了防止分子中的酯水解，而使结果偏高，滴定应在中性乙醇溶液中进行。

2. 药用辅料 NaOH 的测定　NaOH 在生产和储存中因吸收空气中的 CO_2 而成为 NaOH 和 Na_2CO_3 的混合碱。可采用双指示剂法（double indicator titration）分别测定 NaOH 和 Na_2CO_3 的含量，其过程如下：

精密称取一定量混合碱，溶解后，试液中加入酚酞指示剂，用浓度为 c 的 H_2SO_4 标准溶液滴定至指示剂变色，读取硫酸溶液消耗的体积 V_1；再加入甲基橙并继续滴定至第二终点，读取两次滴定消耗硫酸溶液总体积 V，由此，可计算出第二步滴定消耗 H_2SO_4 溶液的体积为 $V_2=V-V_1$。滴定过程示意如下：

滴定 NaOH 用去 H_2SO_4 溶液的体积为 V_1-V_2，滴定 Na_2CO_3 用去的 H_2SO_4 体积为 $2V_2$。若混合碱试样质量为 W，则 NaOH 和 Na_2CO_3 的百分含量为

$$NaOH\%=\frac{2c_{H_2SO_4}(V_1-V_2)M_{NaOH}}{W \times 1000} \times 100\%$$

$$Na_2CO_3\%=\frac{c_{H_2SO_4}2V_2M_{Na_2CO_3}}{W \times 1000} \times 100\%$$

双指示剂法不仅用于混合碱的定量分析，还用于可能含有 Na_2CO_3、NaOH 或 $NaHCO_3$ 等未知碱样的定性分析，见表5-5。若 V_1 为滴定至酚酞变色时消耗标准酸的体积，V 为继续滴定至甲基橙变色时消耗标准酸的总体积，由此可计算出第二步滴定消耗标准酸体积 $V_2=V-V_1$。根据 V_1、V_2 大小可判断样品的组成。

表 5-5　双指示剂法用于未知碱样的定性分析

V_1、V_2 关系	试样的组成	V_1、V_2 关系	试样的组成
$V_1 \neq 0$,　$V_2 = 0$	OH^-	$V_1 > V_2 > 0$	$OH^- + CO_3^{2-}$
$V_1 = 0$,　$V_2 \neq 0$	HCO_3^-	$V_2 > V_1 > 0$	$HCO_3^- + CO_3^{2-}$
$V_1 = V_2 \neq 0$	CO_3^{2-}		

（二）间接滴定法

有些物质虽具有酸碱性，但难溶于水；有些物质酸碱性很弱，不能满足 $cK \geqslant 10^{-8}$ 或是不符合直接滴定法对滴定反应的要求时，需用间接法测定。如氮的测定，测定含氮的化合物一般将氮转化为 NH_4^+，而 NH_4^+ 是极弱酸，其 $K_a = 5.6 \times 10^{-10}$，若需滴定含 NH_4^+ 的物质，如 $(NH_4)_2SO_4$、NH_4Cl 等，不能直接用碱滴定，而应采用间接法滴定。测定含氮的物质常采用凯氏（Kjeldahl）定氮法、蒸馏法等方法。

凯氏定氮法是一种常量法，该法所取样品的含氮量约在 25～30mg 之间，适用于含氮量较多的有机化合物，如蛋白质、生物碱、尿素及其他有机物中的氮的测定。首先在催化剂作用下，用浓酸破坏有机物（称为消化），有机物中的氮转化为 NH_4^+，在铵盐溶液中加入过量 NaOH，加热煮沸将 NH_3 蒸出后，用 H_3BO_3 溶液吸收，生成的 $H_2BO_3^-$ 是较强碱，可用硫酸标准溶液滴定。其原理为

$$含氮有机化合物 \xrightarrow{H_2SO_4,催化剂} NH_4^+ + CO_2 + H_2O$$

$$NH_4^+ + OH^- \rightleftharpoons NH_3 \uparrow + H_2O$$

$$NH_3 + H_3BO_3 \rightleftharpoons NH_4^+ + H_2BO_3^-$$

$$H^+ + H_2BO_3^- \rightleftharpoons H_3BO_3$$

终点产物是 H_3BO_3 和 NH_4^+（混合弱酸），pH≈5，可用甲基红-溴甲酚绿混合指示剂。若所测样品的含氮量约在 1.0～2.0mg 之间，则可采用蒸馏法，蒸馏法是一种半微量法。

例 5-16　用凯氏定氮法测定药品中的含氮量：精密称取某龟鹿二仙膏样品 4.455g，用 0.1045mol/L H_3BO_3 溶液 25.00mL 吸收经蒸馏出来的氨后，用 0.05100mol/L H_2SO_4 溶液滴定生成 $H_2BO_3^-$，消耗体积 15.00mL，计算药品中氮的百分含量。

解：
$$n_N = n_{NH_3} = n_{H_2BO_3^-} = \frac{1}{2} n_{H_2SO_4}$$

$$N\% = \frac{0.05100 \times 15.00 \times 10^{-3} \times 2 \times 14.01}{4.455} \times 100\% = 0.48\%$$

第 5 节　非水滴定法

酸碱滴定大部分是在水溶液中进行的，但在水溶液进行滴定也有局限性，例如许多有机化合物在水中的溶解度小，使滴定无法进行；某些弱酸弱碱在水中电离常数太小，达不到

$cK \geqslant 10^{-8}$ 要求，无法直接准确滴定；再就是一些酸（碱）的混合物在水溶液中无法分别滴定等。因此，所建立的非水滴定法对水中滴定法进行了重要的补充。

非水滴定法（nonaqueous titration）是指在非水溶剂中进行的滴定分析方法。非水溶剂是指有机溶剂和不含水的无机溶剂。以非水溶剂为介质，不仅能增大有机化合物的溶解度，而且能使在水中进行不完全的反应能够进行完全，从而扩大了滴定分析的应用范围。非水滴定法除溶剂较为特殊外，具有一般水中滴定法相似的特点，在药物分析中，以非水酸碱滴定法应用最为广泛，故本节重点讨论非水酸碱滴定法。

一、非水滴定法溶剂

（一）溶剂的分类

根据酸碱质子理论，可将非水滴定中常用溶剂分为下列几类：

1. 质子溶剂（protonic solvent） 是能给出质子或接受质子的溶剂。根据其给出和接受质子的能力大小，可分为酸性溶剂、碱性溶剂和两性溶剂。

酸性溶剂（acid solvent）：给出质子能力较强的溶剂，适于作为滴定弱碱性物质的介质。冰醋酸、丙酸等是常用的酸性溶剂。

碱性溶剂（basic solvent）：接受质子能力较强的溶剂，适于作为滴定弱酸性物质的介质。乙二胺、液氨、乙醇胺等是常用的碱性溶剂。

两性溶剂（amphototeric solvent）：既易接受质子又易给出质子的溶剂，又称为中性溶剂，适于滴定不太弱的酸、碱的介质。甲醇、乙醇、异丙醇等醇类是常用的两性溶剂。

2. 无质子溶剂（aprotic solvent） 分子中无转移性质子的溶剂。这类溶剂可分为偶极亲质子溶剂和惰性溶剂。

偶极亲质子溶剂：分子中无转移性质子，与水比较几乎无酸性，亦无两性特征，但却有较弱的接受质子倾向和程度不同的形成氢键能力，如酰胺类、酮类、腈类、二甲亚砜、吡啶等。其中二甲基甲酰胺、吡啶等碱性较明显，形成氢键的能力亦较强。这类溶剂适于作弱酸或某些混合物的滴定介质。

惰性溶剂：溶剂分子不参与酸碱反应，也无形成氢键的能力，如苯、三氯甲烷、二氧六环等。惰性溶剂常与质子溶剂混合使用，以改善试样的溶解性能，增大滴定突跃。

（二）溶剂的性质

1. 溶剂的离解性 质子溶剂均有不同程度的失去和得到质子的能力，存在下列平衡：

$$SH \Longrightarrow H^+ + S^- \qquad K_a^{SH} = \frac{[H^+][S^-]}{[SH]} \qquad (5\text{-}35)$$

$$SH + H^+ \Longrightarrow SH_2^+ \qquad K_b^{SH} = \frac{[SH_2^+]}{[H^+][SH]} \qquad (5\text{-}36)$$

式中，K_a^{SH} 为溶剂的固有酸度常数，K_b^{SH} 为固有碱度常数，分别反映溶剂给出和接受质子的能力强弱。

溶剂自身的质子转移反应又称为质子自递反应，合并式（5-35）与式（5-36）两式，即得

$$2SH \Longrightarrow SH_2^+ + S^-$$

可见在离解性溶剂的质子自递反应中，其中一分子起酸的作用，另一分子起碱的作用，SH_2^+ 为溶剂合质子，S^- 为溶剂阴离子。质子自递反应平衡常数为

$$K = \frac{[SH_2^+][S^-]}{[SH]^2} = K_a^{SH} \cdot K_b^{SH}$$

由于溶剂自身离解甚微，[SH] 可视为定值，K_a^{SH}、K_b^{SH} 也是常数，故

$$K_s = [SH_2^+][S^-] = K_a^{SH} \cdot K_b^{SH}[SH]^2 \qquad (5\text{-}37)$$

式中，K_s 称为溶剂的自身离解常数或称离子积，如乙醇的质子自递反应为

$$2C_2H_5OH \Longrightarrow C_2H_5OH_2^+ + C_2H_5O^-$$

自身离解常数 $K_s = [C_2H_5OH_2^+][C_2H_5O^-] = 7.9 \times 10^{-20}$。

水的自身离解常数 $K_s = [H_3O^+][OH^-]$，即为水的离子积常数 $K_w = K_s = 1 \times 10^{-14}$。几种常见溶剂的 K_s 值列于表 5-6。

表 5-6　常用溶剂的自身离解常数（25℃）

溶剂	pK_s	溶剂	pK_s
水	14.00	乙腈	28.5
甲醇	16.70	乙酸酐	14.52
乙醇	19.10	甲酸	6.20
冰醋酸	14.45	乙二胺	15.30

溶剂自身离解常数 K_s 值的大小对滴定突跃的范围具有一定的影响。溶剂的自身离解常数越小，在此溶剂中滴定，则滴定突跃范围越大，越有利于滴定反应进行完全。

例如：在水溶液中，若以 0.1000mol/L NaOH 滴定同浓度的一元强酸，当滴定到化学计量点前 0.1% 时，pH=4.3；化学计量点后 0.1% 时，pOH=4.3，此时 pH=14-4.3=9.7；所以滴定突跃的 pH 变化范围为 4.3～9.7，即有 5.4 个 pH 单位的变化。

在乙醇中，$C_2H_5OH_2^+$ 相当于水中的 H_3O^+，$C_2H_5O^-$ 则相当于 OH^-，若同样以 0.1000mol/L C_2H_5ONa 标准溶液滴定同浓度的酸，当滴定到化学计量点前 0.1% 时，即 $pC_2H_5OH_2^+ = 4.3$；而滴定到化学计量点后 0.1% 时，即 $pC_2H_5O^- = 4.3$，已知乙醇的 $pK_s = 19.1$，即 $pC_2H_5OH_2^+ + pC_2H_5O^- = 19.1$，则 $pC_2H_5OH_2^+ = 19.1 - 4.3 = 14.8$。故在乙醇介质中突跃范围为 4.3～14.8，相当于有 10.5 个 pH 单位的变化，比水溶液中突跃范围大 5.1 个单位。同一反应，在自身离解常数越小的溶剂中，其反应进行越彻底，因此，原来在水中不能滴定的酸碱，在乙醇中就有可能被滴定。

2. 溶剂的酸碱性　根据酸碱质子理论，酸碱的强弱，不仅与其本身给出或接受质子的能力有关，还与溶剂给出或接受质子的能力有关，溶剂的酸碱性对溶质的酸碱度有很大的影响。现以 HA 代表酸，B 代表碱，根据质子理论有下列平衡存在：

$$HA \Longrightarrow H^+ + A^- \qquad K_a^{HA} = \frac{[H^+][A^-]}{[HA]}$$

$$B + H^+ \Longrightarrow BH^+ \qquad K_b^B = \frac{[BH^+]}{[H^+][B]}$$

若将酸 HA 溶于质子溶剂 SH 中，SH 得质子，相当于碱，发生下列质子转移反应：

$$HA \rightleftharpoons H^+ + A^-$$

$$SH + H^+ \rightleftharpoons SH_2^+$$

总反应式：
$$HA + SH \rightleftharpoons SH_2^+ + A^-$$

反应的平衡常数，即溶质 HA 在溶剂 SH 中的表观离解常数 K_{HA} 为

$$K_{HA} = \frac{[A^-][SH_2^+]}{[HA][SH]} = K_a^{HA} \cdot K_b^{SH} \qquad (5\text{-}38)$$

上式表明，酸 HA 在溶剂 SH 的表观酸强度决定于 HA 的固有酸度常数和溶剂 SH 的固有碱度常数，即取决于酸给出质子的能力和溶剂接受质子的能力。

同理，碱 B 溶于溶剂 SH 中，质子转移的反应式为

$$B + SH \rightleftharpoons BH^+ + S^-$$

反应的平衡常数，即溶质 B 在溶剂 SH 中的表观离解常数 K_B 为

$$K_B = \frac{[BH^+][S^-]}{[B][SH]} = K_b^B \cdot K_a^{SH}$$

因此，碱 B 在溶剂 SH 中的表观碱度强度取决于 B 的固有碱度常数和 SH 溶剂的固有酸度常数，即取决于碱接受质子的能力和溶剂给出质子的能力。

例如：假设某弱酸 HA 的固有酸度常数 $K_a^{HA} = 10^{-5}$，并设两种溶剂 SH、SH* 的固有碱度常数分别为 $K_b^{SH} = 10^{-4}$、$K_b^{SH^*} = 10^2$，则在溶剂 SH 中，$K_{HA} = K_a^{HA} \cdot K_b^{SH} = 10^{-5} \times 10^{-4} = 10^{-9}$，而在 SH* 中，$K_{HA} = K_a^{HA} \cdot K_b^{SH^*} = 10^{-5} \times 10^2 = 10^{-3}$。由此可见，HA 在固有碱度常数大的 SH* 中所显示的酸性较强，而在固有碱度常数小的 SH 中的酸性较弱。由上可知，若 HA 在溶剂 SH 中，由于 $c \cdot K_{HA} < 10^{-8}$ 无法准确滴定；若 HA 溶于 SH* 中，此时 $c \cdot K_{HA} > 10^{-8}$ 则可准确滴定。

由此，弱酸溶于碱性溶剂，可以使酸的强度提高；弱碱溶于酸性溶剂，可以使碱的强度提高。选择合适的溶剂，可以使在水溶液中不能滴定的弱酸、弱碱依旧采用滴定法进行定量分析。

溶质的酸碱性不仅与溶剂的酸碱性有关，还与溶剂的介电常数 ε 有关。介电常数是与溶剂极性有关的常数，极性强的溶剂 ε 大，极性小的溶剂 ε 小。在溶剂中，离子之间的静电引力遵循库仑定律：

$$F = \frac{q^+ q^-}{r^2 \varepsilon}$$

式中，F 为离子间的静电引力；q^-、q^+ 为离子的电荷量；r 是阴、阳离子电荷中心之间的距离；ε 为溶剂的介电常数。由上式可知，溶剂中两个带相反电荷的离子之间的静电引力，与溶剂的介电常数成反比。ε 愈大，阴、阳离子之间的静电引力愈弱，电解质的离解愈容易发生；ε 愈小，电解质的离解愈难发生。常用溶剂的介电常数见表 5-7。

表 5-7　常用溶剂的介电常数（25℃）

溶剂	ε	溶剂	ε
水	78.5	乙腈	37.5
甲醇	32.6	乙酸酐	20.7
乙醇	24.3	甲酸	58.5（16℃）
冰醋酸	6.15（20℃）	乙二胺	14.2（20℃）

3. 均化效应和区分效应　在水溶液中，$HClO_4$、HCl、H_2SO_4、HNO_3 均为强酸，即在水溶液中它们的酸性强度没有差别。这是因为这些酸在水溶液中给出质子的能力都很强，均能定量地将 H^+ 转移给水，全部转化为水合质子 H_3O^+，因此这些酸被拉平到同一水平。这种固有强度不同的酸都被均化到溶剂合质子的强度水平，结果使它们的酸强度都相等的效应称为均化效应（leveling effect）。具有均化效应的溶剂称为均化性溶剂，在这里，水是 $HClO_4$、HCl、H_2SO_4、HNO_3 的均化性溶剂。

以乙酸为溶剂时，由于乙酸的酸性比水强，即其结合质子的能力比水弱，这时，$HClO_4$、HCl、H_2SO_4、HNO_3 的酸碱平衡反应为

$$HClO_4+HAc \Longrightarrow H_2Ac^+ + ClO_4^- \qquad pK_a = 4.9$$

$$H_2SO_4 + HAc \Longrightarrow H_2Ac^+ + HSO_4^- \qquad pK_a = 7.2$$

$$HCl + HAc \Longrightarrow H_2Ac^+ + Cl^- \qquad pK_a = 8.6$$

$$HNO_3 + HAc \Longrightarrow H_2Ac^+ + NO_3^- \qquad pK_a = 9.4$$

由于乙酸碱性比 H_2O 弱，这四种酸的 H^+ 均不能全部转移给 HAc，四种酸的固有酸度常数不同，其给出质子的能力不同，因此，在乙酸溶液中，四种酸给质子的能力表现出差异，不能被均化到相同的程度。这种区分酸、碱强弱的效应称为区分效应（differentiating effect），具有区分效应的溶剂称为区分性溶剂。在这里，乙酸是 $HClO_4$、HCl、H_2SO_4、HNO_3 的区分性溶剂。

同样，水是盐酸和乙酸的区分性溶剂。若用比水的碱性更强的液氨作为溶剂，盐酸和乙酸也可均化到 NH_4^+ 的强度水平，所以液氨是盐酸和乙酸的均化性溶剂。

一般说来，酸性溶剂是碱的均化性溶剂，是酸的区分性溶剂；碱性溶剂是碱的区分性溶剂，是酸的均化性溶剂。因此往往利用均化效应测定酸（碱）的总含量，利用区分效应测定混合酸（碱）中各组分的含量。

（三）非水溶剂的选择

在非水滴定中，选择非水溶剂，要考虑非水溶剂的酸碱性、离解性、极性等因素，其中，溶剂酸碱性最为重要，因为它决定了滴定反应能否进行完全。故选择溶剂时，应从以下方面考虑：

①一般来说，滴定弱酸应当选择碱性溶剂；滴定弱碱选择酸性溶剂；测定混合物中强度不同的酸（碱）时，采用区分性较强的溶剂；测定混合物中酸（碱）总量时，采用均化性溶剂。

②溶剂应能溶解试样及滴定反应的产物；溶剂应有一定的纯度，黏度小，挥发性低，价廉，安全环保，易于精制、回收。

③溶剂应不引起副反应，存在于非水溶剂中的水分能严重干扰滴定终点，应除去。

④在非水滴定中，常选择混合溶剂。混合溶剂一般由惰性溶剂与质子溶剂结合而成，能改善试样溶解性，并且能增大滴定突跃，使终点时指示剂变色敏锐等。常用的混合溶剂如：冰醋酸-乙酸酐，甲醇-丙酮等。

二、碱的滴定

（一）溶剂

滴定弱碱应选择酸性溶剂，冰醋酸是最常用的酸性试剂。市售冰醋酸含有少量水分，为避

免水分存在对滴定的影响,一般需加入一定量的乙酸酐,使其与水反应转变成乙酸:

$$(CH_3CO)_2O + H_2O \Longrightarrow 2CH_3COOH$$

(二)标准溶液与基准物质

滴定碱的标准溶液常采用高氯酸的冰醋酸溶液。这是因为高氯酸在冰醋酸中有较强的酸性,且绝大多数有机碱的高氯酸盐易溶于有机溶剂,对滴定反应有利。市售高氯酸含量为70.0%~72.0%,故需加入乙酸酐除去水分。

高氯酸与有机物接触、遇热极易引起爆炸,和乙酸酐混合时易发生剧烈反应放出大量热。因此在配制时应先用冰醋酸将高氯酸稀释后再在不断搅拌下缓缓滴加适量乙酸酐。测定一般样品时乙酸酐的量可多于计算量,不影响测定结果。但是在测定易乙酰化的样品如芳香伯胺或仲胺时所加乙酸酐不宜过量,否则过量的乙酸酐将与胺发生酰化反应,使测定结果偏低。

由于冰醋酸在低于16℃时会结冰而影响使用,可采用冰醋酸-乙酸酐(9:1)的混合试剂配制高氯酸标准溶液,不仅能防止结冰,且吸湿性小。有时也可在冰醋酸中加入10%~15%丙酸防冻。

标定高氯酸标准溶液浓度常用邻苯二甲酸氢钾为基准物质,结晶紫为指示剂,其滴定反应如下

滴定时需注意的是多数有机溶剂膨胀系数较水大得多,例如冰醋酸的膨胀系数为 $1.1 \times 10^{-3}/℃$,是水的5倍,温度改变1℃,体积就有0.11%的变化。所以用高氯酸的冰醋酸标准溶液滴定样品时,若温度和标定时有显著差别,应重新标定或按下式加以校正

$$c_1 = \frac{c_0}{1 + 0.0011(T_1 - T_0)}$$

式中,0.0011为冰醋酸的体膨胀系数;T_0 为标定时的温度;T_1 为测定时的温度;c_0 为标定时的浓度;c_1 为测定时的浓度。

(三)指示剂

1. 结晶紫　是以冰醋酸作滴定介质,高氯酸作滴定剂滴定碱的最常用的指示剂。结晶紫分子中的氮原子能结合多个质子而表现为多元碱性,在滴定中,随着滴定酸度的增加,结晶紫由紫色(碱式色)变至蓝紫、蓝、蓝绿、绿、黄绿,最后转变为黄色(酸式色)。在滴定不同强度的碱时,终点的颜色不同。滴定较强碱时应以蓝色或蓝绿色为终点,滴定极弱碱则应以蓝绿色或绿色为终点。

2. α-萘酚苯甲酸　适用在冰醋酸-四氯化碳、乙酸酐等溶剂中使用,常用 0.5%冰醋酸溶液,其酸式色为绿色,碱式色为黄色。

3. 喹哪啶红　适用于在冰醋酸中滴定大多数胺类化合物,常用0.1%甲醇溶液,其酸式色为无色,碱式色为红色。

三、酸的滴定

1. 溶剂　滴定弱酸和极弱酸以碱性溶剂常用,如乙二胺或偶极亲质子溶剂二甲基甲酰胺

等；滴定不太弱的羧酸类物质时，可用醇类作溶剂；也常常使用混合溶剂如甲醇-苯、甲醇-丙酮等。

2. 标准溶液与基准物质　常用的滴定剂为甲醇钠的苯-甲醇溶液。

标定碱标准溶液常用的基准物质为苯甲酸。以标定甲醇钠为例，其反应式为

$$\text{C}_6\text{H}_5\text{—COOH} + \text{CH}_3\text{ONa} = \text{C}_6\text{H}_5\text{—COONa} + \text{CH}_3\text{OH}$$

3. 指示剂

（1）百里酚蓝：适宜于在甲醇、二甲基甲酰胺、乙二醇等溶剂中滴定羧酸和中等强度酸时作指示剂，变色敏锐，终点清楚，其碱式色为蓝色，酸式色为黄色。

（2）偶氮紫：适用于在二甲基甲酰胺、吡啶等碱性溶剂或偶极亲质子溶剂中滴定较弱的酸，其碱式色为蓝色，酸式色为红色。

（3）溴酚蓝：适用于在乙醇、氯苯、氯仿等溶剂中滴定羧酸、磺胺类、巴比妥类等，其碱式色为蓝色，酸式色为黄色。

四、非水滴定的运用

非水滴定法主要用来测定有机弱碱或具有碱性基团的化合物如胺类、氨基酸类、含氮杂环化合物、有机碱的氢卤酸盐、磷酸盐、硫酸盐或有机酸盐、有机酸碱金属盐类药物的含量，及测定某些有机弱酸的含量，如酚类、磺酰胺类、巴比妥酸、铵盐等。非水滴定法多数用于原料药品的含量测定。

例 5-17　乙胺嘧啶（$C_{12}H_{13}ClN_4$）含量测定　取本品约 0.15g，精密称定，加冰醋酸 20mL，加热溶解后，放冷，加喹哪啶红指示液 2 滴，用高氯酸滴定液（0.1mol/L）滴定至溶液几乎无色，并将滴定的结果用空白试验校正。每毫升高氯酸滴定液（0.1mol/L）相当于 24.87mg 的 $C_{12}H_{13}ClN_4$。

例 5-18　盐酸二氧丙嗪（$C_{17}H_{20}N_2O_2S \cdot HCl$）含量测定　取本品约 0.3g，精密称定，加冰醋酸 25mL 与乙酸汞试液 10mL，微温使溶解，放冷，加结晶紫指示液 1～2 滴，用高氯酸滴定液（0.1mol/L）滴定至溶液显蓝色，并将滴定的结果用空白试验校正。每毫升高氯酸滴定液（0.1mol/L）相当于 35.29mg 的 $C_{17}H_{20}N_2O_2S \cdot HCl$。

例 5-19　甘氨酸（$C_2H_5NO_2$）含量测定　取本品约 70mg，精密称定，加无水甲酸 1.5mL 使溶解，加冰醋酸 50mL，以电位滴定法指示，用高氯酸滴定液（0.1mol/L）滴定，并将滴定的结果用空白试验校正。每毫升高氯酸滴定液（0.1mol/L）相当于 7.507mg 的 $C_2H_5NO_2$。

例 5-20　右酮洛芬氨丁三醇（$C_{20}H_{25}NO_6$）含量测定　取本品约 0.5g，精密称定，置分液漏斗中，加 0.1mol/L 盐酸溶液 20mL，振摇 5min，加乙醚振摇提取 3 次，每次 20mL，合并乙醚液，用水 20mL 洗涤 2 次，每次 10mL，分取乙醚层，将乙醚挥干，加中性乙醇（对酚酞指示液显中性）25mL，加酚酞指示液 3 滴，用氢氧化钠滴定液（0.1mol/L）滴定。每毫升氢氧

化钠滴定液（0.1mol/L）相当于 37.54mg 的 $C_{20}H_{25}NO_6$。

例 5-21 氯硝柳胺（$C_{13}H_8Cl_2N_2O_4$）含量测定 取本品约 0.3g，精密称定，加 N,N-二甲基甲酰胺 60mL 溶解后，以电位滴定法指示，用甲醇钠滴定液（0.1mol/L）滴定，并将滴定的结果用空白试验校正。每毫升甲醇钠滴定液（0.1mol/L）相当于 32.71mg 的 $C_{13}H_8Cl_2N_2O_4$。

思考与练习

1. 简述酸碱质子理论中，共轭酸、共轭碱及两性物质的概念，K_a、K_b 所表示的意义及相互关系。

2. 简述酸碱指示剂变色原理、变色范围及其影响因素。滴定过程中如何选择指示剂？

3. 如何确定滴定突跃范围？影响滴定突跃范围因素有哪些？

4. 弱酸弱碱直接准确滴定的条件是什么？

5. 多元酸碱滴定如何判断能否分步滴定，能准确滴定至哪一步？各步滴定应如何选择指示剂？

6. 简述非水溶剂的分类。

7. 溶质的酸碱性受哪些因素的影响？

8. 什么是均化效应和区分效应？试举例说明。

9. 写出下列各物质相应的共轭酸或共轭碱，若为两性物质，分别写出其共轭酸碱：

CH_3COOH 、 H_2O 、 $H_2C_2O_4$ 、 $H_2PO_4^-$ 、 HCO_3^- 、 C_6H_5OH 、 PO_4^{3-} 、 NH_4^+ 、 S^{2-} 、 CO_3^{2-} 、 HF

10. 已知某多元酸的 $K_{a_1}=5.9\times10^{-2}$ ， $K_{a_2}=6.4\times10^{-5}$ ，求其共轭碱的 K_{b_1} 、 K_{b_2} 。

11. 试判断水溶液中下列物质的碱性强弱：

$HCOO^-$ 、 CH_3COO^- 、 Cl^- 、 NH_3 、 F^- 、 CO_3^{2-} 、 PO_4^{3-} 、 HPO_4^{2-}

12. 在水溶液中下列各物质（浓度均为 0.10mol/L），哪些能用 NaOH 溶液直接滴定？哪些不能？如能直接滴定，应采用什么指示剂？

（1）甲酸（HCOOH） $K_a=1.8\times10^{-4}$

（2）硼酸（H_3BO_3） $K_{a_2}=5.8\times10^{-10}$

（3）乳酸（$CH_3CHOHCOOH$） $K_a=1.4\times10^{-4}$

（4）酒石酸（$C_4H_6O_6$） $K_{a_1}=9.1\times10^{-4}$ ， $K_{a_2}=4.3\times10^{-5}$

（5）苯酚（C_6H_5OH） $K_{a_1}=1.1\times10^{-10}$

13. 计算下列溶液的 pH：

（1）0.1mol/L HCOOH （2）0.1mol/L Na_3PO_4 （3）0.04mol/L H_2CO_3

（4）0.10mol/L Na_2HPO_4 （5）0.050mol/L $NH_3\cdot H_2O$+0.050mol/L NH_4Cl

14. 下列物质哪些是酸性溶剂？哪些是碱性溶剂？哪些是两性溶剂？

乙醇、乙醇胺、乙酸、甲醇、乙二胺、乙二醇、液氨、甲酸、异丙醇、二甲基甲酰胺

15. 计算用 0.0100mol/L HCl 溶液滴定 0.0100mol/L NaOH 溶液的滴定突跃范围，应选用哪种指示剂？

16. 试计算 0.1000mol/L NaOH 滴定 0.1000mol/L 水杨酸（$C_6H_4OHCOOH$，$K_{a_1}=1.0\times10^{-3}$，$K_{a_2}=4.2\times10^{-13}$）的滴定曲线（计算滴定前、计量点前 0.1%、计量点时、计量点后 0.1%的 pH），及应选用哪种指示剂？

17. 称取某磷酸盐样品（可能成分 Na_3PO_4、Na_2HPO_4、NaH_2PO_4）0.5000g，用水溶解后，用甲基红作指示剂，用 0.1200mol/L HCl 标准溶液滴定时消耗 28.00mL，同样质量的试样，以酚酞为指示剂，用去同浓度的 HCl 标准溶液 12.00mL，试分析试样的组成，并计算各组分的含量。（$M_{Na_3PO_4}=163.9$；$M_{Na_2HPO_4}=142.0$；$M_{NaH_2PO_4}=120.0$）

（Na_3PO_4 47.20%； Na_2HPO_4 13.63%）

18. 滴定 0.3250g 含有 Na_2CO_3 和 NaOH 混合物，以酚酞为指示剂时用去 0.1025mol/L HCl 溶液 17.95mL，

取相同量的该混合物，以甲基橙为指示剂时，用该盐酸溶液滴定用去 23.25mL，计算 NaOH、Na_2CO_3 的百分含量。

（15.96%、17.72%）

19. 用 0.1000mol/L NaOH 溶液滴定 0.1000mol/L HCl 溶液，计算用水为溶剂和用乙醇为溶剂时突跃范围的 pH 是多少？（已知 $K_s^{H_2O} = 1.0 \times 10^{-14}$，$K_s^{C_2H_5OH} = 1.0 \times 10^{-19.1}$）

（4.3～9.7；4.3～14.8）

20. 取用相对密度为 1.75，含量 70% $HClO_4$ 8.5mL 配制高氯酸-冰醋酸溶液 1000mL，所用的冰醋酸含量为 99.8%，相对密度 1.05，应加含量为 98%，相对密度 1.087 的乙酸酐多少毫升，才能完全除去其中的水分？

（34.43mL）

21. 药物中总氮测定：称取试样 0.2500g，将其中的 N 全部转化为 NH_3，并用 50.00mL 0.1000mol/L HCl 溶液吸收，过量的 HCl 用 0.1125mol/L NaOH 回滴，消耗 24.10mL，计算该药物中 N 的百分含量。

（12.82%）

课 程 人 文

一、中和滴定

1. 中和：相对的事物相互抵消，失去各自的性质。

　　　　"喜怒哀乐之未发，谓之中；发而皆中节，谓之和。

　　　　中也者，天下之大本也，和也者，天下之达道也。

　　　　致中和，天地位焉，万物育焉。"（《中庸》）

2. 过犹不及：指示剂用量要适中。

二、凯氏定氮法

三聚氰胺奶粉事件：2008 年，食用某品牌奶粉的婴儿被发现患有肾结石，随后在其奶粉中被发现化工原料三聚氰胺，事件引起各国的高度关注和对乳制品安全的担忧。由于奶粉中的蛋白质含量是用凯氏（Kjeldahl）定氮法来测量，方法准确，但缺乏专属性，在检测奶粉时未及时发现三聚氰胺的存在。产品质量优劣是生产出来的，所有的检测方法都是相对科学和准确，需要我们药品、食品从业人员遵守法律，提高职业道德。

第6章
沉淀滴定法

沉淀滴定法（precipitation titration）又称容量沉淀法（volumetric precipitation），是以沉淀反应为基础的一种滴定分析方法。目前，能用于沉淀滴定的主要是生成难溶性银盐的反应。如：

$$Ag^+ + Cl^- \rightleftharpoons AgCl\downarrow$$

$$Ag^+ + SCN^- \rightleftharpoons AgSCN\downarrow$$

利用生成难溶性银盐的滴定法，称为银量法（aregentometric method）。银量法是以硝酸银标准溶液测定能与 Ag^+ 生成沉淀的物质的含量，本法可用来测定含 Cl^-、Br^-、I^-、SCN^- 及 Ag^+、Hg^{2+} 等离子的化合物。除银量法外，还有利用其他沉淀反应的滴定法，但应用不广泛，本章主要讨论银量法。

第1节 基本原理

一、滴定曲线

沉淀滴定法在滴定过程中，离子浓度的变化情况与酸碱滴定法一样，可用滴定曲线表示。若以 0.1000mol/L $AgNO_3$ 溶液滴定 20.00mL 0.1000mol/L NaCl 溶液为例：

$$Ag^+ + Cl^- \rightleftharpoons AgCl\downarrow$$

（1）滴定开始前：溶液中氯离子浓度为溶液的原始浓度

$$[Cl^-]=0.1000mol/L \qquad pCl=-\lg 0.1000=1.00$$

（2）滴定至化学计量点前：溶液中的氯离子浓度，取决于剩余的氯化钠的浓度。若加入 $AgNO_3$ 溶液 V mL 时，溶液中 Cl^- 浓度为

$$[Cl^-] = \frac{(20.00-V)\times 10^{-3}\times 0.1000}{(20.00+V)\times 10^{-3}}$$

当加入 $AgNO_3$ 溶液 19.98mL 时，溶液中剩余的氯离子浓度为

$$[Cl^-] = \frac{(20.00-19.98)\times 10^{-3}\times 0.1000}{(20.00+19.98)\times 10^{-3}} = 5.0\times 10^{-5} \text{mol/L}$$

$$pCl = 4.30$$

由于

$$[Ag^+][Cl^-] = K_{sp} = 1.8\times 10^{-10} \qquad pCl+pAg = -\lg K_{sp} = 9.74$$

故

$$pAg = 5.44$$

（3）化学计量点时：溶液是 AgCl 的饱和溶液

$$pCl = pAg = \frac{1}{2}pK_{sp} = 4.87$$

（4）化学计量点后：当滴入 AgNO$_3$ 溶液 20.02mL 时，溶液的 Ag$^+$浓度由过量的 AgNO$_3$ 浓度决定，则

$$[Ag^+] = \frac{(20.02 - 20.00) \times 10^{-3} \times 0.1000}{(20.02 + 20.00) \times 10^{-3}} = 5.0 \times 10^{-5} \text{ mol/L}$$

$$pAg = 4.30 \qquad pCl = 5.44$$

分别计算以 0.1000mol/L AgNO$_3$ 溶液滴定 20.00mL 0.1000mol/L NaCl 溶液及 0.1000mol/L KBr 溶液化学计量点前后 pAg 及 pX 的值，结果见表 6-1。

表 6-1　0.1000mol/L AgNO$_3$ 滴定 20.00mL 0.1000mol/L NaCl、0.1000mol/L KBr 的 pAg 及 pX 值

加入 AgNO$_3$ 溶液的体积		滴定 Cl$^-$		滴定 Br$^-$	
mL	%	pCl	pAg	pBr	pAg
0.00	0	1.0		1.0	
18.00	90	2.3	7.4	2.3	10.0
19.60	98	3.0	6.7	3.0	9.3
19.80	99	3.3	6.4	3.3	9.0
19.96	99.8	4.0	5.7	4.0	8.3
19.98	99.9	4.3	5.4	4.3	8.0
20.00	100	4.9	4.8	6.2	6.2
20.02	100.1	5.5	4.2	8.0	4.3
20.04	100.2	5.8	3.9	8.3	4.0
20.20	101	6.5	3.2	9.0	3.3
20.40	102	6.8	2.9	9.3	3.0
22.00	110	7.5	2.2	10.0	2.5

用这些数据描绘成的滴定曲线如图 6-1 所示。它可以说明以下几点：

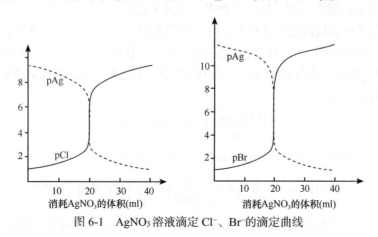

图 6-1　AgNO$_3$ 溶液滴定 Cl$^-$、Br$^-$的滴定曲线

①pX 与 pAg 两条曲线以计量点对称。表明随着滴定的进行，溶液中 Ag$^+$浓度增加时，X$^-$

以相同的比例减小；而化学计量点时，两条曲线在化学计量点相交，即两种离子浓度相等。

②突跃范围的大小，取决于沉淀的溶度积常数 K_{sp} 和溶液的浓度 c。K_{sp} 越小，突跃范围越大，如 $K_{sp(AgBr)} < K_{sp(AgCl)}$，所以相同浓度的 Br^- 和 Cl^- 与 Ag^+ 的滴定曲线，Br^- 比 Cl^- 的突跃范围大。若溶液的浓度降低，则突跃范围变小，这与酸碱滴定法相同。

二、指示终点的方法

根据确定终点所用指示剂的不同，银量法可分为三种：铬酸钾指示剂法，又称莫尔（Mohr）法；铁铵矾指示剂法，又称福尔哈德（Volhard）法；吸附指示剂法，又称法扬斯（Fajans）法。

（一）铬酸钾指示剂法

1. 原理　在中性或弱碱性溶液中以 K_2CrO_4 为指示剂，用 $AgNO_3$ 标准溶液滴定氯化物或溴化物，利用微过量的 Ag^+ 与 K_2CrO_4 生成砖红色的 Ag_2CrO_4 沉淀以指示终点。

以滴定氯化物为例，本方法的测定原理如下：

滴定反应为

终点前　　　　$Ag^+ + Cl^- \rightleftharpoons AgCl\downarrow$（白色）　　　　$K_{sp(AgCl)} = 1.8 \times 10^{-10}$

终点时　　　　$2Ag^+ + CrO_4^{2-} \rightleftharpoons Ag_2CrO_4\downarrow$（砖红色）　　$K_{sp(Ag_2CrO_4)} = 1.12 \times 10^{-12}$

由于 $AgCl$ 的溶解度小于 Ag_2CrO_4 的溶解度，根据分步沉淀原理，在滴定过程中，Ag^+ 首先和 Cl^- 生成 $AgCl$ 沉淀，而此时 $[Ag^+]^2[CrO_4^{2-}] < K_{sp(Ag_2CrO_4)}$，所以不能形成沉淀。随着滴定的进行，溶液中 Cl^- 浓度不断降低，Ag^+ 浓度不断增大，在计量点后，$[Ag^+]^2[CrO_4^{2-}] > K_{sp(Ag_2CrO_4)}$，于是出现砖红色 Ag_2CrO_4 沉淀，指示滴定终点的到达。

2. 滴定条件

（1）指示剂的用量：溶液中指示剂 K_2CrO_4 浓度的大小和滴定终点出现的迟早有着密切的关系，直接影响分析结果。若指示剂的用量过多，Cl^- 尚未沉淀完全，即有砖红色的铬酸银沉淀生成，使终点提前，造成负误差；若指示剂的用量过少，滴定至化学计量点后，稍加入过量 $AgNO_3$ 仍不能形成铬酸银沉淀，使终点推迟，造成正误差。

为了使终点尽可能接近化学计量点，终点的硝酸银过量不能太多，则要求指示剂 K_2CrO_4 溶液的浓度在一合适范围。例如，滴定到达终点时溶液总体积约 50mL，所消耗的 $AgNO_3$ 溶液（0.1mol/L）约 20mL，若终点时允许有 0.05% 的滴定剂过量，即多加入 $AgNO_3$ 溶液 0.01mL，此时过量 Ag^+ 的浓度为

$$\frac{0.1 \times 0.01}{50} = 2.0 \times 10^{-5} \text{mol/L}$$

如果此时恰能生成 Ag_2CrO_4 沉淀，则所需 CrO_4^{2-} 的浓度为

$$[CrO_4^{2-}] = \frac{K_{sp(Ag_2CrO_4)}}{[Ag^+]^2} = \frac{1.12 \times 10^{-12}}{(2.0 \times 10^{-5})^2} = 2.8 \times 10^{-3} \text{mol/L}$$

从计算可知，只要控制被测溶液中 CrO_4^{2-} 的浓度为 2.8×10^{-3}mol/L，到达计量点时，稍过量的 $AgNO_3$ 溶液恰好能与 CrO_4^{2-} 作用产生砖红色 Ag_2CrO_4 沉淀。一般是在反应液的总体积为

50～100mL 溶液中，加入 5%（g/mL）铬酸钾指示剂约 1～2mL 即可，此时 CrO_4^{2-} 的浓度约为 2.6×10^{-3}～5.2×10^{-3}mol/L。

（2）溶液的酸度：滴定应在中性、弱碱性溶液（pH 6.5～10.5）中进行。若溶液为酸性时，则 CrO_4^{2-} 与 H^+ 结合，使 CrO_4^{2-} 浓度降低过多，致使在化学计量点附近不能形成 Ag_2CrO_4 沉淀。

$$2CrO_4^{2-} + 2H^+ \rightarrow 2HCrO_4^- \rightarrow Cr_2O_7^{2-} + H_2O$$

如果碱性太强，则有 Ag_2O 黑色沉淀析出。

$$Ag^+ + OH^- \rightleftharpoons AgOH$$

$$2AgOH \rightleftharpoons Ag_2O\downarrow + H_2O$$

（3）滴定不能在氨碱性溶液中进行：因为 AgCl 和 Ag_2CrO_4 均可形成$[Ag(NH_3)_2]^+$配离子而溶解，如果溶液中有氨存在，必须用酸先中和。当有铵盐存在时，如果溶液的碱性较强，也会增大氨的浓度，因此，溶液的 pH 以控制在 6.5～7.5 为宜。

（4）滴定时应充分振摇：因 AgCl 沉淀能吸附 Cl^-，AgBr 沉淀能吸附 Br^-，而且吸附力较强，使吸附的 Cl^- 和 Br^- 不易和 Ag^+ 作用，致使在计量点前溶液中的 Cl^- 或 Br^- 还没有反应完全时，Ag^+ 便和 CrO_4^{2-} 产生 Ag_2CrO_4 沉淀，这样会使滴定终点过早出现，使结果偏低。因此在滴定过程中必须充分振摇，使被吸附的 Cl^- 或 Br^- 释放出来。

（5）预先分离干扰离子：溶液中不能含有能与 CrO_4^{2-} 生成沉淀的阳离子（如 Ba^{2+}、Pb^{2+}、Bi^{3+}等）或与 Ag^+生成沉淀的阴离子（如 PO_4^{3-}、S^{2-}、CO_3^{2-}、AsO_4^{3-} 等），也不能含有大量有色离子（如 Cu^{2+}、Co^{2+}、Ni^{2+}等）及在中性或微碱性溶液中易发生水解的离子（如 Fe^{3+}、Al^{3+}等）。如含上述离子，应预先分离排除。

值得注意的是在滴定过程中，不可避免地存在终点判断等误差。为此，必要时可利用指示剂空白消耗值用于校正。校正方法是将 1mL 指示剂，加至 50mL 水中，或加至 50mL 无 Cl^- 含少许 $CaCO_3$ 的混悬液中，然后用 $AgNO_3$ 滴定至空白溶液的颜色与被滴定样品溶液的颜色相同。再从试样所消耗的硝酸银标准溶液的体积中扣除空白消耗值。

3. 应用范围　本法主要用于直接测定 Cl^- 和 Br^-，在弱碱性液中也可测定 CN^-；不宜测定 I^- 和 SCN^-，因为 AgI、AgSCN 沉淀对 I^- 和 SCN^- 有强烈吸附作用，使终点提前，造成较大误差。

（二）铁铵矾指示剂法

1. 原理　在酸性溶液中以铁铵矾$[NH_4Fe(SO_4)_2 \cdot 12H_2O]$为指示剂，用 NH_4SCN 或 KSCN 为标准溶液测定银盐和卤素化合物的方法，按测定对象不同，可分为直接法和返滴定法。

直接法　在酸性溶液中，以铁铵矾作指示剂，用 NH_4SCN 或 KSCN 为标准溶液滴定 Ag^+。滴定反应为

终点前　　　$Ag^+ + SCN^- \rightleftharpoons AgSCN\downarrow$　　（白色）

终点时　　　$Fe^{3+} + SCN^- \rightleftharpoons Fe(SCN)^{2+}$　　（红色）

在滴定过程中 SCN^-首先与 Ag^+生成 AgSCN 沉淀，滴定至终点时，滴入的 SCN^-与铁铵矾中的 Fe^{3+}反应，生成 $Fe(SCN)^{2+}$配离子使溶液呈红色，以此指示滴定终点到达。

返滴法 此法用于测定卤化物。先向样品溶液中加入定量、过量的 $AgNO_3$ 滴定液，使卤素离子生成银盐沉淀，然后再加入铁铵矾作指示剂，用 NH_4SCN 滴定液滴定剩余的 $AgNO_3$，滴定反应如下：

$$终点前 \quad Ag^+ + X^- \rightleftharpoons AgX\downarrow$$

$$Ag^+(剩余) + SCN^- \rightleftharpoons AgSCN\downarrow$$

$$终点时 \quad Fe^{3+} + SCN^- \rightleftharpoons Fe(SCN)^{2+}$$

用返滴法测定 Cl^- 时，必须注意：因溶液中同时有 AgCl 和 AgSCN 两种难溶性银盐存在，若用力振摇，将使已生成的 $Fe(SCN)^{2+}$ 配位离子的红色消失。因 AgSCN 的溶解度小于 AgCl 的溶解度，当剩余的 Ag^+ 被滴完后，SCN^- 就会将 AgCl 沉淀中的 Ag^+ 转化为 AgSCN 沉淀而使 Cl^- 重新释放出来，可发生如下反应：

$$SCN^- + AgCl \rightleftharpoons AgSCN + Cl^-$$

为了避免发生上述转化反应，可以采取下列措施：

方法一：将生成的 AgCl 沉淀滤出，再用 NH_4SCN 标准溶液滴定滤液，但这一方法需要过滤、洗涤等操作，手续较繁，且如操作不当，将造成较大误差。

方法二：在用 NH_4SCN 标准溶液回滴之前，于待测 Cl^- 溶液中加入 $1\sim3mL$ 硝基苯，并强烈振摇，使硝基苯包裹在 AgCl 的表面上，减少 AgCl 与 SCN^- 的接触，防止转化。

用返滴法测定 Br^- 和 I^- 时，因为 AgBr 和 AgI 溶解度都比 AgSCN 的溶解度小，不会发生沉淀转化现象。

2. 滴定条件

①应在酸性（HNO_3）溶液中进行滴定（$pH=0\sim1$）：在酸性溶液中进行滴定可防止 Fe^{3+} 水解，也可防止其他阴离子的干扰，因而选择性较高。

②用直接法测定 Ag^+ 时要充分振摇：充分振摇的目的是使被沉淀吸附的 Ag^+ 释放出来，防止终点提前。

③避免发生沉淀的转化：用间接法测定 Cl^- 时，由于易发生沉淀的转化，应采取一定的保护措施，以减少滴定误差。

④测定不宜在较高温度下进行，否则红色配合物易褪色而不能指示终点。

⑤在测定 I^- 时应先加入过量的 $AgNO_3$ 标准溶液后，再加入铁铵矾指示剂，以防止 Fe^{3+} 氧化 I^-（$2Fe^{3+} + 2I^- \rightleftharpoons 2Fe^{2+} + I_2$）影响分析结果。

3. 应用范围 由于本法在酸性溶液中进行滴定，许多弱酸根离子如 PO_4^{3-}、CO_3^{2-}、AsO_4^{3-} 等都不与 Ag^+ 生成沉淀，因此干扰离子少，选择性高，这是本法的最大优点。

本法由于干扰较少，故应用范围比较广。采用直接滴定法可测定 Ag^+、Hg^{2+} 等，采用返滴定或间接滴定法可测定 Cl^-、Br^-、I^-、SCN^- 等离子。

（三）吸附指示剂法

1. 原理 吸附指示剂法是利用沉淀对有机染料吸附而使其颜色发生改变来指示滴定终点的方法。吸附指示剂通常是一类有机染料，在溶液中电离出的离子呈现某种颜色，当它被沉淀胶粒表面吸附后，指示剂结构发生变化，从而颜色也随之变化，可利用沉淀表面上颜色的变化以指示终点。例如，用硝酸银滴定液滴定 Cl^- 时，用荧光黄（HFI）为指示剂。在化学计量点前，溶液中存在未滴定完的 Cl^- 及荧光黄阴离子 FI^-，此时 AgCl 胶粒沉淀优先吸附 Cl^-，而使胶粒带上负电荷（$AgCl \cdot Cl^-$），由于同种电荷相斥，因此荧光黄指示剂电离出的阴离子不能被胶粒吸附，使溶液呈现荧光黄阴离子的黄绿色。当滴定至稍过化学计量点时，溶液中就有过量的 Ag^+，这时 AgCl 沉淀优先吸附 Ag^+，使沉淀胶粒带上正电荷（$AgCl \cdot Ag^+$），带正电荷的胶粒立即吸附荧光黄的阴离子，引起指示剂离子结构变化，生成淡红色吸附化合物。此时溶液由黄绿色转变为淡红色而指示终点。其反应为

$$HFI \rightleftharpoons H^+ + FI^- \text{(呈黄绿色)}$$

终点前　　　Cl^-(剩余)　　　$(AgCl) \cdot Cl^-$:M　　（FI^- 未被吸附，仍为黄绿色）

终点时　　　Ag^+(稍过量)　　$(AgCl) \cdot Ag^+$:FI^- (淡红色)

终点时吸附反应可表示为

$$(AgCl) \cdot Ag^+ + FI^- \text{(黄绿色)} \rightarrow (AgCl) \cdot Ag^+ : FI^- \text{(淡红色)}$$
$$\text{吸附化合物}$$

由上可见，终点时不是溶液颜色发生变化，而是沉淀表面颜色发生变化，这是吸附指示剂的特点。

2. 滴定条件

①因吸附指示剂的颜色变化发生在沉淀的表面，因此，应尽可能使卤化银沉淀呈胶体状态，具有较大的比表面积。为此，在滴定前应将溶液稀释并加入糊精、淀粉等亲水性高分子化合物以保护胶体，同时应避免大量中性盐存在，因为它能使胶体凝聚。

②胶体颗粒对指示剂离子的吸附力，应略小于对被测离子的吸附力，否则指示剂将在计量点前变色，但对指示剂离子的吸引力也不能太小，否则计量点后也不能立即变色。滴定卤化物时，卤化银对卤化物和几种常用吸附指示剂吸附力的大小依次如下：I^->二甲基二碘荧光黄>Br^->曙红>Cl^->荧光黄。如在测定 Cl^- 时应选用荧光黄为指示剂；在测定 Br^- 时，选用曙红作指示剂。

③溶液的 pH 要适当，溶液的酸度应有利于指示剂显色型体的存在。常用吸附指示剂多为有机弱酸，而起指示剂作用是其阴离子。因此，溶液的 pH 应有利于吸附指示剂阴离子的存在，也就是说，电离常数小的吸附指示剂，溶液 pH 就要偏高些；对于 K_a 值较大的吸附指示剂，则溶液的 pH 可低些。例如：荧光黄的 K_a 为 10^{-7}，可在 pH 为 7~10 的中性或弱碱条件下使用；曙红的 K_a 为 10^{-2}，则可用在 pH 为 2~10 的溶液中。在强碱性溶液，虽然有利于指示剂的电离，但会生成氧化银沉淀，故滴定不能在强碱性溶液中进行。常用吸附指示剂 pH 适用范围见表 6-2。

表 6-2　常用的吸附指示剂

指示剂名称	待测离子	滴定剂	适用的 pH 范围
荧光黄	Cl^-	Ag^+	pH 7~10
二氯荧光黄	Cl^-	Ag^+	pH 4~6
曙红	Br^-、I^-、SCN^-	Ag^+	pH 2~10
甲基紫	SO_4^{2-}、Ag^+	Ba^{2+}、Cl^-	pH 1.5~3.5 酸性溶液
橙黄素 IV			
氨基苯磺酸	Cl^-、I^-混合液及	Ag^+	微酸性
溴酚蓝	生物碱盐类		
二甲基二碘荧光黄	I^-	Ag^+	中性

④滴定应避免在强光照射下进行,因为卤化银会感光分解析出金属银,使沉淀变灰或变黑,影响终点观察。

3. 应用范围 本法可用于测定 Cl^-、Br^-、I^-、SCN^-、SO_4^{2-} 和 Ag^+ 等。

第2节 应用与示例

一、标准溶液的配制与标定

1. 基准物质 银量法常用的基准物质是硝酸银和氯化钠。

硝酸银:硝酸银有市售的一级纯试剂,可作为基准物。纯度不够的试剂也可在稀硝酸中重结晶纯化。

氯化钠:氯化钠有基准品规格试剂出售,亦可用一般试剂级规格的氯化钠精制。氯化钠极易吸潮,应置于干燥器中保存。

2. 标准溶液 硝酸银标准溶液可用基准物精密称量,定容溶解直接配制成标准溶液。无硝酸银基准试剂时可用分析纯的硝酸银配成近似浓度的溶液,再用基准氯化钠标定。硝酸银溶液见光易分解,应置于棕色瓶中避光保存。滴定液存放一段时间后,还应重新标定。氯化钠标准溶液可用氯化钠基准物质直接法配制。硫氰酸铵没有基准物质,其标准溶液可用硝酸银标准溶液标定。

二、应用示例

（一）在中药中的应用

沉淀滴定法在中药中主要用于矿物药中金属离子或某些阴离子的测定,复方中若含有汞,多数采用此法测定。

例 6-1 九一散的处方组成为石膏和红粉,对其含量测定的操作步骤为:

取本品约 2g,精密称定,加稀硝酸 25mL,待红粉溶解后,过滤,滤渣用水约 80mL 分次洗涤,合并洗液与滤液,加硫酸铁铵指示液 2mL,用硫氰酸铵滴定液滴定至溶液出现红色即为终点。

滴定反应 $\qquad Hg^{2+}+2SCN^- \Longrightarrow Hg(SCN)_2 \downarrow (白色)$

指示终点反应 $\qquad Fe^{3+}+SCN^- \longrightarrow Fe(SCN)^{2+}(红色)$

例 6-2 小儿金丹片是以朱砂为君药的复方药,对其含量测定的操作步骤为:

取本品,研细,取细粉约 0.5g,精密称定,置锥形瓶中,加硫酸 25mL,硝酸钾 2g,加热使呈乳白色,放冷,加水 50mL,滴加 1%高锰酸钾溶液至显粉红色,再滴加 2%硫酸亚铁溶液至红色消失后,加硫酸铁铵指示液 2mL,用硫氰酸铵滴定液滴定至溶液显红色即为终点。

（二）在化学药中的应用

1. 无机卤化物和有机氢卤酸盐的测定

例 6-3　氯化钠注射液的测定　精密量取本品 10mL，加水 40mL、2% 糊精溶液 5mL、2.5% 硼砂溶液 2mL 与荧光黄指示液 5～8 滴，用硝酸银滴定液滴定至沉淀表面呈淡红色即为终点。

例 6-4　碘解磷定（$C_7H_9IN_2O$）的测定　碘解磷定为 1-甲基-2-吡啶甲醛肟的碘化物，其含量测定的方法为吸附指示剂法。操作步骤：取本品约 0.5g，精密称定，加水 50mL 溶解后，加稀醋酸 10mL 与曙红钠指示液 10 滴，用硝酸银滴定液滴定至溶液由玫瑰红色转变为紫红色即达终点。

2. 有机卤化物的测定
多数有机卤化物必须经过前处理过程，才能采用银量法进行测定。使有机卤素转变成无机卤素离子常用的方法有碱性还原法、氧瓶燃烧法等。

例 6-5　胆影酸（$C_{20}H_{14}I_6N_2O_6$）中碘的测定　取本品 0.3g，精密称定，加氢氧化钠试液 30mL 与锌粉 1.0g，加热回流 30min，放冷，冷凝管用少量水洗涤，过滤，烧瓶与滤器用水洗涤 3 次，每次 15mL，洗液与滤液合并，加冰醋酸 5mL 与曙红钠指示液 5 滴，用硝酸银滴定液滴定至溶液紫红色即达终点。

思考与练习

1. 比较银量法中三种指示剂法的滴定原理、使用条件及应用范围。
2. 沉淀滴定法中影响滴定突跃的因素有哪些？
3. 铬酸钾指示剂法中，指示剂的用量过多或过少对滴定有何影响？
4. 用铁铵矾指示剂法测定氯化物时，可采取哪些措施防止沉淀的转化？测定碘化物时，指示剂何时加入？为什么？
5. 用吸附指示剂法测定卤化物时，加入糊精溶液的作用是什么？
6. 用银量法测定下列试样，选用什么指示剂指示滴定终点比较合适？
（1）$CaCl_2$；（2）$BaCl_2$；（3）$FeCl_2$；（4）含有 Na_3PO_4 的 NaCl；（5）NH_4Cl；（6）含有 Na_2SO_4 的 NaCl；（7）KSCN；（8）含有 Na_2CO_3 的 NaCl；（9）NaBr；（10）KI
7. 如果将 30.00mL $AgNO_3$ 溶液作用于 0.1200g NaCl，过量的 $AgNO_3$ 需用 3.20mL NH_4SCN 溶液滴定至终点，已知滴定 30.00mL $AgNO_3$ 需用 35.00mL NH_4SCN，计算：①$AgNO_3$ 溶液物质的量浓度。②NH_4SCN 溶液物质的量浓度。③该 $AgNO_3$ 溶液对 Cl^- 的滴定度。

$$(c_{AgNO_3} = 0.07526 mol/L , \quad C_{NH_4SCN} = 0.06451 mol/L , \quad T_{AgNO_3/Cl^-} = 0.002672 g/mL)$$

8. 称取大青盐 0.2000g，溶于水后，以荧光黄作指示剂，用 0.1100mol/L $AgNO_3$ 溶液滴定至终点，用去 30.00mL，计算大青盐中 NaCl 的百分含量。

（96.53%）

9. 取尿样 30.00mL，加入 0.1200mol/L $AgNO_3$ 溶液 30.00mL，过剩的 $AgNO_3$ 用 0.1000mol/L NH_4SCN 溶液滴定，用去 6.00mL，计算 1000mL 尿液中含有 Cl^- 多少克？

（3.5450g）

10. KCN 溶液 25.00mL 置于 100mL 容量瓶中，滴加 0.1100mol/L 的 $AgNO_3$ 溶液 50.00mL，稀释至刻度。

取此溶液（滤出）50.00mL，加硫酸铁铵溶液 2mL 及硝酸 2mL 后，用 0.1000mol/L 的 NH₄SCN 溶液滴定，消耗 10.00mL。求 KCN 溶液的物质的量浓度。 （0.1400mol/L）

课 程 人 文

药，有时何止三分毒？

《中国药典》（一部）中，含汞矿物药和中成药含量测定均用此方法，如朱砂、红粉、九一散、保赤散、牛黄清心丸、小儿金丹片等，这些药物药效显著，但有大毒，需要精密测量，严格控制剂量。

第 7 章
配位滴定法

配位滴定法（complex formation titration）又称为络合滴定法，是以配位反应（络合反应）为基础的滴定分析法。

金属离子与配位剂发生反应，生成相应的配合物。配位反应很普遍，但能用于滴定分析的配位反应同样要具备滴定分析的条件，即要求配位反应有确定的计量关系、反应完全、生成的配合物要足够稳定等。

根据配位剂中参与配位的原子数不同，可将其分为单基配位剂和多基配位剂，所生成的配合物分别称为简单配位化合物和螯合物。

（1）单基配位滴定剂：配位剂的分子或离子只含有一个配位原子，称为单基配位体。大多数无机配位剂为单基配位体，它们与金属离子的配位反应是逐级进行的，即生成 ML_n 型的简单配合物。简单配合物是指由单基配位体与金属离子配位而成的配合物，这类配合物结构比较简单，金属离子与配体之间仅存在单个配位健，作用力较弱，在溶液中易于离解。例如，NH_3 与 Zn^{2+} 的配位反应分以下四步进行：

$$Zn^{2+} + NH_3 \rightleftharpoons [Zn(NH_3)]^{2+} \qquad K_1 = 2.3 \times 10^2$$

$$[Zn(NH_3)]^{2+} + NH_3 \rightleftharpoons [Zn(NH_3)_2]^{2+} \qquad K_2 = 2.8 \times 10^2$$

$$[Zn(NH_3)_2]^{2+} + NH_3 \rightleftharpoons [Zn(NH_3)_3]^{2+} \qquad K_3 = 3.2 \times 10^2$$

$$[Zn(NH_3)_3]^{2+} + NH_3 \rightleftharpoons [Zn(NH_3)_4]^{2+} \qquad K_4 = 1.4 \times 10^2$$

上述各级配位反应中，各级配位化合物的常数比较接近，如果用 NH_3 液滴定 Zn^{2+}，容易得到配位比不同的一系列配位化合物，其生成物不稳定，没有确定的反应计量关系。因此，大多数无机配位剂不能用于滴定分析，一般可用作掩蔽剂等用途。

（2）多基配位滴定剂：一种配位体有两个或两个以上的配位原子同时与金属离子结合，这种配体称为多基配位体。许多有机配位剂常含有多个配位原子，又称为螯合剂，它们与金属离子配位时可形成环状结构的螯合物，螯合物的稳定性高。目前最常用的是以乙二胺四乙酸（ethylene diamine tetraacetic acid，EDTA）为代表的氨羧配位剂：

$$\begin{array}{c} HOOCH_2C \\ HOOCH_2C \end{array} \!\!\! \diagdown\!\!\! N-CH_2-CH_2-N \!\!\! \diagup\!\!\! \begin{array}{c} CH_2COOH \\ CH_2COOH \end{array}$$

乙二胺四乙酸简称 EDTA，用 H_4Y 表示，难溶于水，易溶于碱，常用其二钠盐配制标准溶液，其二钠盐也可称为 EDTA。EDTA 在水溶液以双偶极离子结构存在，如果溶液中酸度较高，可形成六元酸 H_6Y^{2+}，因此，在水溶液中，EDTA 以 H_6Y^{2+}、H_5Y^+、H_4Y、H_3Y^-、H_2Y^{2-}、HY^{3-}、Y^{4-} 共 7 种形式存在，其主要存在形式与溶液的 pH 有关，其中金属离子与 Y^{4-} 生成的配合物最为稳定。

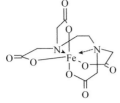

图 7-1 EDTA 与 Fe 配合物的立体结构

EDTA 分子中的氨基与羧基配位原子几乎可以和所有的金属离子发生配位，它是分析化学中使用最广泛的螯合剂。

由图 7-1 可见，EDTA 与金属离子形成具有多个五元环的螯合物，是稳定的结构类型。EDTA 与大多数金属离子的配位反应具有以下特点：①生成的配合物稳定性高，配位反应完全程度高；②EDTA 具有广泛的配位性能，能和大部分金属离子发生配位反应；③配位比简单，一般情况下均为 1：1；④与金属离子形成的配合物能够溶于水中，使滴定能在水溶液中进行；⑤EDTA 与大部分金属离子配位反应迅速，可用直接滴定法滴定；⑥与无色金属离子生成无色配合物，与有色金属离子生成颜色更深的配合物。

第1节 配位平衡

一、配合物的稳定常数和累积稳定常数

（一）MY 稳定常数

EDTA 与金属离子反应通式为

$$M+Y \rightleftharpoons MY \quad （为简化，省去电荷）$$

则该反应的平衡常数可表示为

$$K_{MY} = \frac{[MY]}{[M][Y]} \tag{7-1}$$

K_{MY} 可表示该配位反应进行的程度，K_{MY} 越大，则反应进行得越完全；同时，K_{MY} 也可反映 MY 的稳定性大小，K_{MY} 越大，配合物越稳定，K_{MY} 又称为配合物的稳定常数。注意，由于实际工作中，配位滴定剂的浓度较稀（0.01mol/L），活度系数近似为 1，为简便计算，故通常采用浓度常数表示，而不用活度常数。表 7-1 列出部分 MY 配合物稳定常数的对数值。

表 7-1 常见 EDTA 配合物的稳定常数的对数值 $\lg K_{MY}(20\sim25℃)$

金属离子	$\lg K_{MY}$	金属离子	$\lg K_{MY}$	金属离子	$\lg K_{MY}$	金属离子	$\lg K_{MY}$
Na^+	1.64	Mn^{2+}	13.81	Zn^{2+}	16.44	Bi^{3+}	27.40
Ag^+	7.32	Fe^{2+}	14.27	Pb^{2+}	17.88	Cr^{3+}	23.40
Ba^{2+}	7.80	Al^{3+}	16.50	Ni^{2+}	18.52	Fe^{3+}	25.00
Mg^{2+}	8.83	Co^{2+}	16.26	Cu^{2+}	18.70	Co^{3+}	40.90
Ca^{2+}	10.69	Cd^{2+}	16.36	Hg^{2+}	21.50	Zr^{4+}	29.40

从表中可见，大多数金属离子与 EDTA 均可形成配合物；总体来说，金属离子化合价越高，与 EDTA 配合物的稳定性越大。

（二）累积稳定常数

金属离子还能与单基配位体 L 形成 ML_n 型配合物。由于该配合反应是逐级进行的，在溶液中存在着一系列配位平衡，每个平衡都有相应的平衡常数，称为逐级稳定常数，其表达式为

$$M+L \rightleftharpoons ML \qquad \text{第一级稳定常数为} \qquad K_1 = \frac{[ML]}{[M][L]}$$

$$ML+L \rightleftharpoons ML_2 \qquad \text{第二级稳定常数为} \qquad K_2 = \frac{[ML_2]}{[ML][L]}$$

$$\vdots \qquad\qquad\qquad \vdots$$

$$ML_{n-1}+L \rightleftharpoons ML_n \qquad \text{第 } n \text{ 级稳定常数为} \qquad K_n = \frac{[ML_n]}{[ML_{n-1}][L]}$$

若将上述反应式合并，则合并后的反应平衡常数 β 由逐级稳定常数相乘而得，β 又称为各级累积稳定常数，如：

$$M+L \rightleftharpoons ML \qquad\qquad \beta_1 = K_1 = \frac{[ML]}{[M][L]}$$

$$M+2L \rightleftharpoons ML_2 \qquad\qquad \beta_2 = K_1 K_2 = \frac{[ML_2]}{[M][L]^2}$$

$$\vdots \qquad\qquad\qquad \vdots$$

$$M+nL \rightleftharpoons ML_n \qquad\qquad \beta_n = K_1 K_2 \cdots K_n = \frac{[ML_n]}{[M][L]^n}$$

累积稳定常数将各级配合物的浓度 $[ML]$、$[ML_2]$、$\cdots$、$[ML_n]$ 直接与游离金属离子浓度 $[M]$ 和游离配位剂浓度 $[L]$ 联系起来，可方便地计算出各级配合物的浓度，由此

$$[ML] = \beta_1[M][L]$$

$$[ML_2] = \beta_2[M][L]^2$$

$$\vdots$$

$$[ML_n] = \beta_n[M][L]^n$$

二、配位反应的副反应及副反应系数

在实际的配位滴定体系中，不仅存在被测金属离子和滴定剂，还可能存在其他金属离子、缓冲溶剂、掩蔽剂等。因此，在这个体系中，除了金属离子 M 与滴定剂 Y 的主反应外，还存在其他副反应，总的平衡关系可用下式表示：

在上述副反应中，羟基配位效应、酸效应和混合配位效应主要受体系中酸碱性影响；辅助配位效应与体系中除滴定剂 Y 以外的所有其他配位体有关；共存离子效应主要与体系中除待测离子 M 以外的其他金属离子有关。反应物 M 和 Y 的各种副反应均不利于主反应的进行，

而生成物 MY 的各种副反应则有利于向主反应的方向进行。可用副反应系数 α 来衡量副反应对主反应的影响程度。

（一）配位剂的副反应系数

副反应系数是未参加主反应的 EDTA 各种型体总浓度[Y']与游离 EDTA 浓度[Y]的比值，用 α_Y 来表示，α_Y 越大表明副反应越大。其表达式为

$$\alpha_Y = \frac{[Y']}{[Y]} \tag{7-2}$$

在配位滴定中，引起配位剂的副反应主要有酸效应和共存离子效应，下面分别讨论。

1. 酸效应系数 $\alpha_{Y(H)}$　由于 H^+ 存在，在 H^+ 与 Y 之间发生副反应，使 Y 参加主反应能力降低的现象称为酸效应，酸效应的影响程度用酸效应系数 $\alpha_{Y(H)}$ 来衡量。EDTA 在 pH 较低的水溶液中以双偶极离子结构存在，为六元酸，有六级离解常数，其结构式及离解平衡常数为

$$\begin{array}{c} HOOCH_2C \\ HOOCH_2C \end{array} N^+ \!\!-\!\! CH_2 \!-\! CH_2 \!-\! N^+ \!\! \begin{array}{c} CH_2COOH \\ CH_2COOH \end{array}$$

$$H_6Y^{2+} \rightleftharpoons H_5Y^+ + H^+ \qquad K_{a_1} = \frac{[H^+][H_5Y^+]}{[H_6Y^{2+}]} \qquad pK_{a_1} = 0.90$$

$$H_5Y^+ \rightleftharpoons H_4Y + H^+ \qquad K_{a_2} = \frac{[H^+][H_4Y]}{[H_5Y^+]} \qquad pK_{a_2} = 1.60$$

$$H_4Y \rightleftharpoons H_3Y^- + H^+ \qquad K_{a_3} = \frac{[H^+][H_3Y^-]}{[H_4Y]} \qquad pK_{a_3} = 2.00$$

$$H_3Y^- \rightleftharpoons H_2Y^{2-} + H^+ \qquad K_{a_4} = \frac{[H^+][H_2Y^{2-}]}{[H_3Y^-]} \qquad pK_{a_4} = 2.67$$

$$H_2Y^{2-} \rightleftharpoons HY^{3-} + H^+ \qquad K_{a_5} = \frac{[H^+][HY^{3-}]}{[H_2Y^{2-}]} \qquad pK_{a_5} = 6.16$$

$$HY^{3-} \rightleftharpoons Y^{4-} + H^+ \qquad K_{a_6} = \frac{[H^+][Y^{4-}]}{[HY^{3-}]} \qquad pK_{a_6} = 10.26$$

在水溶液中，未参加主反应的 EDTA 总是以 H_6Y^{2+}、H_5Y^+、H_4Y、H_3Y^-、H_2Y^{2-}、HY^{3-} 和 Y^{4-} 这 7 种形式存在，则

$$\alpha_{Y(H)} = \frac{[Y']}{[Y]} = \frac{[Y^{4-}] + [HY^{3-}] + [H_2Y^{2-}] + [H_3Y^-] + [H_4Y] + [H_5Y^+] + [H_6Y^{2+}]}{[Y^{4-}]}$$

$$= 1 + \frac{[H^+]}{K_{a_6}} + \frac{[H^+]^2}{K_{a_6}K_{a_5}} + \frac{[H^+]^3}{K_{a_6}K_{a_5}K_{a_4}} + \frac{[H^+]^4}{K_{a_6}K_{a_5}K_{a_4}K_{a_3}} + \frac{[H^+]^5}{K_{a_6}K_{a_5}K_{a_4}K_{a_3}K_{a_2}} \tag{7-3}$$

$$+ \frac{[H^+]^6}{K_{a_6}K_{a_5}K_{a_4}K_{a_3}K_{a_2}K_{a_1}}$$

由式（7-3）可知，$\alpha_{Y(H)}$ 与[H^+]有关，[H^+]越大，$\alpha_{Y(H)}$ 值也越大，副反应越严重，可以通过该式计算任何 pH 时的 $\alpha_{Y(H)}$。当 $\alpha_{Y(H)} = 1$ 时，表示 EDTA 未发生副反应，全部以 Y^{4-} 形式存在，这时[Y']=[Y]。EDTA 在各 pH 时的酸效应系数见表 7-2。

表 7-2 EDTA 在各 pH 时的酸效应系数

pH	lg$\alpha_{Y(H)}$	pH	lg$\alpha_{Y(H)}$	pH	lg$\alpha_{Y(H)}$	pH	lg$\alpha_{Y(H)}$	pH	lg$\alpha_{Y(H)}$
0.0	23.64	2.5	11.90	5.0	6.45	7.5	2.78	10.0	0.45
0.1	23.06	2.6	11.62	5.1	6.26	7.6	2.68	10.1	0.39
0.2	22.47	2.7	11.35	5.2	6.07	7.7	2.57	10.2	0.33
0.3	21.89	2.8	11.09	5.3	5.88	7.8	2.47	10.3	0.28
0.4	21.32	2.9	10.84	5.4	5.69	7.9	2.37	10.4	0.24
0.5	20.75	3.0	10.60	5.5	5.51	8.0	2.27	10.5	0.20
0.6	20.18	3.1	10.37	5.6	5.33	8.1	2.17	10.6	0.16
0.7	19.62	3.2	10.14	5.7	5.15	8.2	2.07	10.7	0.13
0.8	19.08	3.3	9.92	5.8	4.98	8.3	1.97	10.8	0.11
0.9	18.54	3.4	9.70	5.9	4.81	8.4	1.87	10.9	0.09
1.0	18.01	3.5	9.48	6.0	4.65	8.5	1.77	11.0	0.07
1.1	17.49	3.6	9.27	6.1	4.49	8.6	1.67	11.1	0.06
1.2	16.98	3.7	9.06	6.2	4.34	8.7	1.57	11.2	0.05
1.3	16.49	3.8	8.85	6.3	4.20	8.8	1.48	11.3	0.04
1.4	16.02	3.9	8.65	6.4	4.06	8.9	1.38	11.4	0.03
1.5	15.55	4.0	8.44	6.5	3.92	9.0	1.28	11.5	0.02
1.6	15.11	4.1	8.24	6.6	3.79	9.1	1.19	11.6	0.02
1.7	14.68	4.2	8.04	6.7	3.67	9.2	1.10	11.7	0.02
1.8	14.27	4.3	7.84	6.8	3.55	9.3	1.01	11.8	0.01
1.9	13.88	4.4	7.64	6.9	3.43	9.4	0.92	11.9	0.01
2.0	13.51	4.5	7.44	7.0	3.32	9.5	0.83	12.0	0.01
2.1	13.16	4.6	7.24	7.1	3.21	9.6	0.75	12.1	0.01
2.2	12.82	4.7	7.04	7.2	3.10	9.7	0.67	12.2	0.005
2.3	12.50	4.8	6.84	7.3	2.99	9.8	0.59	13.0	0.0008
2.4	12.19	4.9	6.65	7.4	2.88	9.9	0.52	13.9	0.0001

例 7-1 计算 pH=7 时，EDTA 的酸效应系数。

解： pH=7 时，[H$^+$]=10^{-7}mol/L

$$\alpha_{Y(H)} = 1 + \frac{10^{-7}}{10^{-10.26}} + \frac{10^{-14}}{10^{-16.42}} + \frac{10^{-21}}{10^{-19.09}} + \frac{10^{-28}}{10^{-21.09}} + \frac{10^{-35}}{10^{-22.69}} + \frac{10^{-42}}{10^{-23.59}} = 10^{3.32}$$

$$\lg\alpha_{Y(H)} = 3.32$$

2. 共存离子效应系数 $\alpha_{Y(N)}$ 若溶液中除了待测金属离子 M 外，还存在其他的金属离子 N，N 也将与 Y 形成配合物。这种由于 N 的存在使 Y 参加主反应能力降低的现象，称为共存离子效应。其对主反应影响程度用共存离子效应系数 $\alpha_{Y(N)}$ 表示，若只考虑共存离子的影响（略去电荷）：

主反应 $\qquad$ M + Y $\rightleftharpoons$ MY $\qquad\qquad$ $K_{MY} = \dfrac{[MY]}{[M][Y]}$

$\qquad\qquad\qquad\qquad\qquad$ ⇅N

Y 与 N 的副反应 $\qquad$ NY $\qquad\qquad\qquad$ $K_{NY} = \dfrac{[NY]}{[N][Y]}$

副反应系数

$$\alpha_{Y(N)}=\frac{[Y']}{[Y]}=\frac{[Y]+[NY]}{[Y]}=1+\frac{[N][Y]K_{NY}}{[Y]}=1+[N]K_{NY} \qquad (7\text{-}4)$$

共存离子副反应系数 $\alpha_{Y(N)}$ 取决于 EDTA 与干扰离子的稳定常数以及干扰离子 N 的浓度。

如果滴定体系中同时发生酸效应和共存离子效应，则总的副反应系数 α_Y 可用下式计算

$$\alpha_Y=\frac{[Y']}{[Y]}=\frac{[Y]+[HY]+[H_2Y]+\cdots+[H_6Y]+[NY]}{[Y]}$$

$$=\frac{[Y]+[HY]+[H_2Y]+\cdots+[H_6Y]+[Y]+[NY]-[Y]}{[Y]} \qquad (7\text{-}5)$$

$$=\alpha_{Y(H)}+\alpha_{Y(N)}-1$$

当 $\alpha_{Y(H)}$ 与 $\alpha_{Y(N)}$ 相差较大时，可以忽略副反应系数小的因素的影响，例如：当 $\alpha_{Y(H)}=10^6$，$\alpha_{Y(N)}=10^3$ 时，可忽略共存离子的影响，仅考虑酸效应的影响。反之亦然。

例 7-2 在 pH 6.0 的溶液中，含有浓度均为 0.01mol/L Fe^{2+}、Mg^{2+}，用同浓度的 EDTA 标准溶液滴定溶液中的 Fe^{2+}，计算 α_Y。

解： 查表 7-2 可知：pH=6.0 时，$\alpha_{Y(H)}=10^{4.65}$，查表 7-1 可知，$K_{MgY}=10^{8.83}$

$$\alpha_{Y(Mg)}=1+K_{MgY}[Mg^{2+}]$$

$$=1+10^{8.83}\times 0.01=10^{6.83}$$

$$\alpha_Y=\alpha_{Y(H)}+\alpha_{Y(Mg)}-1=10^{4.65}+10^{6.83}-1\approx 10^{6.83}$$

（二）金属离子 M 的副反应系数

在 EDTA 配位滴定溶液中，若存在另一配体 L，L 能与待测金属离子 M 发生配位反应，这种由于其他配位剂 L 的存在，使得金属离子参与主反应的能力降低的现象，称为配位效应。配位效应影响主反应的程度用配位效应副反应系数 $\alpha_{M(L)}$ 表示。若以[M']表示未与 EDTA 形成配合物的金属离子总浓度，[M]表示游离金属离子浓度，则副反应系数为

$$\alpha_{M(L)}=\frac{[M']}{[M]}=\frac{[M]+[ML]+[ML_2]+\cdots+[ML_n]}{[M]}=1+\beta_1[L]+\beta_2[L]^2+\cdots+\beta_n[L]^n \qquad (7\text{-}6)$$

$\alpha_{M(L)}$ 越大，表示配体 L 带来的副反应越严重，若 $\alpha_{M(L)}=1$，表示没有副反应发生。L 代表各种不同的配位剂，实际溶液中，L 可能是滴定时所需的缓冲液，也可能是为了消除干扰而加的掩蔽剂，或是溶液中的 OH^- 等。若 L 代表的是 OH^-，则金属离子与 OH^- 副反应也叫羟基配位效应，其副反应系数可在附录七中查得。在溶液中若有 P 个配位剂与金属离子发生副反应，则金属离子 M 的总副反应系数为

$$\alpha_M=\alpha_{M(L_1)}+\alpha_{M(L_2)}+\cdots+(1-P) \qquad (7\text{-}7)$$

例 7-3 计算 pH=6，$[F^-]=0.01mol/L$ 时，Al^{3+} 的副反应系数 α_{Al} 值。

解： 从附录查得 pH=6 时，$\lg\alpha_{Al(OH)}=1.3$。

从附录查得，$[AlF_6]^{3-}$ 的 $\lg\beta_1 \sim \beta_6$ 分别是 6.13、11.15、15.00、17.75、19.37、19.84。

$$\alpha_{Al(F)} = 1 + \beta_1[F^-] + \beta_2[F^-]^2 + \beta_3[F^-]^3 + \beta_4[F^-]^4 + \beta_5[F^-]^5 + \beta_6[F^-]^6$$
$$= 1 + 10^{6.13-2} + 10^{11.15-4} + 10^{15.00-6} + 10^{17.75-8} + 10^{19.37-10} + 10^{19.84-12} \approx 10^{9.95}$$

故

$$\alpha_{Al} = \alpha_{Al(F)} + \alpha_{Al(OH)} - 1 = 10^{9.95} + 10^{1.3} - 1 \approx 10^{9.95}$$

（三）配合物 MY 的副反应系数

在酸度较高的情况下，H^+ 与 MY 发生副反应形成酸式配合物 MHY

$$MY + H = MHY \qquad K_{MHY} = \frac{[MHY]}{[MY][H]}$$

酸式配合物副反应系数为

$$\alpha_{MY(H)} = \frac{[MY] + [MHY]}{[MY]} = 1 + [H^+]K_{MHY} \tag{7-8}$$

在碱度较高时，形成碱式配合物，副反应系数为

$$\alpha_{MY(OH)} = \frac{[MY] + [M(OH)Y]}{[MY]} = 1 + [OH^-]K_{M(OH)Y} \tag{7-9}$$

由于 MHY 与 M(OH)Y 不太稳定，它对主反应影响不大，故一般计算时可忽略不计。

三、配合物的条件稳定常数

EDTA 与金属离子 M 发生反应时，若没有副反应的影响，可以用稳定常数 K_{MY} 表示该反应进行的程度，但在实际溶液中总是存在各种副反应，由于副反应的产生，使物质参与主反应的能力发生改变，即其主反应进行的程度也相应发生变化，不能再用 K_{MY} 来表示。例如，当溶液中存在酸效应时，未参与反应的 EDTA 不仅以 Y^{4-} 的形式存在，溶液中还存在 HY^{3-}、…、H_6Y^{2+} 等组分，应当用这些型体的总浓度 [Y'] 表示 EDTA 的浓度。同样，未参与主反应的金属离子浓度也应当用 [M'] 表示，所形成的配合物应当用总浓度 [MY'] 表示。因此，在有副反应的情况下，配合物的稳定常数应为

$$K'_{MY} = \frac{[MY']}{[M'][Y']} \tag{7-10}$$

式中，K'_{MY} 称为条件稳定常数，它表示在一定条件下有副反应发生时主反应进行的程度。由副反应系数的讨论可知

$$[M'] = \alpha_M[M] \qquad [Y'] = \alpha_Y[Y] \qquad [MY'] = \alpha_{MY}[MY]$$

所以

$$K'_{MY} = \frac{[MY']}{[M'][Y']} = \frac{\alpha_{MY}[MY]}{\alpha_M[M]\alpha_Y[Y]} = K_{MY}\frac{\alpha_{MY}}{\alpha_M\alpha_Y}$$

$$\lg K'_{MY} = \lg K_{MY} - \lg\alpha_M - \lg\alpha_Y + \lg\alpha_{MY} \tag{7-11}$$

在一个实际溶液中，溶液的 pH 和试剂浓度是确定的，各种副反应系数也为定值，因此，条件稳定常数在一定条件下为常数，它是用副反应系数校正后的实际稳定常数。由于 MHY 和

M(OH)Y 不稳定，其对主反应的影响较小，常可忽略，故（7-11）式可简化为

$$\lg K'_{MY} = \lg K_{MY} - \lg\alpha_M - \lg\alpha_Y \qquad (7\text{-}12)$$

例 7-4 计算 pH=6，[F⁻]=0.01mol/L 时，AlY 的条件稳定常数 $\lg K'_{AlY}$。

解： 从表 7-1 查到 $\lg K_{AlY} = 16.50$。

从表 7-2 查到 pH=6 时，$\lg\alpha_{Y(H)} = 4.65$，根据例 7-3 计算结果 $\alpha_{Al} = 10^{9.95}$，故

$$\lg K'_{AlY} = \lg K_{AlY} - \lg\alpha_{Al} - \lg\alpha_Y$$
$$= 16.50 - 4.65 - 9.95 = 1.90$$

例 7-5 计算 pH=11 时，[NH₃]=0.1mol/L 时 $\lg K'_{ZnY}$。

解： 从附录查得，$[Zn(NH_3)_4]^{2+}$ 的 $\lg\beta_1 \sim \lg\beta_4$ 分别是 2.37、4.81、7.31、9.46，

$$\alpha_{Zn(NH_3)} = 1 + \beta_1[NH_3] + \beta_2[NH_3]^2 + \beta_3[NH_3]^3 + \beta_4[NH_3]^4$$
$$= 1 + 10^{2.37} \times 10^{-1} + 10^{4.81} \times 10^{-2} + 10^{7.31} \times 10^{-3} + 10^{9.46} \times 10^{-4} = 10^{5.46}$$

从附录查到 pH=11 时，$\lg\alpha_{Zn(OH)} = 5.4$

$$\alpha_{Zn} = \alpha_{Zn(NH_3)} + \alpha_{Zn(OH)} - 1 = 10^{5.46} + 10^{5.4} - 1 \approx 10^{5.73}$$
$$\lg\alpha_{Zn} = 5.73$$

从表 7-1 查到 $\lg K_{ZnY} = 16.44$，从表 7-2 查到 pH=11 时，$\lg\alpha_{Y(H)} = 0.07$

$$\lg K'_{ZnY} = \lg K_{ZnY} - \lg\alpha_{Zn} - \lg\alpha_{Y(H)} = 16.44 - 5.73 - 0.07 = 10.64$$

计算结果表明，在 pH=11 时，尽管 Zn^{2+} 与 OH⁻ 及 NH₃ 的副反应很强，但 $\lg K'_{ZnY}$ 可达 10.64，故在强碱条件下仍能用 EDTA 滴定 Zn^{2+}。

第2节 基本原理

与酸碱滴定法类似，在配位滴定中，随着 EDTA 的滴入，被滴定的金属离子浓度不断减少，到达化学计量点附近时，溶液中金属离子的浓度急剧减少。本节重点讲述配位滴定过程中金属离子的浓度与加入滴定剂量的关系及金属指示剂的性质和选择原则。

一、滴定曲线

若以 pM′（–lg[M′]）为纵坐标，加入 EDTA 的体积 V 为横坐标，建立得到配位滴定曲线。下面以 EDTA 标准溶液滴定 Ca^{2+} 溶液为例。

在 pH=10.0 的 NH₃-NH₄Cl 缓冲溶液中，以 0.01000mol/L EDTA 标准溶液滴定 20.00mL(V_0)0.01000mol/L Ca^{2+} 溶液，计算滴定过程中[Ca^{2+}]的变化，绘出滴定曲线。（以下计算过程，省去电荷）

查表 7-1 得：$\lg K_{CaY} = 10.69$。

查表 7-2 及附录得：pH=10.0 时，$\lg\alpha_{Y(H)} = 0.45$，$\lg\alpha_{Ca(OH)} = 0$。

由于 NH₃ 与 Ca^{2+} 不起配位反应，故 $\lg\alpha_{Ca(NH_3)} = 0$。所以

$$\lg\alpha_{Ca}=0,\quad \lg\alpha_Y=\lg\alpha_{Y(H)}=0.45$$
$$\lg K'_{CaY}=\lg K_{CaY}-\lg\alpha_Y-\lg\alpha_{Ca}=10.69-0.45-0=10.24$$
$$K'_{CaY}=10^{10.24}$$

由于 $\lg\alpha_{Ca}=0$，此溶液中 $[Ca^{2+}]=[Ca^{2+}]'$。设滴定中加入 EDTA 的体积为 V(mL)，分别计算加入不同滴定剂体积时的 pCa 值。

（1）滴定前（$V=0$）溶液的钙离子浓度等于原始浓度。
$$[Ca^{2+}]=0.01000\text{mol/L}\qquad pCa=-\lg0.01000=2.00$$

（2）滴定开始至化学计量点之前（$V<V_0$），此时 $[Ca^{2+}]$ 过量，又由于 $\lg K'_{CaY}>10$，CaY 的离解可忽略
$$[Ca^{2+}]=\frac{V_0-V}{V_0+V}\times c_{Ca^{2+}}$$

如：加入 19.98mL EDTA 标准溶液时（计量点前 0.1%）
$$[Ca^{2+}]=\frac{20.00-19.98}{20.00+19.98}\times0.01000\approx5.0\times10^{-6}$$
$$pCa=5.30$$

（3）滴定至化学计量点时（$V=V_0$），此时 $[Ca^{2+}]=[Y']$，根据式（7-10）
$$K'_{CaY}=\frac{[CaY]}{[Ca][Y']}=\frac{[CaY]}{[Ca]^2}$$
$$[Ca^{2+}]=\sqrt{\frac{[CaY]}{K'_{CaY}}}$$
$$[CaY]=\frac{20.00}{20.00+20.00}\times0.01000=5.0\times10^{-3}\text{mol/L}$$
$$[Ca^{2+}]=\sqrt{\frac{5.0\times10^{-3}}{10^{10.24}}}\approx5.4\times10^{-7}$$
$$pCa=6.27$$

（4）计量点后（$V>V_0$），此时 [Y]过量，溶液中钙离子浓度由过量的 EDTA 的浓度决定，即
$$[Y]=\frac{V-V_0}{V+V_0}\times c_{EDTA}$$

如：当加入 20.02mL EDTA 标准溶液时（计量点后 0.1%）
$$[Y']=\frac{0.02}{20.00+20.02}\times0.01000\approx5.0\times10^{-6}$$
$$K'_{CaY}=\frac{[CaY]}{[Ca][Y']}\qquad [Ca]=\frac{[CaY]}{K'_{CaY}[Y']}$$
$$[Ca]=\frac{5.0\times10^{-3}}{10^{10.24}\times5\times10^{-6}}=10^{-7.24}$$
$$pCa=7.24$$

如此逐一计算滴定过程中各阶段溶液 pCa 的值,并将主要计算结果列入表 7-3 中;以 V_{EDTA} 为横坐标，以溶液的 pCa 为纵坐标，绘制配位滴定曲线，见图 7-2。

表 7-3 用 EDTA（0.01000mol/L）滴定 20.00mL Ca²⁺溶液（0.01000mol/L）的 pCa 值（25℃）

加入的 EDTA 体积/mL	剩余的 Ca²⁺/mL	滴定分数 α	[Ca²⁺]	pCa	
0.00	20.00	0.000	1.0×10^{-2}	2.00	
18.00	2.00	0.900	5.0×10^{-4}	3.30	
19.80	0.20	0.990	5.0×10^{-5}	4.30	
19.98	0.02	0.999	5.0×10^{-6}	5.30	突跃范围
20.00	0.00	1.000	5.4×10^{-7}	6.27	
	过量的 EDTA/mL		[EDTA]		
20.02	0.02	1.001	5.0×10^{-6}	7.24	
20.20	0.20	1.010	5.0×10^{-5}	8.24	

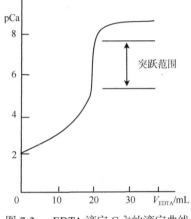

图 7-2　EDTA 滴定 Ca²⁺的滴定曲线

由表 7-3 和图 7-2 中可以看出，加入 EDTA 的体积 19.98～20.02mL，即在化学计量点前后±0.1%范围内，pCa 由 5.30 突然升至 7.24，改变了近 2 个单位，该配位滴定突跃范围为 5.30～7.24。

在配位滴定中，计算化学计量点的 pM$_{sp}$ 或 pM'$_{sp}$ 很重要，它是选择指示剂和计算终点误差的主要依据。根据条件稳定常数定义：

$$K'_{MY} = \frac{[MY']}{[M'][Y']}$$

由于配合物 MY 的副反应可忽略，在化学计量点时：[MY']=[MY]=$c_{M(sp)}$（$c_{M(sp)}$ 表示化学计量点时金属离子的分析浓度）、[M']=[Y']，将其代入条件稳定常数公式，则有

$$K'_{MY} = \frac{[MY']}{[M'][Y']} = \frac{c_{M(sp)}}{[M'_{sp}]^2}$$

$$[M']_{sp} = \sqrt{\frac{c_{M(sp)}}{K'_{MY}}} \tag{7-13}$$

$$pM' = \frac{1}{2}(pc_{M(sp)} + \lg K'_{MY}) \tag{7-14}$$

例 7-6　用 0.02000mol/L EDTA 溶液滴定相同浓度的 Cu²⁺，若溶液 pH 为 11，游离氨浓度为 0.20mol/L，计算化学计量点时的 pCu'。

解： 化学计量点时，$c_{Cu(sp)} = \frac{1}{2} \times (2.0 \times 10^{-2}) = 1.0 \times 10^{-2}$ mol/L

$$pc_{Cu(sp)} = 2.00$$

$$[NH_3]_{sp} = \frac{1}{2} \times 0.20 = 0.10 \text{mol/L}$$

pH=11 时　　$\lg \alpha_{Y(H)} = 0.07$；$\lg \alpha_{Cu(OH)} = 2.7$

$\alpha_{Cu(NH_3)} = 1 + \beta_1[NH_3] + \beta_2[NH_3]^2 + \beta_3[NH_3]^3 + \beta_4[NH_3]^4 + \beta_5[NH_3]^5$

$= 1 + 10^{4.131} \times 10^{-1} + 10^{7.98} \times 10^{-2} + 10^{10.02} \times 10^{-3} + 10^{13.32} \times 10^{-4} + 10^{12.86} \times 10^{-5} = 10^{9.32}$

$$\alpha_{Cu}=\alpha_{Cu(NH_3)}+\alpha_{Cu(OH)}-1=10^{9.32}+10^{2.7}-1\approx10^{9.32}$$

$$\lg\alpha_{Cu}=9.32$$

$$\lg K'_{CuY}=\lg K_{CuY}-\lg\alpha_{Y(H)}-\lg\alpha_{Cu}=18.70-0.07-9.32=9.31$$

$$pCu'=\frac{1}{2}(pc_{Cu(sp)}+\lg K'_{CuY})=\frac{1}{2}\times(2.00+9.31)=5.66$$

二、影响滴定突跃的因素

若被测金属离子浓度相同，用同一 EDTA 标准溶液滴定条件稳定常数 K'_{MY} 分别为 2、4、6、8、10、12、14 等时的不同金属离子，计算其相应的滴定曲线，如图 7-3 所示；若条件稳定常数 K'_{MY} 为某一定值时，用不同浓度的金属离子进行滴定，计算其相应的滴定曲线，如图 7-4 所示。

由图 7-3 和图 7-4 可知，影响配位滴定中 pM 突跃大小的主要因素是配合物的条件常数 K'_{MY} 和浓度 c_M：若 c_M 固定，K'_{MY} 越大，滴定突跃越大；若 K'_{MY} 固定，c_M 越大，滴定突跃也越大。

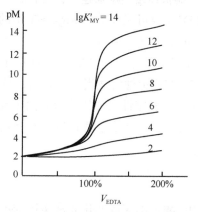
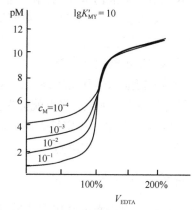

图 7-3　不同 K'_{MY} 时的滴定曲线　　　　图 7-4　EDTA 滴定不同浓度的金属离子的滴定曲线

在配位滴定分析中，突跃范围越大，表示该配位滴定反应越完全，对指示剂的选择也是越有利，因此，配位滴定中，也需要有一定的突跃范围。根据计算，若要求终点误差在 0.1%以内，必须满足 $\lg c_M K'_{MY}\geq6$，因此，通常将 $\lg c_M K'_{MY}\geq6$ 作为准确滴定的条件。

三、金属离子指示剂

在配位滴定中，利用一种能与金属离子反应生成有色配合物的显色剂来指示滴定终点，这种显色剂称为金属离子指示剂，简称金属指示剂。金属指示剂具备的特点如下：①一般是有机弱酸或有机弱碱，其存在形式与溶液的 pH 相关，并呈现出相应的颜色，因此溶液的 pH 应适当；②能与金属离子生成配合物（用 MIn 表示），且所生成配合物的颜色与指示剂本身的颜色有明显区别；③MIn 的稳定性适当，要求 $K'_{MY}/K'_{MIn}>10^2$；④金属离子与指示剂的显色反应必须灵敏、快速，并具有良好的变色可逆性。

（一）金属指示剂作用原理

在被测定的金属离子溶液中，加入金属指示剂，指示剂与被测金属离子进行配位反应，生成与指示剂自身颜色不同的配合物。

$$M + In \rightleftharpoons MIn$$
$$\quad 自身色 \qquad 配位色$$

滴定开始至化学计量点前,溶液一直为配合物 MIn 颜色。在近化学计量点时,游离的金属离子浓度非常低,再加入的 EDTA 进而夺取 MIn 中的 M,指示剂以游离形式存在,使溶液呈现指示剂自身的颜色。

$$MIn + Y \rightleftharpoons MY + In$$
$$配位色 \qquad\qquad 自身色$$

例如:pH=10 时,用 EDTA 滴定 Mg^{2+},以铬黑 T(EBT)为指示剂。已知 EBT 为蓝色、Mg-EBT 为红色。

滴定前,加入少量 EBT 指示剂于待测液中,此时溶液中存在大量游离的 Mg^{2+},EBT 与少量 Mg^{2+} 配位生成红色配合物,整个溶液显出其配位色红色;滴入 EDTA 后,溶液中游离的 Mg^{2+} 与 EDTA 配合,溶液仍呈红色;随着滴定的进行,游离 $[Mg^{2+}]$ 越来越小;当滴定至化学计量点附近时,游离 $[Mg^{2+}]$ 已降至很低,此时滴入少许 EDTA 就可以夺取出 Mg-EBT 中的 Mg^{2+},使 EBT 游离出来而呈蓝色,引起溶液的颜色突变,指示滴定终点到达。

由金属指示剂指示滴定终点过程可知,在滴定达计量点附近,必须要由 EDTA 夺取 MIn 中的金属离子后才能显示达到反应终点,这就要求 MIn 的稳定性要适当。一方面,MIn 要有足够的稳定性,若稳定性太低,终点就会提前出现;但 MIn 稳定性又要比该金属离子与 EDTA 配合物的稳定性小,若 MIn 稳定性太高,就会使终点拖后,甚至可能使 EDTA 不能置换出其中的金属离子,无法显示滴定终点。

(二)指示剂的封闭与僵化

在实际工作中,出现滴定至化学计量点附近时 MIn 颜色不变或变化非常缓慢的现象,前者称为指示剂的封闭,后者称为指示剂的僵化。

产生指示剂封闭的原因是指示剂与某些金属离子形成的配位化合物极其稳定,以至于加入过量的 EDTA 也不能将金属离子从 MIn 中夺取出来,溶液在化学计量点附近就没有颜色变化。例如以铬黑 T 为指示剂,用 EDTA 滴定 Ca^{2+}、Mg^{2+} 时,溶液中若有 Al^{3+}、Fe^{3+} 等干扰离子时,铬黑 T 便被封闭,不能指示终点。通常可采用适当的掩蔽剂加以消除,使干扰离子生成更稳定的配合物而不再与指示剂作用。例如 Al^{3+} 对铬黑 T 的封闭可用三乙醇胺加以消除。

产生指示剂僵化的原因是指示剂与某些金属离子形成的配位化合物在水中的溶解度太小,使得 EDTA 与 MIn 交换缓慢,终点拖长。一般采用加入有机溶剂或加热的方法使指示剂颜色变化敏锐。例如用 EDTA 滴定 Cu^{2+} 时,以 PAN 作指示剂时常产生指示剂僵化,通常加入乙醇或在加热下滴定。

(三)指示剂颜色转变点 pM_t 的计算

在配位滴定化学计量点附近,被测定的金属离子 pM 发生突跃,同时要求指示剂也应在其突跃范围内发生颜色改变,这时才能减少误差。这就要求指示剂变色时的 pM_{ep} 应尽量与化学计量点的 pM_{sp} 一致。化学计量点的 pM_{sp} 前面已讲述其计算方法,下面讲述指示剂 pM_{ep} 的计算方法。

金属指示剂（In）与金属离子（M）形成有色配合物（MIn）

$$M+In \Longrightarrow MIn$$

金属指示剂一般是弱酸或弱碱，在一定 pH 下 H⁺对指示剂会产生酸效应，其条件稳定常数表达式为

$$K'_{MIn} = \frac{[MIn]}{[M][In']} = \frac{K_{MIn}}{\alpha_{In(H)}}$$

$$pM + \lg\frac{[MIn]}{[In']} = \lg K_{MIn} - \lg\alpha_{In(H)} \qquad (7\text{-}15)$$

在[MIn]=[In′]时，溶液呈现混合色，此即指示剂的颜色转变点，此时金属离子浓度以 pM_{ep} 表示

$$pM_{ep} = \lg K_{MIn} - \lg\alpha_{In(H)} \qquad (7\text{-}16)$$

因此，只要知道金属-指示剂配合物的稳定常数 K_{MIn}，并求得某酸度下指示剂的酸效应系数 $\alpha_{In(H)}$，就可以求得终点时 pM_{ep}。

由式（7-16）可知，指示剂变色点的 pM_{ep} 是随着溶液 pH 的变化而变化，因此，金属离子指示剂不可能像酸碱指示剂那样，有一个确定的变色点。在选择指示剂时，必须考虑体系的酸度，使 pM_{ep} 与 pM_{sp} 尽量一致，至少应在滴定的突跃范围内。

（四）常用金属指示剂

金属指示剂大多是有机弱酸、弱碱，颜色随溶液 pH 而变化，而滴定时要求 MIn 的颜色应与指示剂自身的颜色有明显区别，因此滴定时必须控制适当的 pH 范围，才能使终点颜色变化明显。配位滴定中常用的指示剂有 EBT、XO、PAN 和 NN 等，各种指示剂均需在合适的 pH 范围内使用，下面分别介绍。

1. 铬黑 T（Eriochrome black T，EBT） 铬黑 T 在溶液中存在以下平衡：

$$H_2In^- \underset{\text{红色}}{\overset{pK_a=6.3}{\Longleftrightarrow}} \underset{\text{蓝色}}{HIn^{2-}} \overset{pK_a=11.6}{\Longleftrightarrow} \underset{\text{橙色}}{In^{3-}}$$

当 pH 小于 6.3 时显红色，pH 大于 11.6 时显橙色，pH 在 6.3～11.6 时显蓝色，铬黑 T 与金属配合物显红色。所以，铬黑 T 应在 pH 6.3～11.6 范围内使用。在 pH 为 10 的缓冲溶液中，用 EDTA 滴定 Mg^{2+}、Zn^{2+}、Cd^{2+}、Pb^{2+}、Mn^{2+}、稀土等离子时，EBT 是良好的指示剂，但 Al^{3+}、Fe^{3+}、Cu^{2+}、Co^{2+}、Ni^{2+}对 EBT 有封闭作用。

铬黑 T 水溶液不稳定，在水溶液中只能保存几天，其原因是发生了聚合作用或氧化反应。固体铬黑 T 较稳定，常用 NaCl 固体与 EBT 研磨保存。

2. 二甲酚橙（xylenol orange，XO） 二甲酚橙在水溶液中存在以下平衡：

$$H_3In^{4-} \underset{\text{黄色}}{\overset{pK_a=6.3}{\Longleftrightarrow}} H^+ + \underset{\text{红色}}{H_2In^{5-}}$$

二甲酚橙与金属离子的配合物均为红紫色，因此二甲酚橙只适合在 pH<6 的酸性溶液中使用。二甲酚橙可用于很多金属离子的滴定，如 ZrO^{2+}、Bi^{3+}、Th^{4+}、Hg^{2+}、Zn^{2+}、Cd^{2+}、Pb^{2+}、稀土等，终点由红紫色变为亮黄色。Fe^{3+}、Al^{3+}、Cu^{2+}、Co^{2+}、Ni^{2+}对二甲酚橙有封闭作用。二甲酚橙比较稳定，可在水溶液中保存。

3. PAN PAN 在 pH 1.9～12.2 均呈黄色，而它与金属离子的配合物显红色，所以 PAN 的使用范围为 pH 1.9～12.2。使用 PAN 指示剂可以滴定多种离子：Cu^{2+}、Ni^{2+}、Bi^{3+}、Th^{4+}、Hg^{2+}、Zn^{2+}、Cd^{2+}、Pb^{2+}、Sn^{2+}、In^{3+}、Fe^{2+}、Mn^{2+} 及稀土等。但其螯合物不易溶于水，为此常加入乙醇或在加热下滴定。

4. 钙指示剂 钙指示剂（calconcarboxylic acid，NN）在 pH 12～13 呈蓝色，而它与 Ca^{2+} 的配合物显红色，所以 NN 的使用范围 pH 12～13，主要用于钙离子的测定。钙指示剂的水溶液或乙醇溶液均不稳定，一般配成固体试剂使用。

常用的指示剂应用范围、封闭离子和掩蔽剂选择情况如表 7-4 所示。

表 7-4 常用金属指示剂

指示剂	pH 范围	颜色变化		直接滴定离子	封闭离子	配制
		In	MIn			
EBT	7～10	蓝	红	Mg^{2+}、Zn^{2+}、Cd^{2+}、Pb^{2+}、Mn^{2+}、稀土	Al^{3+}、Fe^{3+}、Cu^{2+}、Co^{2+}、Ni^{2+}	1∶100 NaCl（固体）
XO	<6	黄	红	ZrO^{2+}、Bi^{3+}、Th^{4+}、Hg^{2+}、Zn^{2+}、Cd^{2+}、Pb^{2+}、稀土	Fe^{3+}、Al^{3+}、Cu^{2+}、Co^{2+}、Ni^{2+}	0.5%水溶液
PAN	2～12	黄	红	pH 2～3 Bi^{3+}、Th^{4+} pH 4～5 Cu^{2+}、Ni^{2+}		0.1%乙醇溶液
NN	12～13	蓝	红	Ca^{2+}	Fe^{3+}、Al^{3+}、Cu^{2+}、Co^{2+}、Ni^{2+}	1∶100 NaCl（固体）

四、滴定终点误差

配位滴定终点误差也是由滴定终点（ep）与化学计量点（sp）不一致所引起，简写为 TE，终点误差计算式为

$$TE\% = \frac{[Y']_{ep} - [M']_{ep}}{c_{SP}^{M}} \times 100\% \tag{7-17}$$

设终点与化学计量点的 pM′ 值之差为 ΔpM′。则

$$\Delta pM' = pM'_{ep} - pM'_{sp} = \lg \frac{[M']_{sp}}{[M']_{ep}}$$

$$-\Delta pM' = \lg \frac{[M']_{ep}}{[M']_{sp}}, \quad \frac{[M']_{ep}}{[M']_{sp}} = 10^{-\Delta pM'}$$

$$\therefore \ [M']_{ep} = [M']_{sp} \times 10^{-\Delta pM'}$$

同样可导出 $[Y']_{ep} = [Y']_{sp} \times 10^{-\Delta pY'}$，则

$$TE\% = \frac{[Y']_{sp} \times 10^{-\Delta pY'} - [M']_{sp} \times 10^{-\Delta pM'}}{c_{SP}^{M}} \times 100\% \tag{7-18}$$

由配合物条件稳定常数可知：

在化学计量点时，$K'_{MY} = \dfrac{[MY]_{sp}}{[M']_{sp}[Y']_{sp}}$，$pM'_{sp} + pY'_{sp} = \lg K'_{MY} - \lg[MY]_{sp}$

在终点时，$K'_{MY} = \dfrac{[MY]_{ep}}{[M']_{ep}[Y']_{ep}}$，$pM'_{ep} + pY'_{ep} = \lg K'_{MY} - \lg[MY]_{ep}$

若终点接近化学计量点时，$[MY]_{ep} \approx [MY]_{sp}$。将上面两式相减，得

$$\Delta pM' + \Delta pY' = 0 \quad \Delta pM' = -\Delta pY'$$

在化学计量点时，$[M']_{sp} = [Y']_{sp} = \sqrt{\dfrac{[MY]_{sp}}{K'_{MY}}} = \sqrt{\dfrac{c_{SP}^{M}}{K'_{MY}}}$，得

$$
TE\% = \frac{\sqrt{\dfrac{c_{SP}^{M}}{K'_{MY}}} \times 10^{\Delta pM'} - \sqrt{\dfrac{c_{SP}^{M}}{K'_{MY}}} \times 10^{-\Delta pM'}}{c_{SP}^{M}} \times 100\% \tag{7-19}
$$

$$
= \frac{10^{\Delta pM'} - 10^{-\Delta pM'}}{\sqrt{c_{SP}^{M} K'_{MY}}} \times 100\%
$$

上式就是配位滴定中的林邦（Ringbom）误差公式。由此公式可知，滴定终点误差与三个因素有关：金属配合物的条件稳定常数、终点与化学计量点 pM 的差值 $\Delta pM'$ 和金属离子的浓度。金属配合物的条件稳定常数和金属离子浓度越大，滴定误差越小，$\Delta pM'$ 越大，误差越大。

在配位滴定中，通常采用指示剂指示终点，化学计量点与指示剂的变色点难以完全一致，再加上由于人眼判断颜色的局限性，$\Delta pM'$ 仍可能有 $\pm 0.2 \sim \pm 0.5$ 的误差。假设用等浓度的 EDTA 滴定初始浓度为 c 的金属离子 M，$\Delta pM' = \pm 0.2$，若要求终点终差 $\leqslant 0.1\%$ 时，可由林邦误差公式计算出这时 $\lg cK' \geqslant 6$。

上面计算结果说明，当终点与化学计量点的 $\Delta pM'$ 相差 0.2 单位时，若要求终点误差在 0.1% 以内，必须满足 $\lg cK' \geqslant 6$。这就是前面所讲的将 $\lg cK' \geqslant 6$ 作为能准确滴定的条件的原因，一般 c_M 在 0.01mol/L 左右，所以条件稳定常数 K'_{MY} 必须大于 10^8，才能用配位滴定分析金属离子。

第 3 节　滴定条件的选择

在实际的滴定体系中，溶液的组成比较复杂，如可能存在控制溶液酸碱度的缓冲溶液、除了被测离子外的其他金属离子、各种掩蔽剂、H^+、OH^- 等。这些物质都可能引起滴定过程中的副反应，如酸效应、共存离子效应、配位效应等，从而影响滴定准确度。因此，选择适宜的滴定条件，是滴定过程中克服干扰、提高准确度的重要方面。本节主要讨论滴定体系酸度和掩蔽剂对配位滴定准确性的影响。

一、酸度的选择

（一）滴定体系的最高酸度和最低酸度

假设配位滴定中除了 EDTA 的酸效应外，没有其他的副反应，且滴定的是单一金属离子 M。在此滴定体系中条件稳定 $\lg K'_{MY} = \lg K_{MY} - \lg \alpha_{Y(H)}$，又由前面讨论的配位滴定法准确滴定的条件 $\lg cK' \geqslant 6$ 可知，若 $c_M = 0.01 mol/L$ 时，要求 $K'_{MY} \geqslant 8$。由于 K_{MY} 是一常数，K'_{MY} 大小仅由溶液中的酸度决定，酸度越高，$\alpha_{Y(H)}$ 越大，K'_{MY} 越小。即

$$\lg K'_{MY} = \lg K_{MY} - \lg \alpha_{Y(H)} \geqslant 8$$

$$\lg \alpha_{Y(H)} \leqslant \lg K_{MY} - 8 \qquad (7\text{-}20)$$

在滴定某种金属离子时，只要知道该金属离子与 EDTA 配合物的稳定常数 $\lg K_{MY}$，就可由上式求出 $\lg \alpha_{Y(H)}$，再从表 7-2 查得该值对应的 pH，即为滴定该离子的"最高酸度"。

从上面分析可知，从酸效应影响因素来看，酸度较低，酸效应影响减小，K'_{MY} 越大，越有利于配位滴定反应。但酸度太低，金属离子会水解并产生沉淀，即产生羟基配位效应，从而也会影响滴定的准确度。因此，配位滴定还有一个"最低酸度"，低于此酸度时，金属离子水解形成羟基配合物甚至析出沉淀 $M(OH)_n$。由于 $K_{sp}=[M][OH]^n$，则可通过下式计算求出最低酸度：

$$[OH] = \sqrt[n]{K_{sp}/[M]}$$

$$pH = 14 - pOH$$

例 7-7 计算用 EDTA(0.02mol/L)滴定同浓度的 Fe^{3+} 溶液，求滴定的酸度范围（最高酸度和最低酸度）。

解： 查表 7-1，$\lg K_{FeY} = 25.00$

$$\lg \alpha_{Y(H)} = \lg K_{FeY} - 8 = 25.00 - 8 = 17.00$$

查表 7-2，$\lg \alpha_{Y(H)}$ 所对应的 pH 约为 1.2。故最高酸度应控制在 pH=1.2。

而按 $Fe(OH)_3$ 开始沉淀的 pH 计算

$$[OH^-] = \sqrt[3]{2.8 \times 10^{-39}/2 \times 10^{-2}} = 10^{-12.3}$$

$$pH = 14 - 12.3 = 1.7$$

所以，酸度范围是 1.2＜pH＜1.7。

（二）配位滴定中缓冲溶液的选择

以 EDTA 二钠盐标准溶液为滴定剂进行的配位滴定中，发生了反应：$M + H_2Y^{2-} \rightleftharpoons MY + 2H^+$，即随着配位滴定的进行，不断有 H^+ 释放，溶液酸度增大，引起酸效应，影响主反应的进程；同时，配位滴定所用指示剂的变色点也随溶液 pH 而变化，导致较大误差。因此，在配位滴定中需用适当的缓冲溶液来控制溶液的 pH。

一般来说，在 pH 4～6 时常用乙酸-乙酸盐缓冲溶液；在 pH 9～11 时常用氨-氯化铵缓冲溶液；其他常用的缓冲溶液组成及其 pH 范围可见第 5 章。加入缓冲溶液时，还需考虑缓冲溶液是否会增加金属离子或 EDTA 的副反应，并据此选择合适的缓冲溶液。

（三）控制酸度提高选择性

如果溶液中同时存在两种或两种以上离子时，若它们与 EDTA 配合物的稳定常数差别足够大[$\Delta \lg cK \geqslant 5$，详见式（7-21）]，则可通过控制溶液酸度在合适范围内，使得只有待测离子可形成稳定的配合物，其他干扰离子则不能形成稳定的配合物，不干扰测定。

二、掩蔽剂的选择

EDTA 能与多种金属离子生成稳定的配合物。而被测样品中，除被测定的金属离子 M 外，还存在其他金属离子 N 时，由于 N 与 Y 发生副反应，降低了条件稳定常数 K'_{MY}，给测定带来误差；另外，共存离子 N 可能与指示剂产生封闭作用，导致滴定终点无法到达。因此，待测液中若有共存离子，则必须消除其对待测离子测定的干扰。若在被测溶液中加入一种试剂，使它与 N 反应，则溶液中的 N 浓度会降低，N 对 M 测定的干扰减小以至消除，这种方法叫作掩蔽法。

共存离子 N 能否干扰待测离子 M 的测定，取决于 $\lg K'_{MY}$ 与 $\lg K'_{NY}$ 之比。混合离子中选择滴定的允许误差 $\leqslant 0.3\%$，当 $\Delta pM' = \pm 0.2$，根据林邦误差公式可推出，在 N 离子存在下，准确滴定 M 离子的条件是

$$\Delta \lg cK = \lg c_M K_{MY} - \lg c_N K_{NY} \geqslant 5 \tag{7-21}$$

因此，降低干扰离子对滴定的影响主要是降低干扰离子的游离浓度。若被测离子与干扰离子的 $\Delta \lg cK$ 相差足够大（$\Delta \lg cK \geqslant 5$），则可通过控制溶液酸度方法来消除干扰离子；但当溶液中干扰离子的浓度及稳定常数较大（$\Delta \lg cK < 5$）时，这时可采用掩蔽法来消除干扰离子的影响。按掩蔽的反应机制不同，可分为配位掩蔽法、沉淀掩蔽法、氧化还原掩蔽法。

（一）配位掩蔽法

当溶液中存在干扰离子 N 时，向溶液中加入配位掩蔽剂 L，使 N 与 L 形成稳定的配合物，以降低溶液中 N 的游离浓度，从而消除 N 对滴定的影响。配位滴定中常见的掩蔽剂见表 7-5。

表 7-5 常用的配位掩蔽剂及使用范围

名称	使用 pH 范围	被掩蔽的离子	备注
KCN	>8	Zn^{2+}、Cu^{2+}、Co^{2+}、Ni^{2+}、Hg^{2+}、Ti^{2+}、Fe^{3+}、Fe^{2+} 及铂族元素	剧毒，须在碱性溶液中使用
NH₄F	4～6	Al^{3+}、Ti^{4+}、Sn^{4+}、Zr^{4+}、Fe^{3+} 等	用 NH₄F 比 NaF 好，因 NH₄F 加入 pH 变化不大
	10	Al^{3+}、Mg^{2+}、Ca^{2+}、Sr^{2+}、Ba^{2+} 及稀土元素	
三乙醇胺（TEA）	10	Al^{3+}、Ti^{4+}、Sn^{4+}、Fe^{3+}	
	11～12	Fe^{3+}、Al^{3+} 及少量 Mn^{2+}	
酒石酸	1.5～2	Sb^{2+}、Sn^{4+}、Fe^{3+}	在抗坏血酸存在下
	2	Sn^{4+}、Fe^{3+}、Mn^{2+}	
	5.5	Fe^{3+}、Al^{3+}、Sn^{4+}、Ca^{2+}	
	6～7.5	Mg^{2+}、Cu^{2+}、Fe^{3+}、Al^{3+}、Mo^{4+}、Sb^{2+}	
	10	Al^{3+}、Sn^{4+}	

（二）氧化还原掩蔽法

当某种价态的共存离子对滴定有干扰时，加入一种氧化剂或还原剂，与干扰离子发生氧化或还原反应，以消除它对主反应的干扰，称为氧化还原掩蔽法。例如 $\lg K_{Fe(III)Y} = 25.0$、$\lg K_{Fe(II)Y} = 14.3$，根据这个特性，在 Fe^{3+} 与一些 $\lg K$ 值相近的离子如 ZrO^{2+}、Bi^{3+}、Hg^{2+} 等共存时，滴定时要消除 Fe^{3+} 的干扰，可先把 Fe^{3+} 还原为 Fe^{2+}，增大 $\Delta \lg K$ 值，从而达到选择滴定上述离子的目的。如锆铁中锆的测定：锆（ZrO^{2+}）和铁（Fe^{3+}）与 EDTA 配合物的稳定常数 $\lg K_{ZrOY}$、$\lg K_{Fe(III)Y}$ 分别为 29.4 和 25.0，$\Delta \lg K$ 值不够大，Fe^{3+} 会干扰 ZrO^{2+} 的滴定，当加入抗坏血酸或盐酸羟氨将 Fe^{3+} 还原为 Fe^{2+}，由于 Fe^{2+} 与 EDTA 配合物的稳定常数 $\lg K_{Fe(II)Y}$ 只有 14.3，比 $\lg K_{Fe(III)Y}$ 小得多，因而不干扰 ZrO^{2+} 的滴定。

（三）沉淀掩蔽法

加入沉淀剂，使干扰离子生成沉淀而降低其浓度的方法。例如，用 EDTA 滴定含有 Ca^{2+}、Mg^{2+}溶液时，由于$\lg K_{CaY}=10.7$、$\lg K_{MgY}=8.8$，两者的 $\Delta\lg K$ 相差较小，但 $Ca(OH)_2$、$Mg(OH)_2$ 的溶度积分别为 $10^{-5.3}$、$10^{-11.3}$，相差较大，所以可在 pH≥12 的情况下滴定 Ca^{2+}，而 Mg^{2+}则生成 $Mg(OH)_2$ 沉淀不会干扰 Ca^{2+}的测定。

第4节 应用与示例

一、标准溶液的配制与标定

（一）EDTA 标准溶液

EDTA 在水中溶解度小，常用 EDTA 二钠盐配制标准溶液。EDTA 二钠盐（含 2 个结晶水）摩尔质量为 372.26，在室温下溶解度为每 100mL 水中 11.1g。

（1）EDTA 标准溶液（0.05mol/L）的配制：取 EDTA 二钠盐 19g，加水使溶解成 1000mL，摇匀，储藏于硬质玻璃瓶或聚乙烯瓶中，待标定。

（2）EDTA 标准溶液（0.05mol/L）的标定：标定 EDTA 常用的基准物有 ZnO 或单质 Zn。取 800℃灼烧至恒重的基准氧化锌约 0.1g，精密称定，加稀盐酸 3mL 使溶解，加水 25mL，加甲基红指示剂 1 滴，滴加氨试液至溶液显微黄色，加水 25mL 与 NH_3-NH_4Cl 缓冲液（pH 10.0）10mL，铬黑 T 指示剂适量，用待标定 EDTA 液滴定至溶液由紫色变为纯蓝色，即为终点，计算，即得。

（二）锌标准溶液

1. 锌标准溶液（0.05mol/L）**的配制**

方法一 取分析纯 $ZnSO_4 \cdot 7H_2O$ 约 15g，加稀盐酸 10mL 与适量蒸馏水，稀释到 1L，摇匀，即得。

方法二 精密称取纯锌粒约 3.3g，加盐酸 10mL 及适量蒸馏水使溶解，转移至 1L 容量瓶中，加水至刻度，摇匀，即得。用该法可直接配制准确浓度的锌标准溶液。

2. 锌标准溶液的标定 精密量取方法一中待标定溶液 25mL，加甲基红指示剂 1 滴，滴加氨试液至溶液显微黄色，加水 25mL、氨-氯化铵缓冲液（pH 10.0）10mL 与铬黑 T 指示剂适量，用 EDTA 标准溶液滴定至溶液由紫红色变为纯蓝色，即为终点，计算，即得。

二、滴定方式

（一）直接滴定法

直接滴定法是配位滴定法最常用的方法，只要金属离子与 EDTA 的配位反应能满足滴定分析的要求，就可以直接进行滴定。直接滴定法的优点是方便快速，引入的误差较少。

例如：水的硬度分析要求测定 Ca^{2+}、Mg^{2+}含量，其分析方法首选直接配位滴定法。通常是先用 NH_3-NH_4Cl 缓冲溶液调节水的 pH 约为 10，以铬黑 T 为指示剂，用 EDTA 滴定，测得

Ca^{2+}、Mg^{2+}的总量；另取同量水样，调节 pH>12，此时 $Mg(OH)_2$ 沉淀出来，选用钙指示剂，用 EDTA 滴定，测得 Ca^{2+} 的量，前后两次测定之差即为 Mg^{2+} 含量。

（二）返滴定法

若待测金属离子与滴定剂的配合反应进行很慢（如 Al^{3+} 等）或者待测物质找不到合适的指示剂等情况下，不适合用直接滴定法测定，可选用返滴定法测定。返滴定法是在待测溶液中先加入过量的 EDTA，使待测离子完全反应，然后用其他金属离子标准溶液回滴过量的 EDTA，根据两种标准溶液的浓度和用量，即可求得被测物质的含量。

例如，测定 Al^{3+}：Al^{3+} 与 EDTA 配位反应很慢且 Al^{3+} 能封闭二甲酚橙及铬黑 T 指示剂，因此采用返滴定法进行测定。先加入 pH 6 的缓冲液和定量过量的 EDTA 标准溶液于供试液中，煮沸，待其反应完全后，加入二甲酚橙指示剂，用标准锌溶液滴定过量的 EDTA，溶液由黄色转变为红色，即为终点。

（三）置换滴定法

置换滴定是利用置换反应，置换出等物质量的另一金属离子，或置换出与被测金属离子等量的 EDTA，然后滴定。以下两种情况常用置换滴定法测定。

（1）被测离子 M 与 EDTA 反应不完全或所形成的配合物不稳定时，可让 M 置换出另一配合物（NL）中等量的 N，用 EDTA 滴定 N，即可求得 M 的量；

（2）若被测定离子 M 与干扰离子均可与 EDTA 配位完全，加入另一种选择性更高的配体 L，以夺取 MY 中的 M，并释放出 EDTA，用另一金属标准溶液滴定释放出的 EDTA，即可求得 M 的量。

例如，试样中含有 Sn^{4+}、Pb^{2+}、Zn^{2+}、Cd^{2+}、Ba^{2+} 等物质，现需测定 Sn^{4+} 的量，可于供试液中加入过量的 EDTA，试样中离子均与 EDTA 形成配合物，过量的 EDTA 用锌标准液返滴定。再加入 NH_4F 使 SnY 转变成更稳定的 SnF_6^{2-}，释放出的 EDTA 再用锌标准溶液滴定，即可求得 Sn^{4+} 的含量。

三、示例

（一）水的硬度测定

水中硬度是表示水中所含有钙、镁、铁、铝、锌等离子的量的多少，通常以 Ca^{2+}、Mg^{2+} 含量计算，一般来说，测定 Ca^{2+}、Mg^{2+} 总量称为总硬度，仅测定 Ca^{2+} 的量称为钙硬度。测定时可先在 pH 10 时，用 EDTA 滴定钙镁的总量，再在 pH 12 时滴定钙的含量，其检测方法如下。

水的 Ca^{2+}、Mg^{2+} 总量的测定：精密量取 100mL 水样品溶液，置于锥形瓶中，加入 5mL 氨-氯化铵缓冲溶液（pH 10），加入铬黑 T 指示剂少许，然后用 0.01mol/L EDTA 标准溶液滴定至溶液由紫红色变为纯蓝色。

水中 Ca^{2+} 量的测定：精密吸取 100mL 水样品溶液，置于锥形瓶中，加入 1mL 1mol/L NaOH 溶液和约 10mg 钙指示剂，然后用 0.01mol/L EDTA 标准溶液滴定至溶液由酒红色变为纯蓝色。

各国对水的硬度表示不同，我国目前最常用的表示方法，是以每升水中含钙镁离子总量折算成氧化钙的毫克数表示，即以度"°"计，1 硬度单位表示十万份水中含 1 份 CaO，1°=10ppm

CaO（1 ppm=1.0×10^{-6}）。

$$硬度 = \frac{c_{EDTA} V_{EDTA} M_{CaO}}{V_{水} \times 1000} \times 10^5$$

（二）药品的含量测定

含有金属离子的药品可用配位滴定法进行含量测定。如葡萄糖酸钙、乳酸钙、氢氧化铝、硫酸镁、紫石英（主要含 CaF_2）、炉甘石（主要含 $ZnCO_3$）、白矾（主要含 $KAl(SO_4)_2 \cdot 12H_2O$）等药物，均可采用配位滴定法。

例 7-8 葡萄糖酸钙的含量测定 取本品 0.5g，精密称定，加水 100mL，微温使溶解，加氢氧化钠试液 15mL 与钙紫红素指示剂 0.1g，用 EDTA 滴定液（0.05mol/L）滴定至溶液自紫红色转变为纯蓝色。每毫升 EDTA 滴定液（0.05mol/L）相当于 22.42mg 的 $C_{12}H_{22}CaO_{14} \cdot H_2O$。

例 7-9 硫酸镁的含量测定 取本品约 0.25g，精密称定，加水 30mL 溶解后，加氨-氯化铵缓冲液（pH 10.0）10mL 与铬黑 T 指示剂少许，用 EDTA 滴定液（0.05mol/L）滴定至溶液由紫红色转变为纯蓝色。每毫升 EDTA 滴定液（0.05mol/L）相当于 6.018mg 的 $MgSO_4$。

例 7-10 炉甘石中锌含量测定 取本品粉末约 0.1g，在 105℃干燥 1h，精密称定，置锥形瓶中，加稀盐酸 10mL，振摇使锌盐溶解，加浓氨试液与氨-氯化铵缓冲液（pH 10.0）各 10mL，摇匀，加磷酸氢二钠试液 10mL，振摇，过滤。锥形瓶与残渣用氨-氯化铵缓冲液（pH 10.0）1份与水 4 份的混合液洗涤 3 次，每次 10mL，合并洗液与滤液，加 30%三乙醇胺溶液 15mL 与铬黑 T 指示剂少量，用 EDTA 滴定液（0.05mol/L）滴定至溶液由紫红色变为纯蓝色。每毫升 EDTA 滴定液（0.05mol/L）相当于 4.069mg 的氧化锌（ZnO）。

例 7-11 白矾的含量测定 取本品约 0.3g，精密称定，加水 20mL 溶解后，加乙酸-乙酸铵缓冲液（pH 6.0）20mL，精密加 EDTA 滴定液（0.05mol/L）25mL，煮沸 3～5min，放冷，加二甲酚橙指示液 1mL，用锌滴定液（0.05mol/L）滴定至溶液由黄色转变为红色，并将滴定的结果用空白试验校正。每毫升的 EDTA 滴定液（0.05mol/L）相当于 23.72mg 的含水硫酸铝钾（$KAl(SO_4)_2 \cdot 12H_2O$）。

思考与练习

1. EDTA 与金属离子形成的配合物有哪些特点？
2. 配合物的稳定常数与条件稳定常数有什么不同？条件稳定常数如何计算？
3. 配位反应中副反应种类主要有哪些？各种副反应分别受什么因素影响，其计算公式是什么？
4. 影响配位滴定突跃范围的因素有哪些？
5. 简述金属指示剂指示原理、选择金属指示剂的依据、指示剂的封闭与僵化现象及其滴定中如何克服。
6. 常用的金属指示剂有哪些？试述其使用范围。
7. 配位滴定中常用的掩蔽方法有哪些？各适用于哪些情况？
8. 取硫酸镁 0.2526g，加水 30mL 溶解后，加氨-氯化铵缓冲液（pH 10.0）10mL 与铬黑 T 指示剂适量，用 0.05048mol/L EDTA 滴定液滴定至溶液由紫红色转变为纯蓝色。消耗 EDTA 滴定液 41.54mL，求硫酸镁的质量分数。　　　　　　　　　　　　　　　　　　　　　　　　　　　　　　　　（99.92%）

9. 在 pH=10 的氨水溶液中，用 0.02000mol/L EDTA 标准溶液滴定 0.02mol/L Cu^{2+}，已知 $[NH_3]=0.02mol/L$，试计算化学计量点时 lgK'_{CuY}。　　　　　　　　　　　　　　　　　　　　　　　（12.75）

10. 用 0.01000mol/L EDTA 滴定 20.00mL 同浓度的金属离子 M。已知在某条件下反应完全，在加入 19.98mL 至 20.02mL EDTA 时，pM'值改变 3 个单位，计算 K'_{MY}。　　　　　　　　　　　　　（$10^{11.30}$）

11. 用 0.01000mol/L EDTA 滴定浓度均为 0.01mol/L 的 Pb^{2+}、Ca^{2+} 混合液中的 Pb^{2+}，如何通过控制酸度的方法进行选择滴定？　　　　　　　　　　　　　　　　　　　　　　　　　　　（pH=3.3～7.6）

12. 用 0.02000mol/L EDTA 溶液滴定相同浓度的 Zn^{2+}，若溶液 pH 为 11，游离氨浓度为 0.20mol/L，计算化学计量点时的 pZn'。　　　　　　　　　　　　　　　　　　　　　　　　　　　　　（6.32）

课 程 人 文

一、配位滴定

配位：原子或原子团被中心原子所吸引。

"德不配位，必有灾殃；德薄而位尊，智小而谋大，力小而任重，鲜不及矣。"（《周易·系辞下》）

二、条件稳定常数

条件：事物存在、发展的影响因素。

配合物的稳定常数是在无干扰条件下的理想常数，其大小完全取决于金属离子的性质，即内因。而条件稳定常数是在复杂条件干扰下的实际常数，即外因。实践中，要控制好条件，否则再好的理想，也可能变成空想。

第 8 章

氧化还原滴定法

氧化还原滴定法（oxidation-reduction titration）是以氧化还原反应为基础的滴定分析法。氧化还原反应的本质是氧化剂与还原剂之间的电子转移，一般来说，其反应机理比较复杂，反应分多步完成，常伴有副反应。因此，在氧化还原滴定中应严格控制实验条件，才能保证反应按确定的化学反应方程式定量、快速进行。

氧化还原滴定法通常按使用的滴定剂名称命名。目前，常用的氧化还原滴定分析方法有碘量法、铈量法、高锰酸钾法、重铬酸钾法、溴量法、亚硝酸钠法等。氧化还原滴定法在滴定分析中应用比较广泛，能直接或间接测定很多无机或有机药物的含量。

第 1 节　氧化还原平衡

一、电极电位

电极电位是电极与溶液接触处存在的双电层产生的电势差。物质的氧化还原性质可以用有关电对的电极电位来表征，电对的电极电位越高，氧化型的氧化能力越强；电对的电极电位越低，还原型的还原能力越强。氧化还原反应自发进行的方向，总是由高电位电对的氧化型氧化低电位电对的还原型，生成相应的还原型和氧化型物质。氧化还原反应达平衡时，参与反应的两电对的电极电位趋于相等。由此可见，相应电对的电极电位在氧化还原反应中起着重要的作用。

电对是由物质的氧化型和还原型构成的整体，如 Fe^{3+}/Fe^{2+}，Cu^{2+}/Cu，$Cr_2O_7^{2-}/Cr^{3+}$ 等。对于一个氧化还原电对的半电池反应可表达为

$$Ox+ne \rightleftharpoons Red$$

上述反应中 Ox 代表氧化型，Red 代表还原型，n 为转移的电子数。此时，电对可表达为 Ox/Red。其相应电极电位的大小可通过能斯特（Nernst）方程式计算：

$$\varphi_{Ox/Red} = \varphi_{Ox/Red}^{\ominus} + \frac{2.303RT}{nF}\lg\frac{a_{Ox}}{a_{Red}} \tag{8-1}$$

$$\varphi_{Ox/Red} = \varphi_{Ox/Red}^{\ominus} + \frac{0.059}{n}\lg\frac{a_{Ox}}{a_{Red}} \quad (25℃) \tag{8-2}$$

式中，$\varphi_{Ox/Red}^{\ominus}$ 为标准电极电位，它是温度为 25℃，相关离子的活度均为 1mol/L，气体分压为 $p^{\ominus}$（101kPa）时，测出的相对于标准氢电极的电极电位（规定标准氢电极电位为零）；R 为普适气体常数（8.314J/(K·mol)）；T 为热力学温度（K）；F 为法拉第常数（96487C/mol）；a_{Ox}/a_{Red} 为氧化型活度和还原型活度之比。

在应用 Nernst 方程时要注意以下几点：

（1）对于纯金属、纯固体或液体的活度为 1，如：Zn^{2+}/Zn 电对的电极电位计算式为

$$Zn^{2+} + 2e \Longleftrightarrow Zn$$

$$\varphi_{Zn^{2+}/Zn} = \varphi_{Zn^{2+}/Zn}^{\ominus} + \frac{0.059}{n} \lg a_{Zn^{2+}} \quad (25℃)$$

（2）若电极反应中有气体参加，则气体用分压表示，将分压值与标准压力 $p^{\ominus}$（101 kPa）的比值代入 Nernst 方程计算。

（3）若半电池反应中除了氧化型和还原型外，还有其他组分参加，这些组分的活度也要包括到 Nernst 方程中。a_{Ox} 是代表参加电极反应的氧化型一方所有物质相对浓度幂的乘积；a_{Red} 代表参加电极反应的还原型一方所有物质相对浓度幂的乘积。如 AgCl/Ag 电对，有半反应如下：

$$AgCl + e \Longleftrightarrow Ag + Cl^-$$

$$\varphi_{AgCl/Ag} = \varphi_{AgCl/Ag}^{\ominus} + 0.059 \lg \frac{1}{a_{Cl^-}} \quad (25℃)$$

氧化还原电对可分为可逆电对与不可逆电对两大类。在氧化还原反应的任一瞬间，可逆电对（如 Fe^{3+}/Fe^{2+}、I_2/I^-、Ce^{4+}/Ce^{3+} 等）都能迅速地建立起氧化还原平衡，其电极电位符合 Nernst 方程计算出来的理论值；不可逆电对（如 $Cr_2O_7^{2-}/Cr^{3+}$、$S_4O_6^{2-}/S_2O_3^{2-}$、MnO_4^-/Mn^{2+} 等）则不能在氧化还原反应的任一瞬间立即建立起符合 Nernst 方程的平衡，实际电极电位与理论计算出的电位相差较大，用 Nernst 方程计算出来的理论电极电位只用于初步判断。

二、条件电极电位

（一）条件电极电位

式（8-2）Nernst 方程式计算相关电对的电极电位时，对氧化型及还原型是用活度来讨论的，但实际工作中，用活度分析问题不方便，容易得到的是反应物和生成物的分析浓度。活度是指电解质溶液中离子实际发挥作用的浓度，当溶液的浓度较大，离子强度较大时，若用浓度代替活度，所得结果将偏离实际情况较远。活度与平衡浓度的关系为 $a_A = [A] \cdot \gamma_A$，其中 a_A 是指物质 A 的活度；γ_A 是指活度系数，活度系数受到离子自身所带的电荷数及溶液中离子强度的影响。又由于溶液中物质可能参与各种副反应，分析浓度与平衡浓度的关系为 $[A] = \dfrac{c_A}{\alpha_A}$，其中 α_A 是指副反应系数，因此，在氧化还原反应中：

$$a_{Ox} = [Ox] \cdot \gamma_{Ox} \qquad a_{Red} = [Red] \cdot \gamma_{Red}$$

$$[Ox] = \frac{c_{Ox}}{\alpha_{Ox}} \qquad\qquad [Red] = \frac{c_{Red}}{\alpha_{Red}}$$

所以

$$a_{Ox} = \frac{c_{Ox}\gamma_{Ox}}{\alpha_{Ox}} \qquad a_{Red} = \frac{c_{Red}\gamma_{Red}}{\alpha_{Red}}$$

代入式（8-2）得

$$\varphi_{Ox/Red} = \varphi_{Ox/Red}^{\ominus} + \frac{0.059}{n} \lg \frac{c_{Ox} \cdot \gamma_{Ox} \cdot \alpha_{Red}}{\alpha_{Ox} \cdot c_{Red} \cdot \gamma_{Red}} = \varphi_{Ox/Red}^{\ominus} + \frac{0.059}{n} \lg \frac{\gamma_{Ox} \cdot a_{Red}}{\gamma_{Red} \cdot a_{Ox}} + \frac{0.059}{n} \lg \frac{c_{Ox}}{c_{Red}} \quad （8-3）$$

当 $c_{Ox} = c_{Red} = 1 mol/L$（或其比值为 1）时，式（8-3）可写为

$$\varphi_{Ox/Red} = \varphi_{Ox/Red}^{\ominus} + \frac{0.059}{n}\lg\frac{\gamma_{Ox}\cdot\alpha_{Red}}{\gamma_{Red}\cdot\alpha_{Ox}} = \varphi_{Ox/Red}^{\ominus'} \qquad (8\text{-}4)$$

式中，$\varphi_{Ox/Red}^{\ominus'}$ 称为电对 Ox/Red 的条件电极电位。它是在一定条件下，电对的氧化型、还原型分析浓度均为1mol/L时或其比值为1的实际电位。条件电极电位 $\varphi^{\ominus'}$ 与标准电极电位 $\varphi^{\ominus}$ 不同，它不是热力学常数，它的数值与溶液中电解质的组成和浓度、溶液中发生的各种反应等具体的条件有关，只有在实验条件不变的情况下，$\varphi^{\ominus'}$ 才有固定不变的数值。例如，Fe^{3+}/Fe^{2+}电对的 $\varphi^{\ominus} = 0.77V$，而其条件电位 $\varphi^{\ominus'}$ 在不同条件下有不同的数值，如表 8-1 所示。

表 8-1 Fe^{3+}/Fe^{2+}电对的条件电位

介质（浓度）	HCl(0.5mol/L)	HCl(1mol/L)	HClO$_4$(1mol/L)	H$_2$SO$_4$(1mol/L)	H$_3$PO$_4$(2mol/L)
$\varphi_{Fe^{3+}/Fe^{2+}}^{\ominus'}$	0.71	0.68	0.77	0.68	0.46

当知道相关电对的 $\varphi^{\ominus'}$ 值时，电对的电极电位可用下式计算

$$\varphi_{Ox/Red} = \varphi_{Ox/Red}^{\ominus'} + \frac{0.059}{n}\lg\frac{c_{Ox}}{c_{Red}} \qquad (8\text{-}5)$$

条件电极电位反映了离子强度与各种副反应影响的总结果，用它来计算电极电位，结果与实际情况比较相符。条件电极电位可以通过实验测得，但到目前为止，只是测出了某些条件下的 $\varphi^{\ominus'}$ 值，因而实际应用受到一定限制。当缺少 $\varphi^{\ominus'}$ 值时，若是在稀溶液，$\gamma\approx1$，这时平衡浓度和活度近似相等，可用平衡浓度代替活度进行计算，其计算公式为

$$\varphi_{Ox/Red} = \varphi_{Ox/Red}^{\ominus} + \frac{0.059}{n}\lg\frac{[Ox]}{[Red]} \qquad (8\text{-}6)$$

（二）影响条件电极电位的因素

由式（8-4）可知，影响物质活度系数和副反应系数的因素即为影响条件电极电位的因素，主要包括盐效应、酸效应、配位效应和生成沉淀四个方面。

1. 盐效应 溶液中电解质浓度变化会影响条件电极电位。电解质浓度越大，离子强度越大，而活度系数的大小受溶液离子强度的影响。若电对的氧化型和还原型为高价离子，则盐效应较为明显。由于盐效应对电对的氧化型和还原型均产生影响，其对条件电极电位大小的影响主要是看综合作用的结果。在氧化还原反应中，离子活度系数精确值不容易计算，所以盐效应的精确数值也不易计算；且在氧化还原反应中，各种副反应等对条件电位的影响比盐效应大得多，故一般可忽略盐效应作用。

2. 配位效应 溶液中若发生配位反应，则会影响反应的条件电极电位。其影响规律是：若氧化型生成配合物时，α_{Ox} 越大，则 $\varphi^{\ominus'}$ 越小；若还原型生成配合物时，α_{Red} 越大，则 $\varphi^{\ominus'}$ 越大。例如，Fe^{3+}/Fe^{2+}电对在 1mol/L 的 H$_2$SO$_4$ 溶液中 $\varphi^{\ominus'} = 0.68V$，若在 2mol/L H$_3PO_4$ 溶液中，$\varphi^{\ominus'} = 0.46V$，这是由于 PO_4^{3-} 与 Fe^{3+} 有较强的配位能力，使得其 $\alpha_{Fe(III)}$ 变大，$\varphi^{\ominus'}$ 变小。

3. 沉淀效应 溶液中若发生沉淀反应，则会影响反应的条件电极电位。其影响规律是：若氧化型生成沉淀，条件电极电位会降低；若还原型生成沉淀，条件电极电位会增高。如反应

$$2Cu^{2+} + 4I^- \Longrightarrow 2CuI\downarrow + I_2$$

从 $\varphi^{\ominus}_{Cu^{2+}/Cu^+}=0.16V$，$\varphi^{\ominus}_{I_2/I^-}=0.54V$ 来看，似乎 Cu^{2+} 无法氧化 I^-，然而，由于 Cu^+ 生成了溶解度很小的 CuI，大大降低了 Cu^+ 的游离浓度，从而使 Cu^{2+}/Cu^+ 的电极电位显著升高，使上述反应向右进行。设 $[Cu^{2+}]=[I^-]=1mol/L$，则

$$\varphi_{Cu^{2+}/Cu^+} = \varphi^{\ominus}_{Cu^{2+}/Cu^+} + 0.059\lg\frac{[Cu^{2+}]}{[Cu^+]}$$

$$= 0.16 + 0.059\lg\frac{[Cu^{2+}][I^-]}{K_{sp(CuI)}}$$

$$= 0.16 - 0.059\lg 1.27\times10^{-12} = 0.86V$$

显然，此时 $\varphi_{Cu^{2+}/Cu^+} > \varphi_{I_2/I^-}$，$Cu^{2+}$ 可以氧化 I^-，反应向右进行。

4. 酸效应　电极反应中若有 H^+ 或 OH^- 参与反应，氧化型或还原型为弱酸弱碱时，溶液酸度的改变将引起反应条件电极电位的变化。电对 AsO_4^{3-}/AsO_3^{3-} 半电池反应为

$$H_3AsO_4 + 2H^+ + 2e \rightleftharpoons H_3AsO_3 + H_2O \qquad \varphi^{\ominus}_{AsO_4^{3-}/AsO_4^{3-}} = 0.56V$$

$$\varphi_{H_3AsO_4/H_3AsO_3} = \varphi^{\ominus}_{H_3AsO_4/H_3AsO_3} + \frac{0.059}{2}\lg\frac{[H_3AsO_4][H^+]^2}{[H_3AsO_3]}$$

$$= \varphi^{\ominus}_{H_3AsO_4/H_3AsO_3} + \frac{0.059}{2}\lg\frac{c_{H_3AsO_4}\alpha_{H_3AsO_3}[H^+]^2}{c_{H_3AsO_3}\alpha_{H_3AsO_4}}$$

$$= \varphi^{\ominus'}_{H_3AsO_4/H_3AsO_3} + \frac{0.059}{2}\lg\frac{c_{H_3AsO_4}}{c_{H_3AsO_3}}$$

$$\varphi^{\ominus'}_{H_3AsO_4/H_3AsO_3} = \varphi^{\ominus}_{H_3AsO_4/H_3AsO_3} + \frac{0.059}{2}\lg\frac{\alpha_{H_3AsO_3}[H^+]^2}{\alpha_{H_3AsO_4}}$$

由上述计算式中可见 $\varphi^{\ominus'}$ 值与溶液中 $[H^+]$ 直接相关；另外由于 $\alpha=1/\delta$，其中 δ 为酸的分布系数，由第 4 章可知，弱酸中各组分分布系数与溶液中的 $[H^+]$ 有关，因此其副反应系数 α 与溶液中的 $[H^+]$ 相关。由此可见，该反应的条件电极电位与溶液中的 $[H^+]$ 相关。

三、氧化还原反应进行的程度

氧化还原反应进行的程度，可用氧化还原反应的平衡常数 K 来衡量。平衡常数越大，反应越完全。前面提到氧化还原反应自发进行的方向由电极电位决定，可见电极电位是氧化还原反应的动力。下面，讨论氧化还原反应中平衡常数 K 与电极电位的关系，下述氧化还原反应

$$mOx_1 + nRed_2 \rightleftharpoons mRed_1 + nOx_2$$

平衡常数为

$$K = \frac{c^m_{Red_1}\cdot c^n_{Ox_2}}{c^m_{Ox_1}\cdot c^n_{Red_2}} \qquad (8\text{-}7)$$

与上述氧化还原反应相关的氧化还原半反应和电对的电极电位为

$$Ox_1 + ne \rightleftharpoons Red_1 \qquad \varphi_{Ox_1/Red_1} = \varphi^{\ominus'}_{Ox_1/Red_1} + \frac{0.059}{n}\lg\frac{c_{Ox_1}}{c_{Red_1}} \qquad (8\text{-}8)$$

$$Ox_2 + me \rightleftharpoons Red_2 \qquad \varphi_{Ox_2/Red_2} = \varphi_{Ox_2/Red_2}^{\ominus\prime} + \frac{0.059}{m} \lg \frac{c_{Ox_2}}{c_{Red_2}} \qquad (8\text{-}9)$$

当氧化还原反应达到平衡时，两个电对的电极电位相等，即式（8-8）和式（8-9）相等，整理得

$$\lg K = \frac{m \cdot n(\varphi_{Ox_1/Red_1}^{\ominus\prime} - \varphi_{Ox_2/Red_2}^{\ominus\prime})}{0.059} = \frac{m \cdot n \cdot \Delta\varphi^{\ominus\prime}}{0.059} \qquad (8\text{-}10)$$

从式（8-10）可知，两个氧化还原电对的条件电极电位之差（即 $\Delta\varphi^{\ominus\prime}$）越大，以及反应过程中得失电子数越多，反应的平衡常数 K 越大，反应进行越完全。

若将上述氧化还原反应用于滴定分析，根据滴定误差要求，反应到达化学计量点时误差 $\leqslant$ 0.1%，则可满足滴定分析的要求，即有

$$\frac{c_{Red_1}}{c_{Ox_1}} \geqslant 10^3 , \quad \frac{c_{Ox_2}}{c_{Red_2}} \geqslant 10^3$$

将上述关系代入式（8-7），整理得

$$K = \frac{c_{Red_1}^m c_{Ox_2}^n}{c_{Ox_1}^m c_{Red_2}^n} \geqslant (10^3)^m \cdot (10^3)^n$$

$$\lg K = \frac{mn\Delta\varphi^{\ominus\prime}}{0.059} \geqslant 3(m+n)$$

$$\Delta\varphi^{\ominus\prime} \geqslant \frac{3(m+n) \times 0.059}{m \cdot n}$$

所以当 $m=n=1$ 时，$K \geqslant 10^6$，则 $\Delta\varphi^{\ominus\prime} \geqslant 0.35V$；同理，若 $m=1$，$n=2$（或 $m=2$，$n=1$），则 $K \geqslant 10^9$，则 $\Delta\varphi^{\ominus\prime} \geqslant 0.27V$；若 $m=2$，$n=2$，则 $K \geqslant 10^{12}$，则 $\Delta\varphi^{\ominus\prime} \geqslant 0.18V$；其他以此类推。通过上述计算说明，不同类型的氧化还原反应要达到反应完全，所要求的电位差不同，通常认为 $\Delta\varphi^{\ominus\prime} \geqslant 0.4V$，反应的完全程度可满足滴定分析的要求。

四、氧化还原反应速率及其影响因素

在氧化还原反应中，根据其标准电极电位或条件电极电位值可以判断反应进行的方向及程度，但无法判断反应进行的速率。滴定分析对氧化还原反应的要求还包括反应速度快，所以，在讨论氧化还原滴定时，除要考虑反应进行的方向及反应完全程度外，还要考虑反应进行的速率。影响氧化还原反应速率的因素主要有以下几个方面。

1. 氧化剂、还原剂本身的性质　不同的氧化剂和还原剂，反应速率可以相差很大，这与它们的电子层结构以及反应机制有关，这也是决定反应速率的主要因素。

2. 反应物浓度　在氧化还原反应中，由于反应机制比较复杂，所以不能从总的氧化还原反应方程式来判断反应物浓度对反应速率的影响程度。但一般来说，反应物浓度越大，反应的速率也越快。

3. 温度　对绝大多数氧化还原反应来说，升高反应温度均可提高反应速率。这是由于升高反应温度不仅可以增加反应物之间碰撞的概率，而且可以增加活化分子数目。一般温度每升高 10℃，反应速率可提高 2～3 倍。

4. 催化剂　催化剂是能改变反应速率，而其本身反应前后的组成和质量并不发生改变的物质。催化剂分为正催化剂和负催化剂两类。正催化剂提高反应速率；负催化剂降低反应速率，负催化剂又称"阻化剂"。一般所说的催化剂，通常是指正催化剂。如 MnO_4^- 滴定 $C_2O_4^{2-}$ 的反应，初始速度很慢，但随着滴定的进行，则反应速度明显加快。由于反应中有 Mn^{2+} 产生，Mn^{2+} 在此反应中是正催化剂。

第 2 节　基 本 原 理

一、滴定曲线

为了表示滴定过程中随着滴定剂的加入，被测物质的浓度变化情况，绘制以待测溶液中物质电对的电极电位为纵坐标，以加入滴定剂的体积或百分数为横坐标的曲线，称为氧化还原滴定曲线。氧化还原滴定曲线一般用实验的方法测绘，而对于可逆氧化还原电对亦可用 Nernst 方程式进行计算。

例如，在 1mol/L H_2SO_4 溶液中，用 0.1000mol/L Ce^{4+} 标准溶液滴定 20.00mL 0.1000mol/L Fe^{2+} 溶液

滴定反应为　　　　　　　　　　$Ce^{4+} + Fe^{2+} \rightleftharpoons Ce^{3+} + Fe^{3+}$

半反应分别为　　　　　　　　　$Ce^{4+} + e \rightleftharpoons Ce^{3+}$　　　　　　$\varphi_{Ce^{4+}/Ce^{3+}}^{\ominus\prime} = 1.44V$

　　　　　　　　　　　　　　　$Fe^{3+} + e \rightleftharpoons Fe^{2+}$　　　　　　$\varphi_{Fe^{3+}/Fe^{2+}}^{\ominus\prime} = 0.68V$

根据氧化还原反应平衡的性质知道，滴定开始后，体系中将同时存在上述两个电对，而在滴定的任何时刻，反应达平衡后，两个电对电位必定相等，即：

$$\varphi_{Fe^{3+}/Fe^{2+}}^{\ominus\prime} + 0.059\lg\frac{c_{Fe^{3+}}}{c_{Fe^{2+}}} = \varphi_{Ce^{4+}/Ce^{3+}}^{\ominus\prime} + 0.059\lg\frac{c_{Ce^{4+}}}{c_{Ce^{3+}}}$$

因此，在计算不同滴定阶段的滴定曲线时，可根据溶液的具体情况，选用便于计算电位的 Nernst 方程式进行计算。

（一）滴定前

此时虽是 0.1000mol/L 的 Fe^{2+} 溶液，由于空气中氧气可氧化 Fe^{2+} 为 Fe^{3+}，不可避免地存在少量 Fe^{3+}，然而 Fe^{3+} 的浓度难以确定，故此时电极电位无法根据 Nernst 方程式进行计算。

（二）滴定开始至化学计量点前（$V < 20.00mL$）

这个阶段体系存在 Fe^{3+}/Fe^{2+}、Ce^{4+}/Ce^{3+} 两个电对。但由于 Ce^{4+} 在此阶段的溶液中存在极少且难以确定其浓度，相反，若知道加入 Ce^{4+} 的量，便可计算出 $c_{Fe^{3+}}/c_{Fe^{2+}}$ 的数值，故用 Fe^{3+}/Fe^{2+} 电对计算该阶段的电极电位。

$$\varphi_{Fe^{3+}/Fe^{2+}} = \varphi_{Fe^{3+}/Fe^{2+}}^{\ominus\prime} + 0.059\lg\frac{c_{Fe^{3+}}}{c_{Fe^{2+}}}$$

因 $c_{Fe^{3+}} / c_{Fe^{2+}}$ 在数值上等于二者物质的量与滴定溶液总体积的比值，此总体积对 Fe^{3+}、Fe^{2+} 来说是相同的，为方便起见，上述 Nernst 方程式中的浓度比用物质的量之比代替。

①若加入 Ce^{4+} 标准溶液 10.00mL

$$\varphi_{Fe^{3+}/Fe^{2+}} = 0.68 + 0.059 \lg \frac{10.00 \times 0.1000}{(20.00 - 10.00) \times 0.1000} = 0.68V$$

②若加入 Ce^{4+} 标准溶液 19.98mL（此时距化学计量点 0.1%）

$$\varphi_{Fe^{3+}/Fe^{2+}} = 0.68 + 0.059 \lg \frac{19.98 \times 0.1000}{(20.00 - 19.98) \times 0.1000} = 0.86V$$

（三）化学计量点时（V=20.00mL）

加入 Ce^{4+} 标准溶液 20.00mL，此时 Ce^{4+}、Fe^{2+} 均分别定量转变为 Ce^{3+}、Fe^{3+}，未反应的 Ce^{4+}、Fe^{2+} 极少且不易求得，不能按某一电对计算 φ_{sp} 值，但可根据此时化学计量关系 $c_{Ce^{4+}} = c_{Fe^{2+}}$、$c_{Ce^{3+}} = c_{Fe^{3+}}$，化学计量点时电极电位相等 $\varphi_{sp} = \varphi_{Fe^{3+}/Fe^{2+}} = \varphi_{Ce^{4+}/Ce^{3+}}$，可表示为

$$\varphi_{sp} = \varphi_{Fe^{3+}/Fe^{2+}}^{\ominus\prime} + 0.059 \lg \frac{c_{Fe^{3+}}}{c_{Fe^{2+}}}$$

$$\varphi_{sp} = \varphi_{Ce^{4+}/Ce^{3+}}^{\ominus\prime} + 0.059 \lg \frac{c_{Ce^{4+}}}{c_{Ce^{3+}}}$$

两式相加

$$2\varphi_{sp} = \varphi_{Ce^{4+}/Ce^{3+}}^{\ominus\prime} + \varphi_{Fe^{3+}/Fe^{2+}}^{\ominus\prime} + 0.059 \lg \frac{c_{Ce^{4+}} c_{Fe^{3+}}}{c_{Ce^{3+}} c_{Fe^{2+}}}$$

所以

$$\varphi_{sp} = \frac{\varphi_{Ce^{4+}/Ce^{3+}}^{\ominus\prime} + \varphi_{Fe^{3+}/Fe^{2+}}^{\ominus\prime}}{1+1} = \frac{1.44 + 0.68}{2} = 1.06V$$

（四）化学计量点后（V>20.00mL）

此阶段因 Fe^{2+} 已被 Ce^{4+} 氧化完全，虽然可能尚有少量 Fe^{2+} 存在，但其浓度难以确定，故应按 Ce^{4+}/Ce^{3+} 电对的电极电位计算式计算这个阶段体系的电极电位。

$$\varphi_{Ce^{4+}/Ce^{3+}} = \varphi_{Ce^{4+}/Ce^{3+}}^{\ominus\prime} + 0.059 \lg \frac{c_{Ce^{4+}}}{c_{Ce^{3+}}}$$

若加入 Ce^{4+} 标准溶液 20.02mL（此时超过化学计量点 0.1%），

$$\varphi_{Ce^{4+}/Ce^{3+}} = 1.44 + 0.059 \lg \frac{(20.02 - 20.00) \times 0.1000}{20.00 \times 0.1000} = 1.26V$$

用同样的方法可计算出滴定过程中任一点的电位值，将计算出的结果列于表 8-2 中，滴定曲线如图 8-1 所示。

表 8-2　0.1000mol/L Ce^{4+} 滴定 20.00mL 0.1000mol/L Fe^{2+} 溶液电极电位数据表

滴入 Ce^{4+}/mL	滴定分数 α/%	φ 值/V
1.00	5	0.60
10.00	50	0.68

续表

滴入 Ce⁴⁺/mL	滴定分数 α/%	φ 值/V
18.00	90	0.74
19.80	99	0.80
19.98	99.9	0.86 ⎫
20.00	100	1.06 ⎬ 突跃范围
20.02	100.1	1.26 ⎭
22.00	110	1.38

从表 8-2 的分析可知：

（1）该滴定的电位突跃范围是 0.86～1.26V。一般来说，滴定电位突跃范围越大，该滴定反应越完全，越有利于选择指示剂。

（2）对于反应 $m\mathrm{Ox}_1 + n\mathrm{Red}_2 \rightleftharpoons m\mathrm{Red}_1 + n\mathrm{Ox}_2$，滴定突跃范围区间为

$$(\varphi^{\ominus'}_{\mathrm{Ox}_2/\mathrm{Red}_2} + \frac{3 \times 0.059}{m})\,\mathrm{V} \sim (\varphi^{\ominus'}_{\mathrm{Ox}_1/\mathrm{Red}_1} - \frac{3 \times 0.059}{n})\,\mathrm{V}$$

$$(8\text{-}11)$$

由上式可知：影响氧化还原滴定电位突跃区间的主要因素为：①两个氧化还原电对的条件电极电位差值 $\Delta\varphi^{\ominus'}$ 值，此值越大，突跃范围越大；②两个氧化还原半反应中转移的电子数 n 和 m，n 和 m 越大，突跃范围也越大。氧化还原滴定的突跃及其大小，与两个氧化还原电对相关离子的浓度无关。

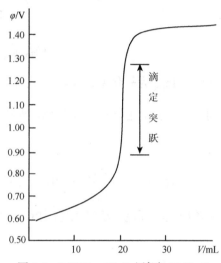

图 8-1　0.1000mol/L Ce⁴⁺滴定 20.00mL 0.1000mol/L Fe²⁺溶液的滴定曲线

（3）对于反应 $m\mathrm{Ox}_1 + n\mathrm{Red}_2 \rightleftharpoons m\mathrm{Red}_1 + n\mathrm{Ox}_2$，化学计量点时的电极电位值 φ_{sp} 计算式为

$$\varphi_{\mathrm{sp}} = \frac{n\varphi^{\ominus'}_{\mathrm{Ox}_1/\mathrm{Red}_1} + m\varphi^{\ominus'}_{\mathrm{Ox}_2/\mathrm{Red}_2}}{m + n}$$

（4）若 $m=n=1$ 时，一般 $\Delta\varphi^{\ominus} > 0.3 \sim 0.4\mathrm{V}$ 时，可用氧化还原指示剂指示终点；当 $\Delta\varphi^{\ominus'} \approx 0.2 \sim 0.3\mathrm{V}$ 时，可用电位法确定终点；若 $\Delta\varphi^{\ominus'} < 0.2\mathrm{V}$，没有明显突跃，不宜用于常规滴定分析。

二、指示剂

氧化还原滴定中常用的指示剂有以下几种类型。

1. 自身指示剂　有些标准溶液或被滴定的组分本身有颜色，反应后变为无色或其他颜色物质，这时可用标准溶液或被滴定物质作指示剂，这种物质称为自身指示剂。如 $KMnO_4$，在酸性溶液中自身是粉红色，且其灵敏度高，当 $KMnO_4$ 的浓度在 2×10^{-6}mol/L 时，即可使溶液

呈现明显颜色，经氧化还原反应后生成 Mn^{2+} 变为无色，从而指示滴定终点。

2. 特殊指示剂 某些物质本身不具有氧化性和还原性，但它能与氧化剂或还原剂发生可逆的显色反应，引起颜色变化，从而可以指示终点。如：可溶性淀粉遇 I_3^- 时即可发生显色反应，生成蓝色化合物；当 I_3^- 被还原为 I^- 后，则蓝色消失，在室温下，用淀粉可检出约 $10^{-5}mol/L$ 的碘溶液，所以可溶性淀粉是碘量法的专属指示剂。

3. 氧化还原指示剂 指示剂本身是具有氧化还原性质的有机试剂，其氧化型和还原型具有明显不同的颜色，在滴定过程中因被氧化或还原而发生颜色变化来指示滴定终点。指示剂的氧化还原半反应及电极电位计算关系式如下

$$In_{Ox} + ne \rightleftharpoons In_{Red}$$

$$\varphi_{In_{Ox}/In_{Red}} = \varphi_{In_{Ox}/In_{Red}}^{\ominus'} + \frac{0.059}{n}\lg\frac{c_{In_{Ox}}}{c_{In_{Red}}} \tag{8-12}$$

式中，In_{Ox} 为氧化型，In_{Red} 为还原型。由于指示剂加入到待测液中，其电极电位与待测液相同，随着氧化还原滴定过程中溶液电位的变化，指示剂 $\frac{c_{In_{Ox}}}{c_{In_{Red}}}$ 的比值亦按 Nernst 方程式的关系改变。

一般来说，当 $\frac{c_{In_{Ox}}}{c_{In_{Red}}} \geq 10$ 时，溶液显指示剂氧化型的颜色；当 $\frac{c_{In_{Ox}}}{c_{In_{Red}}} \leq \frac{1}{10}$ 时，溶液显指示剂还原型的颜色。故氧化还原指示剂的理论变色电位范围为

$$\varphi_{In_{Ox}/In_{Red}}^{\ominus'} \pm \frac{0.059}{n} \tag{8-13}$$

当 $c_{In_{Ox}}/c_{In_{Red}} = 1$ 时，$\varphi_{In_{Ox}/In_{Red}} = \varphi_{In_{Ox}/In_{Red}}^{\ominus'}$ 称为氧化还原指示剂的理论变色点，此时指示剂显氧化型与还原型的混合色。在选择氧化还原指示剂时，要求氧化还原指示剂的变色电位范围在滴定突跃电位范围内，并尽量使指示剂的 $\varphi^{\ominus}$ 值与化学计量点的 φ_{sp} 值一致。常用氧化还原指示剂的 $\varphi^{\ominus}$ 值及其颜色变化见表 8-3。若可供选择的指示剂只有部分变色范围在滴定突跃内，则必须改变滴定突跃范围，使所选用的指示剂成为适宜的指示剂。如 Ce^{4+} 测定 Fe^{2+} 的突跃范围为 $0.86\sim1.26V$，应选用邻二氮菲-Fe（Ⅱ）（$\varphi^{\ominus'} = 1.06V$）为指示剂，但若需选用二苯胺磺酸钠为指示剂（$\varphi^{\ominus'} = 0.84V$），一般需加入适量的磷酸，使之与 Fe^{3+} 形成稳定的 $FeHPO_4^+$，降低 $\varphi_{Fe^{3+}/Fe^{2+}}^{\ominus'}$，从而达到降低滴定突跃起点电位值（即化学计量点前 0.1% 处电位值），增大滴定突跃范围，使二苯胺磺酸钠适用。

表 8-3 常用氧化还原指示剂的 $\varphi^{\ominus}$ 值及颜色变化

指示剂	颜色变化		$\varphi^{\ominus}$（$[H^+]$=1mol/L）/V
	氧化型	还原型	
亚甲基蓝	蓝色	无色	0.53
二苯胺	紫色	无色	0.76
甲基红	无色	红色	0.80
二苯胺磺酸钠	紫红	无色	0.85

续表

| 指示剂 | 颜色变化 | | $\varphi^{\ominus'}$（[H$^+$]=1mol/L）/V |
	氧化型	还原型	
邻苯氨基苯甲酸	紫红	无色	0.89
联苯氨	蓝色	无色	0.92
邻二氮菲-Fe（Ⅱ）	浅蓝	红	1.06
罗丹明 B	橘红色	黄色	1.1
硝基邻二氮菲-Fe（Ⅱ）	浅蓝	红	1.25

第 3 节　碘 量 法

一、基本原理

碘量法（iodimetry method）是以 I_2 作氧化剂、或以 I^- 作还原剂的氧化还原滴定法。因固体 I_2 在水中的溶解度很小，为了增大 I_2 在水中的溶解度，常将 I_2 溶解在过量的 KI 溶液中形成 I_3^-。用 I_3^- 滴定时的基本反应是

$$I_3^- + 2e \Longrightarrow 3I^- \qquad \varphi^{\ominus}_{I_3^-/I^-} = 0.536V$$

从 $\varphi^{\ominus}_{I_3^-/I^-}$ 值可以看出，I_2 是一种较弱的氧化剂，能与较强还原性的物质反应；I^- 是一种中等强度的还原剂，可以还原许多具有氧化性的物质。碘量法分为直接碘量法和间接碘量法。

（一）直接碘量法

测定还原性较强、电极电位比 $\varphi^{\ominus}_{I_3^-/I^-}$ 低的物质时，可用 I_2 标准溶液直接滴定待测物质，所建立的滴定分析方法，称为直接碘量法，亦称碘滴定法。

直接碘量法可用来测定含有 S^{2-}、SO_3^{2-}、$S_2O_3^{2-}$、AsO_3^{3-}、SbO_3^{3-}、Sn^{2+}、维生素 C 等组分的含量。

直接碘量法只能在酸性、中性、弱碱性溶液中进行。如果溶液体系的 pH>9，则会发生如下副反应

$$3I_2 + 6OH^- \Longrightarrow IO_3^- + 5I^- + 3H_2O$$

例 8-1　维生素 C 含量的测定——直接碘量法

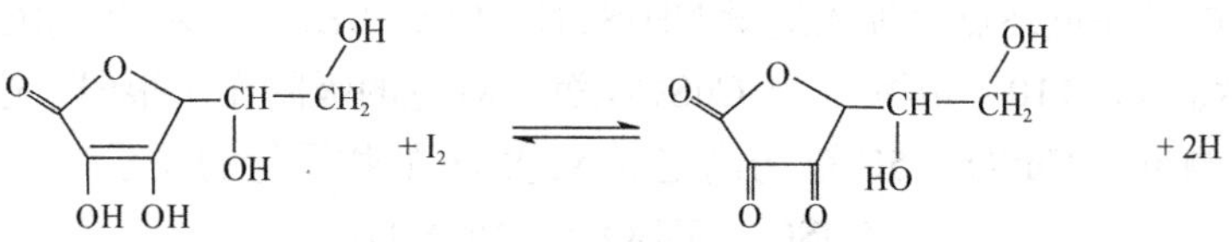

Vc 中含有二烯醇基（—C=C—，带 OH OH）结构，I_2 可以将二烯醇基氧化为二羰基（—C—C—，带 O O），

且反应是定量地按 1∶1 进行，可以根据它们的定量关系，利用直接碘量法测定 Vc 的含量。从反应方程式可以看出，碱性条件有利于该反应的进行，但由于 Vc 的还原性很强，易被空气中 O_2 氧化，特别在碱性溶液中更为严重，所以在滴定时加入适量稀 HAc，使溶液保持弱酸性，避免被空气氧化。

（二）间接碘量法

间接碘量法亦称滴定碘法，又分为置换碘量法和剩余碘量法。

置换碘量法：测定氧化性较强、电极电位比 $\varphi^{\ominus}_{I_3^-/I^-}$ 高的物质时，可加入过量的 I^-，使待测物与 I^- 反应，定量生成 I_2，再用 $Na_2S_2O_3$ 标准溶液滴定所生成的 I_2，根据 I_2 的量计算待测物的量。如测定 ClO_3^-、ClO^-、CrO_4^{2-}、$Cr_2O_7^{2-}$、IO_3^-、BrO_3^-、SbO_4^{3-}、MnO_4^-、AsO_4^{3-}、NO_3^-、NO_2^-、Cu^{2+}、H_2O_2 等组分的含量可用置换碘量法。

剩余碘量法：测定电极电位比 $\varphi^{\ominus}_{I_3^-/I^-}$ 低的还原性物质（若该物质与 I_2 反应速度较慢或无确定的定量关系等原因，不适合用直接碘量法滴定），可先使之与过量的 I_2 标准溶液反应，待反应完全后，再用 $Na_2S_2O_3$ 标准溶液滴定剩余的 I_2，这种方法也属于返滴定法。测定还原性的糖类、甲醛、焦亚硫酸钠等可用剩余碘量法。

间接碘量法中均需涉及到的反应方程式为

$$I_2 + 2S_2O_3^{2-} \Longrightarrow S_4O_6^{2-} + 2I^-$$

这个反应须在中性或弱酸性条件下进行，若酸度过高，$Na_2S_2O_3$ 易分解，I^- 也易被空气中的 O_2 氧化；在碱性溶液中，I_2 会发生歧化反应，改变 I_2 与 $Na_2S_2O_3$ 反应的摩尔比，导致较大误差。所涉及的反应有：

$$S_2O_3^{2-}+2H^+ \Longrightarrow S\downarrow +SO_2\uparrow +H_2O \;;\; 4I^-+O_2+4H^+ \Longrightarrow 2I_2+2H_2O$$
$$3I_2+6OH^- \Longrightarrow IO_3^-+5I^-+3H_2O \;;\; 4I_2+S_2O_3^{2-}+10OH^- \Longrightarrow 2SO_4^{2-}+8I^-+5H_2O$$

例 8-2　中药胆矾中 $CuSO_4\cdot 5H_2O$ 的测定——间接碘量法，方法如下：

①溶解　在弱酸性介质中（pH＝3.0～4.0）溶解试样胆矾，并加入过量 KI，则会发生如下反应

$$2Cu^{2+} + 5I^- \Longrightarrow 2CuI\downarrow +I_3^-$$

这里加入的过量 KI 既是还原剂、沉淀剂，又是配位剂（与 I_2 生成 I_3^-）；同时增大 I^- 浓度，亦可提高 $\varphi^{\ominus\prime}_{Cu^{2+}/Cu^+}$ 值、降低 $\varphi^{\ominus\prime}_{I_2/I^-}$ 值，使反应向右进行完全。

②滴定　用 $Na_2S_2O_3$ 标准溶液滴定生成的 I_2，以淀粉为指示剂。由于 CuI 沉淀强烈吸附 I_2，导致结果偏低，故可在近终点时加入适量 NH_4SCN，使 $CuI(K_{sp}=1.1\times 10^{-12})$ 沉淀转化为溶解度更小的 $CuSCN(K_{sp}=4.8\times 10^{-15})$ 沉淀，且 CuSCN 沉淀对 I_2 的吸附作用很弱，这样可减小误差。

③计算　被测组分 $CuSO_4\cdot 5H_2O$ 与滴定剂 $Na_2S_2O_3$ 的物质量的关系为

$$CuSO_4\cdot 5H_2O \sim Na_2S_2O_3$$

二、误差来源及措施

碘量法误差来源主要有两个方面：一是 I_2 易挥发；二是 I^- 在酸性条件下易被空气中的 O_2

氧化。为此常采取如下措施。

1. 防止 I_2 的挥发　①应加入过量 KI（一般比理论值大 2～3 倍），使 I_2 生成 I_3^-，增大 I_2 的溶解度。②反应需在室温条件下进行。温度升高，不仅会增大 I_2 的挥发损失，也会降低淀粉指示剂的灵敏度，并能加速 $Na_2S_2O_3$ 的分解。③间接碘量法反应容器用碘量瓶，滴定时快滴慢摇。

2. 防止 I^- 被空气中 O_2 氧化　①控制溶液酸度。酸度越高，空气中 O_2 氧化 I^- 的速率越大。②Cu^{2+}、NO_2^-、光等对氧化 I^- 起催化作用，应设法避免。③用 $Na_2S_2O_3$ 滴定 I_2 的速度可适当快些，可快滴慢摇。

三、指示剂

碘本身具有颜色，可作自身指示剂，但相对来说，其灵敏度较低，碘量法中淀粉是最常用的指示剂。淀粉遇 I_2 显蓝色，反应灵敏且可逆性好，故可根据蓝色的出现或消失确定滴定终点。在使用淀粉指示剂时应注意：

①用直接碘量法分析样品时，淀粉指示剂可在滴定前加入；而用间接碘量法分析样品时，则应在近终点时加入，否则会有较多的 I_2 被淀粉吸附，使终点滞后。

②应使用直链淀粉配制淀粉指示剂。直链淀粉遇 I_2 显蓝色，且显色反应可逆性好；支链淀粉遇 I_2 显红紫色，且显色反应不敏锐。

③滴定溶液宜为弱酸性，淀粉指示剂在弱酸性介质中最灵敏。

④淀粉指示剂适宜在室温下使用，温度升高会降低指示剂的灵敏度。

⑤淀粉溶液易变质，最好临用前配制。

四、标准溶液的配制与标定

（一）I_2 标准溶液

1. I_2 标准溶液的配制　碘无基准物质，且碘具挥发性及腐蚀性，因此不宜用分析天平称量。配制 I_2 标准溶液时，用托盘天平称取一定量 I_2，加入过量 KI，先配制成近似浓度，然后再进行标定。

2. I_2 标准溶液的标定

（1）用 $Na_2S_2O_3$ 标准溶液比较标定：用已标定好的 $Na_2S_2O_3$ 标准溶液滴定待标定的 I_2 溶液的浓度。二者的反应式为

$$I_2 + 2S_2O_3^{2-} \rightleftharpoons S_4O_6^{2-} + 2I^-$$

可根据滴定过程中 $Na_2S_2O_3$ 消耗的体积及其浓度，以及所取 I_2 溶液的体积计算 I_2 标准溶液的浓度。

（2）用基准物标定：常用基准物是 As_2O_3（本品剧毒！使用时应谨慎！）标定 I_2 溶液。As_2O_3 难溶于水，可溶于碱溶液生成 AsO_3^{3-}：

$$As_2O_3 + 6OH^- \rightleftharpoons 2AsO_3^{3-} + 3H_2O$$

在弱碱性溶液中（pH=8.0）I_2 可以定量氧化 AsO_3^{3-} 为 AsO_4^{3-}：

$$I_2 + AsO_3^{3-} + H_2O \rightleftharpoons AsO_4^{3-} + 2I^- + 2H^+$$

这个反应是可逆的,在中性或弱碱性溶液中,反应能定量向右进行;在酸性溶液中,AsO_4^{3-} 能氧化 I^- 而析出 I_2,反应向左进行。该方法标定 I_2 标准溶液的浓度比用 $Na_2S_2O_3$ 标准溶液标定更准确,但由于 As_2O_3 是剧毒物质,此法的使用受到一定限制。

（二）$Na_2S_2O_3$ 标准溶液

1. 0.1mol/L $Na_2S_2O_3$ 标准溶液配制　在 500mL 新煮沸放冷的蒸馏水中加入 0.1g Na_2CO_3,溶解后加入 12.5g $Na_2S_2O_3 \cdot 5H_2O$,充分混合溶解后转入棕色试剂瓶中,放置两周予以标定。

$Na_2S_2O_3 \cdot 5H_2O$ 没有基准物质,不能直接配制标准溶液,且配制好的 $Na_2S_2O_3$ 溶液不太稳定,容易分解,这是由于水中的微生物、CO_2、空气中 O_2 等物质的存在均能使 $Na_2S_2O_3$ 发生反应。其反应方程式为

$$S_2O_3^{2-} + CO_2 + H_2O \Longrightarrow HSO_3^- + HCO_3^- + S\downarrow$$

$$O_2 + 2S_2O_3^{2-} \Longrightarrow 2SO_4^{2-} + 2S\downarrow$$

$$Na_2S_2O_3 \xrightarrow{\text{细菌}} Na_2SO_3 + S\downarrow$$

2. 0.1mol/L $Na_2S_2O_3$ 标准溶液标定　标定 $Na_2S_2O_3$ 溶液常用的基准物质有:$K_2Cr_2O_7$、KIO_3 等,其中以 $K_2Cr_2O_7$ 基准物质最为常用。标定方法:精密称取一定量的 $K_2Cr_2O_7$ 基准物(于 105℃ 干燥至恒重),在酸性溶液中与过量的 KI 作用,反应生成的 I_2 以待标定的 $Na_2S_2O_3$ 滴定,淀粉为指示剂。根据消耗 $Na_2S_2O_3$ 体积和 $K_2Cr_2O_7$ 的量,求出 $Na_2S_2O_3$ 浓度。

$$Cr_2O_7^{2-} + 6I^- + 14H^+ \Longrightarrow 2Cr^{3+} + 3I_2 + 7H_2O$$

$$I_2 + 2S_2O_3^{2-} \Longrightarrow S_4O_6^{2-} + 2I^-$$

$K_2Cr_2O_7$ 与 $Na_2S_2O_3$ 关系式为

$$K_2Cr_2O_7 \sim 6\ Na_2S_2O_3$$

标定 $Na_2S_2O_3$ 标准溶液用的是置换碘量法,滴定时应注意以下几点:

①溶液的酸度越大,反应速率越快,但酸度太大时,I^- 易被空气中的 O_2 氧化,所以酸度一般以 0.2～0.4mol/L 为宜;

②$K_2Cr_2O_7$ 与 KI 作用时,应将溶液储于碘量瓶中,并水封,在暗处放置一段时间,待反应完全后,将碘量瓶盖及壁上 I_2 冲洗下来后再进行滴定。

五、应用与示例

碘量法可用于中药、化学药中可与碘发生氧化还原反应的物质的测定。

例 8-3　轻粉的含量测定　取本品约 0.5g,精密称定,置碘瓶中,加水 10mL,摇匀,再精密加碘滴定液(0.05mol/L)50mL,密塞,强力振摇至供试品大部分溶解后,再加入碘化钾溶液(5→10)8mL,密塞,强力振摇至完全溶解,用硫代硫酸钠滴定液(0.1mol/L)滴定,至近终点时,加淀粉指示液,继续滴定至蓝色消失。每毫升碘滴定液(0.05mol/L)相当于 23.61mg 的氯化亚汞(Hg_2Cl_2)。

例 8-4　原料药乙酰半胱氨酸的含量测定　取本品约 0.3g,精密称定,加水 30mL 溶解后,

在 $20 \sim 25℃$ 用碘滴定液（0.05mol/L）迅速滴定至溶液显微黄色，并在 30 s 内不褪。每毫升碘滴定液（0.05mol/L）相当于 16.32mg 的 $C_5H_9NO_3S$。

另外，常用的卡尔-费歇尔（Karl-Fischer）法也是以碘量法为基础建立起来的。Karl-Fischer 法诞生于 100 多年前，但仍是测定微量水分的极佳方法。其原理是在吡啶和甲醇溶液中利用 I_2 氧化 SO_2 时需要定量的水参与反应，其反应方程式为

$$I_2+SO_2+3C_5H_5N+CH_3OH+H_2O \rightleftharpoons 2C_5H_5NHI+C_5H_5NH(SO_4CH_3)$$

该法的滴定剂是由碘、二氧化硫和吡啶按一定比例溶于无水甲醇的混合溶液，称为费歇尔试剂。费歇尔试剂具有 I_2 的棕色，与 H_2O 反应时，棕色立即褪去。当溶液中出现棕色时，即到达滴定终点。费歇尔法属于非水滴定法，所有容器都需干燥。可用该法测定药物中的微量水。

第 4 节　高锰酸钾法

一、基本原理

$KMnO_4$ 法（potassium permanganate method）是以 $KMnO_4$ 为氧化剂，直接或间接滴定被测物质的方法。$KMnO_4$ 是一种强氧化剂，其氧化能力随酸度不同而有较大差异。

在强酸性溶液中，与还原剂作用时被还原为 Mn^{2+}

$$MnO_4^- + 5e + 8H^+ \rightleftharpoons Mn^{2+} + 4H_2O \qquad \varphi^{\ominus}_{MnO_4^-/Mn^{2+}} = 1.51V$$

溶液酸度控制在 $1 \sim 2$mol/L 为宜，通常用 H_2SO_4 调节酸度。由于 HNO_3 有氧化性，而 HCl 可被 $KMnO_4$ 氧化，因此避免使用 HCl 和 HNO_3 调节酸度。

在弱酸、弱碱或中性溶液中，MnO_4^- 一般被还原为 MnO_2

$$MnO_4^- + 3e + 2H_2O \rightleftharpoons MnO_2 + 4OH^- \qquad \varphi^{\ominus}_{MnO_4^-/MnO_2} = 0.60V$$

在强碱性溶液中，$[OH^-]>2$mol/L 时，很多有机物能与 $KMnO_4$ 反应，$KMnO_4$ 被还原为 MnO_4^{2-}

$$MnO_4^- + e \rightleftharpoons MnO_4^{2-} \qquad \varphi^{\ominus}_{MnO_4^-/MnO_4^{2-}} = 0.564V$$

$KMnO_4$ 滴定法主要是利用 $KMnO_4$ 在强酸性溶液中发生氧化还原生成 Mn^{2+} 的反应对待测物质进行测定。可根据被测组分的性质，选择不同滴定方式，如直接滴定法可滴定 Fe^{2+}、Sb^{3+}、AsO_3^{3-}、H_2O_2、$C_2O_4^{2-}$ 等电极电位比 $\varphi^{\ominus}_{MnO_4^-/Mn^{2+}}$ 小的物质；间接滴定法滴定某些有机物，如甲醛、甘油、乙醇酸、酒石酸、枸橼酸、水杨酸、葡萄糖、苯酚等。

二、指示剂

$KMnO_4$ 本身为深紫色，自身可作指示剂，当 $KMnO_4$ 浓度达 2×10^{-6}mol/L 时，即可使溶液呈现明显淡红色，灵敏度高。用 $KMnO_4$ 溶液滴定至终点后，溶液中出现的粉红色不能持久，

这是因为空气中的还原性气体都能使 KMnO₄ 还原，所以，用 KMnO₄ 作指示剂时，以粉红色30s 不褪色，即已达滴定终点。

三、标准溶液的配制与标定

（一）配制

因 KMnO₄ 不稳定，无基准物质，故一般先配成近似需要的浓度，然后再进行标定。为了配制较准确的 KMnO₄ 溶液，常采取以下措施：①称取稍多于理论量的 KMnO₄，溶于一定体积的蒸馏水中。②将配好的 KMnO₄ 溶液加热至沸，并保持微沸约 1h，然后放置 2～3 天。③用垂熔玻璃漏斗过滤，去除沉淀。④过滤后的 KMnO₄ 溶液储存在棕色瓶中，置阴凉干燥处存放，待标定。

（二）标定

标定 KMnO₄ 溶液常用的基准物为 $Na_2C_2O_4$，在酸性溶液中，KMnO₄ 与 $C_2O_4^{2-}$ 的反应为

$$2MnO_4^- + 5C_2O_4^{2-} + 16H^+ \rightleftharpoons 2Mn^{2+} + 10CO_2\uparrow + 8H_2O$$

标定时应注意以下几点：

（1）温度：该反应在室温下速度极慢，为了提高滴定反应的速度，一般将滴定溶液加热至70～80℃。

（2）酸度：用 H_2SO_4 调节酸度，酸度控制在 1mol/L 左右。酸度太低，KMnO₄ 会分解为 MnO_2；酸度太高时，$H_2C_2O_4$ 会发生分解。

（3）滴定速度：滴定刚开始时反应慢，应慢滴，随着反应生成 Mn^{2+}，由于 Mn^{2+} 具有催化作用，可加快反应速度，滴定速度也可随之加快。

四、应用示例

例 8-5 过氧化氢溶液的含量测定 精密量取本品 5mL，置 50mL 量瓶中，用水稀释至刻度，摇匀，精密量取 10mL，置锥形瓶中，加稀硫酸 20mL，用高锰酸钾滴定液（0.02mol/L）滴定。每毫升高锰酸钾滴定液（0.02mol/L）相当于 1.701mg H_2O_2。

H_2O_2 可用 KMnO₄ 标准溶液在酸性条件下直接进行滴定，反应如下

$$2MnO_4^- + 5H_2O_2 + 6H^+ \rightleftharpoons 2Mn^{2+} + 5O_2\uparrow + 8H_2O$$

开始滴定时速度不宜太快，这是由于此时 MnO_4^- 与 H_2O_2 反应速率较慢的缘故。但随着 Mn^{2+} 的生成，反应速率逐渐加快。由滴定反应可知：

$$KMnO_4 \sim \frac{5}{2}H_2O_2$$

故

$$H_2O_2\% = \frac{c_{KMnO_4} \times V_{KMnO_4} \times \frac{5}{2} \times \frac{M_{H_2O_2}}{1000}}{V_{样品}} \times 100\%$$

第 5 节 亚硝酸钠法

一、基本原理

亚硝酸钠法（sodium nitrite method）是利用亚硝酸钠与有机胺类化合物发生反应进行的氧化还原滴定法，分为重氮化滴定法和亚硝基化滴定法。

（一）重氮化滴定法

在无机酸介质中，用亚硝酸钠标准溶液滴定芳伯胺类化合物，生成芳伯胺的重氮盐的滴定分析法。滴定反应如下

$$ArNH_2 + NaNO_2 + 2HCl \rightleftharpoons [Ar\overset{+}{N} \equiv N]Cl^- + NaCl + 2H_2O$$

这类反应称为重氮化反应，故此法称重氮化滴定法（diazotization titration）。重氮化滴定法主要用于芳胺类药物的测定，如磺胺类药物、盐酸普鲁卡因、苯佐卡因、氨苯砜等。

进行重氮化滴定时，应注意以下几点：

①酸的种类和浓度：一般以 $1 \sim 2mol/L$ HCl 介质为宜。

②反应温度：重氮化反应的速率随温度升高而加快，但生成的重氮盐随温度升高而加速分解。所以，一般在 30℃ 以下进行滴定，最好在 15℃ 以下。

③苯环上取代基团的影响：苯环上，特别是胺基对位上有吸电子基团，如—NO_2、—SO_3H、—COOH、—X 等，可使反应加快；若是供电子基团，如—CH_3、—OH、—OR 等，则会使反应速率降低。一般加入适量的 KBr 可起催化作用，以加速重氮化反应。

（二）亚硝基化滴定法

在酸性介质中，用亚硝酸钠标准溶液滴定芳仲胺类化合物的分析方法。滴定反应是亚硝基化反应，故称亚硝基化滴定法（nitrozation titration）。反应如下：

$$ArNHR + NaNO_2 + HCl \rightleftharpoons ArN(NO)R + H_2O + NaCl$$

二、指示剂

亚硝酸钠法终点的确定有三种方法：一是外指示剂法，即 KI-淀粉试纸法；二是内指示剂法，应用较多的是橙黄 IV-亚甲蓝，其次是中性红、二苯胺、亮甲酚蓝等；三是采用永停滴定法指示终点可得到更准确的分析结果。

三、标准溶液的配制与标定

1. 配制　因 $NaNO_2$ 不稳定，无基准物质，故一般先配成近似需要的浓度，然后再进行标定。其水溶液不稳定，放置过程中浓度会逐渐下降，配制时加入少许 Na_2CO_3，维持溶液 pH 约为 10，亚硝酸钠溶液应储存于棕色瓶中，密闭保存，以免遇光分解。

2. 标定 标定 $NaNO_2$ 标准溶液常用的基准物质是对氨基苯磺酸，其反应为：

$$NH_2ArSO_3H + NaNO_2 + 2HCl \Longrightarrow [N \equiv N^+ArSO_3H]Cl^- + 2H_2O + NaCl$$

第 6 节　其他氧化还原滴定法

一、重铬酸钾法

重铬酸钾法（potassium dichromate method）是以 $K_2Cr_2O_7$ 标准溶液滴定还原性物质的滴定分析方法。$K_2Cr_2O_7$ 是一种常用的强氧化剂，在酸性介质中与还原性物质作用时，本身还原为 Cr^{3+}，其半电池反应为

$$Cr_2O_7^{2-} + 6e + 14H^+ \Longrightarrow 2Cr^{3+} + 7H_2O \qquad \varphi^{\ominus}_{Cr_2O_7^{2-}/Cr^{3+}} = 1.36V$$

在酸性溶液中 $K_2Cr_2O_7$ 的条件电极电位较 $KMnO_4$ 低，室温下不与 Cl^- 作用（ $\varphi^{\ominus}_{Cl_2/Cl^-} = 1.36V$ ），故可在 HCl 溶液中用 $K_2Cr_2O_7$ 标准溶液进行滴定，这是本法的一个优点。

$K_2Cr_2O_7$ 易制纯，有基准物质，可直接精密称取一定量的该试剂后配成标准溶液，无需再行标定，且配制好的标准溶液非常稳定，可长期保存使用。

$K_2Cr_2O_7$ 本身显橙色，但其还原产物 Cr^{3+} 显绿色，对橙色的观察有严重影响，故不能用自身指示终点，重铬酸钾法常用二苯胺磺酸钠作指示剂。

$K_2Cr_2O_7$ 法可以测定某些还原性物质或可与其反应的物质，如 Fe^{2+}、COD 及土壤中有机质、盐酸小檗碱和某些有机化合物的含量。

二、溴酸钾法

溴酸钾法（potassium bromate method）是以 $KBrO_3$ 标准溶液在酸性溶液中直接滴定还原性物质的分析方法。在酸性溶液中，$KBrO_3$ 是一种强氧化剂，易被一些还原性物质还原为 Br^-，半电池反应为

$$BrO_3^- + 6H^+ + 6e \Longrightarrow Br^- + 3H_2O \qquad \varphi^{\ominus}_{BrO_3^-/Br^-} = 1.44V$$

溴酸钾法常用甲基橙或甲基红作指示剂。化学计量点前，指示剂在酸性溶液中显红色；化学计量点后，稍过量的 BrO_3^- 立即破坏甲基橙或甲基红的呈色结构，红色消失，指示终点到达。由于指示剂的这种颜色变化是不可逆的，在终点前常因 $KBrO_3$ 溶液局部过浓而与指示剂作用，因此，最好在近终点加入。

$KBrO_3$ 易制纯，有基准物质，可直接精密称取一定量的该试剂后配成标准溶液，无需再行标定。

$KBrO_3$ 法可以测定 As^{3+}、Sb^{3+}、Sn^{2+}、Cu^+、Fe^{2+}、I^- 及对氨基苯磺酰胺等还原性物质。

三、铈量法

铈量法（cerium sulphate method）是以 Ce^{4+} 为氧化剂，在酸性溶液中滴定还原性物质的含

量，本身还原为 Ce^{3+}。Ce^{4+}的氧化还原半反应为

$$Ce^{4+}+e \rightleftharpoons Ce^{3+} \qquad \varphi_{Ce^{4+}/Ce^{3+}}^{\ominus}=1.72V$$

所在酸的种类和浓度不同，Ce^{4+}/Ce^{3+}的 $\varphi^{\ominus}$ 值亦不同。由于在 1mol/L HCl 溶液中，Ce^{4+} 可缓慢氧化 Cl^-，故一般很少用 HCl 作滴定介质，常用 H_2SO_4 和 $HClO_4$。一般能用 $KMnO_4$ 溶液滴定的物质，都可用 $Ce(SO_4)_2$ 溶液滴定，且 $Ce(SO_4)_2$ 溶液具有以下特点：

①$Ce(SO_4)_2$ 标准溶液很稳定，虽经长时间曝光、加热、放置，均不会导致浓度改变。

②标准溶液可以用基准物质 $(NH_4)_2Ce(SO_4)_3 \cdot 2H_2O$ 直接配制。

③Ce^{4+}还原为 Ce^{3+}只有一个电子转移，无中间价态的产物，反应简单且无副反应。

④多选用邻二氮菲-Fe（Ⅱ）为指示剂。

采用 $Ce(SO_4)_2$ 法可以直接滴定 Fe^{2+}等一些低价金属离子，以及 H_2O_2、某些有机物。

思考与练习

1. 电极电位与物质氧化还原性质有何相关性？如何判断氧化还原反应自发进行的方向？

2. 电极电位与条件电极电位有何异同？

3. 影响条件电极电位的因素有哪些？如何影响？

4. 试推导氧化还原反应平衡常数与电极电位的关系。

5. 试述氧化还原指示剂的种类及其使用原则。

6. 简述直接碘量法和间接碘量法原理、使用范围和操作注意事项。

7. 简述碘量法的误差来源及防控措施。

8. 简述 I_2 和 $Na_2S_2O_3$ 标准溶液配制与标定的方法。

9. 简述 $KMnO_4$ 法的原理、使用条件、运用范围及指示剂的选择。

10. 简述 $K_2Cr_2O_7$ 法的原理、使用条件、运用范围及指示剂的选择。

11. 在下述情况中，对测定结果将产生何种影响？（偏高或偏低还是无影响）

（1）用碘量法测定 Cu^{2+}，近终点时未加入 KSCN 溶液。

（2）用溴酸钾法测定 Sn^{2+}时，由于局部过浓而使指示剂提前变色。

（3）$KMnO_4$ 法测定 H_2O_2 含量，所用 $KMnO_4$ 溶液存于无色透明的试剂瓶中较长时间。

（4）称取未经烘干的 $(NH_4)_2Ce(SO_4)_3 \cdot 2H_2O$ 为基准物，测定样品溶液中 Fe^{2+}的含量。

（5）以 $K_2Cr_2O_7$ 为基准物标定 $Na_2S_2O_3$ 标准溶液，滴定时，剧烈振摇碘量瓶。

12. 计算在某溶液中，当 $[Cl^-]=0.10mol/L$，$\gamma \approx 1$ 时，Ag^+/Ag 电对的条件电位。　　　　（0.28V）

13. 在 0.10mol/L HCl 介质中，用 0.1000mol/L Fe^{3+}滴定 20.00mL 0.1000mol/L Sn^{2+}，试计算其滴定突跃范围。（已知在此条件下，$\varphi_{Fe^{3+}/Fe^{2+}}^{\ominus'}=0.73V$，$\varphi_{Sn^{4+}/Sn^{2+}}^{\ominus'}=0.07V$）　　　　（0.16～0.55V）

14. 测某血样中的 Ca^{2+}，可将 Ca^{2+}沉淀为 CaC_2O_4，用 H_2SO_4 溶解 CaC_2O_4，游离出的 $C_2O_4^{2-}$，再用 $KMnO_4$ 溶液滴定。今取 100.0mL 血样经上述处理后，用 0.02000mol/L 的 $KMnO_4$ 溶液滴定至终点用去 15.00mL，求 1mL 血样中 Ca^{2+}的毫克数。（M_{Ca}=40.08）　　　　（0.3006mg）

15. 精密称取某盐酸小檗碱（$C_{20}H_{18}ClNO_4 \cdot 2H_2O$）原料药 0.3900g，置烧杯中，加沸水 150mL 使溶解，放冷，移至 250mL 量瓶中，精密加入 0.02000mol/L $K_2Cr_2O_7$ 标准溶液液 50mL（此条件下盐酸小檗碱与 $K_2Cr_2O_7$ 反应生成沉淀，且反应系数比为 2：1），加水稀释至刻度，振摇 5min，用干燥滤纸过滤，精密量取续滤液 100mL，置 250mL 具塞锥形瓶中，加碘化钾 2g，振摇使溶解，加盐酸溶液（1→2）10mL，密塞，摇匀，在暗处放置 10min，用 0.1185mol/L $Na_2S_2O_3$ 标准溶液滴定，至近终点时，加淀粉指示液 2mL，继续滴定至蓝色消失，溶液显亮绿色，并将滴定的结果用空白试验校正后消耗 $Na_2S_2O_3$ 标准溶液 11.00mL，求此原料药的纯度。

（ $M_{C_{20}H_{18}ClNO_4 \cdot 2H_2O} = 407.85$ ）
（95.56%）

课 程 人 文

碘，对我们很重要！

碘对动植物的生命是极其重要的。海水里的碘化物和碘酸盐进入大多数海生物的新陈代谢中。在高级哺乳动物中，碘以碘化氨基酸的形式集中在甲状腺内，缺乏碘会引起甲状腺肿大。约 2/3 的碘及化合物用来制备防腐剂、消毒剂和药物，如碘酊和碘仿 CHI_3。碘酸钠作为食品添加剂补充碘摄入量不足。

黏附在皮肤上的碘可用硫代硫酸钠或碳酸钠溶液洗去。

口服碘制剂中毒的小儿应立即给小儿口服大量淀粉食物，如米汤、藕粉、面条、稀饭、面包、饼干等，然后催吐，再用 1%～10% 的淀粉液或米汤洗胃，也可用 1% 的硫代硫酸钠溶液洗胃，直到洗出液体无蓝色为止。

第9章
电位法和永停滴定法

电化学分析（electrochemical analysis）是根据待测组分的电化学性质，选择适当的电化学电池，通过测定某种电信号（如电位、电流、电导、电量）强度的变化，从而对被测组分进行定量、定性分析。根据所测定电化学参数的不同，电化学分析法主要分为四类：电位法、伏安法、电导法和电解法。

电位法（potentiometry）是通过测量原电池的电动势，确定待测组分的含量的方法。可分为直接电位法（direct potentiometry）和电位滴定法（potentiometric titration）。

伏安法（voltammetry）是根据电解过程中电流和电压变化曲线（伏安曲线），对被测组分进行定性、定量分析的方法。可分为极谱法（polarography）、溶出伏安法（stripping voltammetry）和电流滴定法（amperometric titration）。其中电流滴定法是在固定电压下，使被测组分或滴定剂电解产生电流，根据滴定过程中电流的变化确定滴定终点的方法，包括单指示电极电流滴定法和双指示电极电流滴定法，后者又称永停滴定法（dead-stop titration）。

电导法（conductometry）是根据溶液的电导（或电阻）与被测离子浓度的关系进行分析的方法。可分为直接电导法（direct conductometry）和电导滴定法（conductometric titration）。

电解法（electrolytic method）是根据通电时，待测物在电极上定量沉积的性质以确定待测组分的含量的分析方法。可分为电重量法（electrogravimetry）、库仑法（coulometry）和库仑滴定法（coulometric titration）。

电化学分析方法属于仪器分析方法，该方法灵敏度较高，选择性好，所需仪器设备简单，操作方便，测量速度较快，不受试样颜色、浊度等因素的干扰，易于实现自动化等。随着技术发展，电化学分析方法在微量分析、单细胞检测、活体检测、实时分析、无损分析等方面有较大的发展和应用，在医药卫生、生命科学等领域有着广阔的前景。

电位法和永停滴定法是目前我国药品生产和研究领域应用最多的电化学分析法。本章主要介绍直接电位法、电位滴定法和永停滴定法。

第1节 基 本 原 理

一、化学电池

化学电池（electrochemical cell）是化学能与电能互相转化的一种装置，由两个电极及电解质溶液组成。化学电池分为原电池（galvanic cell）和电解池（electrolytic cell）两类。

原电池是将化学能转变成电能的装置，其电极反应可自发进行（图9-1）。

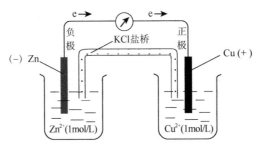

图 9-1　铜-锌原电池示意图

在图 9-1 所示的铜-锌原电池中，其电池符号可表示为

$$(-)Zn \mid ZnSO_4(1mol/L) \parallel CuSO_4(1mol/L) \mid Cu(+)$$

正极和负极上发生的半电池反应如下

$$负极（锌极）\quad Zn - 2e \rightleftharpoons Zn^{2+}$$

$$正极（铜极）\quad Cu^{2+} + 2e \rightleftharpoons Cu$$

原电池的总反应为

$$Cu^{2+} + Zn \rightleftharpoons Cu + Zn^{2+}$$

原电池的电动势（electromotive force，EMF）为

$$E = \varphi_{(+)} - \varphi_{(-)} = \varphi_{Cu^{2+}/Cu} - \varphi_{Zn^{2+}/Zn}$$

电解池是将电能转变成化学能的装置，其电极反应不能自发进行，需要外电源供给能量才能实现，如图 9-2 所示。

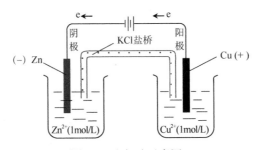

图 9-2　电解池示意图

如图 9-2 所示，若在两电极间外加一足够大电压，则此时发生的是电解反应，此电池为电解池，其阴极（负极）和阳极（正极）半电池反应为

$$阴极（锌极）\quad Zn^{2+} + 2e \rightleftharpoons Zn$$

$$阳极（铜极）\quad Cu - 2e \rightleftharpoons Cu^{2+}$$

电解池的总反应为

$$Cu + Zn^{2+} \rightleftharpoons Cu^{2+} + Zn$$

上述反应是铜锌原电池反应的逆反应，其反应需外加能量才能得以进行。

本章将介绍的直接电位法和电位滴定法使用的测量电池均为原电池;而永停滴定法使用的测量电池为电解池。

二、相界电位和液接电位

相界电位（phase boundary potential）也是我们常说的金属电极电位（metal electrode），是由两相界面存在双电层而产生的。当金属作为电极插入含有该金属离子的溶液中时，在金属与其离子溶液两相界面上，金属可能失去电子进入到溶液中，而溶液中金属离子又可能得到电子沉积到金属表面。若金属失电子能力大于其离子得电子能力，金属越过界面进入溶液中，两相界面金属表面带负电，溶液带正电；如果金属离子得电子能力大于其金属失电子能力，则金属离子越过界面，附于金属上，两相界面金属表面带正电，溶液带负电。当金属进入溶液的速度与金属离子沉积到金属表面上的速度达到动态平衡时，在金属与溶液界面上形成了稳定的双电层而产生电位差，即相界电位，如图 9-3 所示。

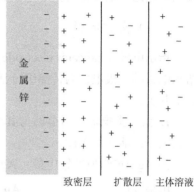

图 9-3　相界电位双电层结构示意图

液接电位（liquid-junction potential）是当两种不同溶液相互接触时，在它们之间会产生一个接界面，在接界面的两侧，由于溶液的组成和浓度不同，造成离子在溶液中扩散速率不同而引起的电势差，又称为扩散电位。例如两种不同浓度的 HCl 溶液相接触时，浓度大的 HCl 溶液中的 H^+、Cl^- 将向浓度小的一方扩散，见图 9-4 所示，由于 H^+ 的扩散速率较 Cl^- 扩散速率大，界面稀溶液一侧积聚了过量的 H^+，带正电荷；在浓溶液一侧相对 Cl^- 过量，带负电荷，在液接界面上形成了双电层，从而建立界面电势差。该电势差将抑制 H^+ 的扩散，加速 Cl^- 的扩散，最终使两者速率相等，达到电势和浓差的相对稳定扩散状态。此时，溶液界面上形成的微小电位差即液接电位。

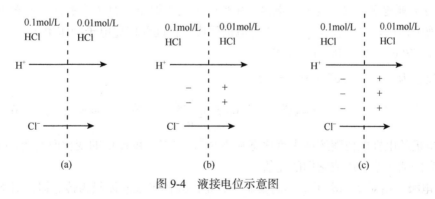

图 9-4　液接电位示意图

由于液接电位难以计算和测量，给电极电位的测定带来一定的影响，因此，在实际工作中常使用盐桥来消除或减少液接电位。常用作盐桥的电解质有 KCl、NH_4Cl、KNO_3 等，一般用得较多的是高浓度的 KCl 溶液。由于 KCl 溶液的浓度较高，扩散作用以 K^+、Cl^- 为主，K^+、Cl^- 的扩散速率基本相等，且两个液接电位方向相反，可相互抵消液接电位。盐桥是化学电池中常见的一种装置。

三、指示电极和参比电极

前面已提到，化学电池组成中包括两个电极，一般称为正极、负极，但在电位分析法中，我们把这两个电极称为指示电极和参比电极。

（一）指示电极

指示电极（indicator electrode）是指电极电位随待测组分活（浓）度变化而变化的电极。指示电极的电极电位与待测组分活（浓）度间的关系符合 Nernst 方程式。常见的指示电极有以下几类：

1. 第一类电极 由金属与其金属离子的溶液组成体系，该类电极的电极电位能反映相应金属离子的活（浓）度。

如 Ag-Ag⁺组成的银电极：$Ag \mid Ag^+$（a）

电极反应为 $\qquad Ag^+ + e \rightleftharpoons Ag$

电极电位（25℃）为 $\qquad \varphi = \varphi^\ominus_{Ag^+/Ag} + 0.059 \lg a_{Ag^+}$ 或 $\qquad \varphi = \varphi^{\ominus\prime}_{Ag^+/Ag} + 0.059 \lg c_{Ag^+}$

2. 第二类电极 由金属及其金属难溶盐组成电极体系，该类电极的电极电位能反映与金属离子生成难溶盐的阴离子活（浓）度。

如 Ag-AgCl 电极：$Ag \mid AgCl \mid KCl$（a）

电极反应为 $\qquad AgCl + e \rightleftharpoons Ag + Cl^-$

电极电位（25℃）为 $\qquad \varphi = \varphi^\ominus_{AgCl/Ag} - 0.059 \lg a_{Cl^-}$ 或 $\qquad \varphi = \varphi^{\ominus\prime}_{AgCl/Ag} - 0.059 \lg c_{Cl^-}$

这类电极的电极电位随溶液中难溶盐阴离子活（浓）度的变化而改变，可用于测定难溶盐阴离子的浓度。

3. 惰性金属电极 又称为零类电极，由惰性金属（如 Pt）插入含有同一元素不同氧化态电对的溶液中构成。惰性金属本身不参与电极反应，仅起到传递电子的作用。

如 Pt-Fe³⁺/Fe²⁺电极：$Pt \mid Fe^{3+}, Fe^{2+}$

电极反应为 $\qquad Fe^{3+} + e \rightleftharpoons Fe^{2+}$

电极电位（25℃）为 $\qquad \varphi = \varphi^\ominus_{Fe^{3+}/Fe^{2+}} + 0.059 \lg \dfrac{a_{Fe^{3+}}}{a_{Fe^{2+}}}$ 或 $\qquad \varphi = \varphi^{\ominus\prime}_{Fe^{3+}/Fe^{2+}} + 0.059 \lg \dfrac{c_{Fe^{3+}}}{c_{Fe^{2+}}}$

这类电极的电极电位随溶液中氧化态和还原态活（浓）度比值的变化而改变，可用于测定溶液中两者的活（浓）度或它们的比值。

4. 膜电极 由对待测离子敏感的膜制成，是以固体膜或液体膜为传感器，对溶液中某特定离子产生选择性响应的电极，又称为离子选择电极（ion selective electrode，ISE）。这类电极不同于上述几类电极，在膜电极（membrane electrode）上没有电子交换反应，电极电位被认为主要是基于响应离子在膜上交换和扩散等作用的结果，与试液中待测离子活（浓）度的关系符合 Nernst 方程式

$$\varphi = K \pm \frac{2.303RT}{nF} \lg a \qquad (9\text{-}1)$$

式中，K 为电极常数，阳离子取"+"，阴离子取"−"；n 是待测离子电荷数。

比较常用的膜电极有 pH 玻璃电极、钙电极、氟电极等。

（二）参比电极

参比电极（reference electrode）是指在一定条件下，电极电位恒定不变的电极。这类电极不能测定被测离子的浓度，仅为电位测量提供参考水准。目前，常用的参比电极有饱和甘汞电极和银-氯化银电极。

1. 饱和甘汞电极（saturated calomel electrode，SCE）　由金属汞、甘汞（Hg_2Cl_2）和饱和 KCl 溶液组成（图 9-5）。

新制甘汞电极时，通常是将 Hg_2Cl_2 细粉与几滴汞在玛瑙研钵中进行干研磨，然后加几滴 KCl 溶液调制成灰色糊状物，加入纯汞，最后加入所需的 KCl 溶液。饱和甘汞电极由内、外两个玻璃管构成，内管上端封接一根铂丝，铂丝与电极线相连，铂丝下端插入盛有 Hg 和 Hg-Hg_2Cl_2 的糊状混合物，下端用石棉类多孔物堵塞。外玻璃管内充饱和 KCl 溶液，电极下部与待测溶液接触部分是素烧瓷微孔物质隔层，用以阻止电极内外溶液的相互混合，又可为内外溶液提供离子通道，起盐桥作用。

电极组成　　　　　　　$Hg \mid Hg_2Cl_2 \mid KCl\ (a)$

电极反应　　　　　　　$Hg_2Cl_2 + 2e \Longleftrightarrow 2Hg + 2Cl^-$

电极电位（25℃）　　$\varphi = \varphi^{\ominus}_{Hg_2Cl_2/Hg} - 0.059\lg a_{Cl^-}$　　或　　$\varphi = \varphi^{\ominus'}_{Hg_2Cl_2/Hg} - 0.059\lg c_{Cl^-}$　　　　（9-2）

常温下，甘汞电极的电极电位与 Cl^- 活（浓）度相关，当 KCl 溶液活（浓）度一定时，其电极电位为一固定值。SCE 构造简单，电位稳定，使用方便，是最常用的参比电极。

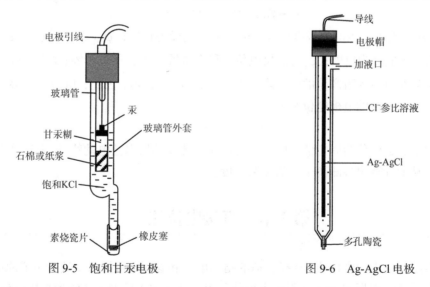

图 9-5　饱和甘汞电极　　　　　　　　　图 9-6　Ag-AgCl 电极

2. 银-氯化银电极（silver-silver chloride electrode，SSE）　由银丝镀上一层 AgCl，插入一定浓度的 KCl 溶液中构成，如图 9-6。

电极组成　　$Ag \mid AgCl \mid KCl\ (a)$

电极反应　　$AgCl + e \Longleftrightarrow Ag + Cl^-$

电极电位（25℃）　　$\varphi = \varphi^{\ominus}_{AgCl/Ag} - 0.059\lg a_{Cl^-}$　　或　　$\varphi = \varphi^{\ominus'}_{AgCl/Ag} - 0.059\lg c_{Cl^-}$　　　（9-3）

由上可知，在一定温度下，Ag-AgCl 电极电位与 Cl^- 活（浓）度有关，当 Cl^- 活（浓）度恒定时，其电极电位为恒定不变值。由于 SSE 电极构造简单，常用作玻璃电极和其他离子选择性电极的内参比电极，以及复合电极的内、外参比电极。

3. 参比电极的选择原则

①参比电极结构和组成要稳定，电极电位不随分析测量进程、待测离子的浓度变化而发生改变；

②参比电极为可逆电极，其电位值可通过 Nernst 方程式计算；

③参比电极应有良好的恢复性，当有电流突然通过后电位值可以很快恢复稳定；

④参比电极应具有良好的重现性；

⑤具体选用参比电极时，应考虑使用的溶液体系的影响。参比电极的组成物质不与电解液成分发生反应、指示电极与参比电极体系间的溶液不发生相互作用和污染，一般原则是采用相同离子溶液的参比电极，如在含氯离子的溶液中采用甘汞电极或在含硫酸根的溶液中采用汞-硫酸亚汞电极。

四、原电池电动势的测量

通过指示电极的电极电位可测得待测离子的活（浓）度，但单个电极的电极电位是无法测定的，必须将指示电极和参比电极插入试液中组成原电池，通过测量原电池的电动势得到指示电极的电极电位。

电池电动势（EMF 或 E）可表示为

$$E = \varphi_{(+)} - \varphi_{(-)} + \varphi_\mathrm{j} - I \cdot R \tag{9-4}$$

式中，$\varphi_{(+)}$ 表示原电池正极的电极电位，一般以参比电极为正极；$\varphi_{(-)}$ 表示原电池负极的电极电位，一般以指示电极为负极；φ_j 为液接电位，利用盐桥可使 φ_j 接近为零；I 为通过电池的电流强度，$I \cdot R$ 为在电池内阻产生的电压降，当 $I \to 0$，则 $I \cdot R \to 0$。因此，电池电动势的大小只与指示电极、参比电极的电极电位有关，即

$$E = \varphi_\mathrm{参} - \varphi_\mathrm{指} \tag{9-5}$$

由于参比电极的电位为固定值，因此，可由实验测得的原电池电动势 E 来计算指示电极的电极电位，从而计算出待测离子的活（浓）度。

第 2 节　直接电位法

根据待测组分的电化学性质，选择合适的指示电极和参比电极插入试液中组成原电池，测量原电池的电动势，根据 Nernst 方程式求得待测组分活（浓）度的方法称为直接电位法。

一、溶液的 pH 测定

溶液 pH 的测定是直接电位法中最广泛应用的一种方法。测量溶液 pH 常用玻璃电极为指示电极，饱和甘汞电极为参比电极，组成原电池进行测定。

（一）pH 玻璃电极

1. 构造　pH 玻璃电极（图 9-7）是由玻璃管、内参比溶液、内参比电极及敏感玻璃球膜

组成。玻璃球膜由 SiO_2 和 Na_2O 及少量 CaO 烧制而成，厚度小于 0.1mm，对溶液中 α_{H^+} 敏感，其电极电位与溶液中 α_{H^+} 相关；管内盛有 pH 为 4 或 7 的一定浓度 KCl 溶液作为内参比溶液；插入 Ag-AgCl 电极为内参比电极；因为玻璃电极的内阻很高（>100MΩ），电极引出线和导线都要高度绝缘，并装有金属屏蔽层。

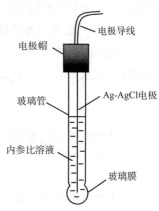

图 9-7 pH 玻璃电极示意图

复合 pH 电极是将玻璃电极与外参比饱和甘汞电极置于一体，以便使用，其结构示意图见图 9-8。

2. 原理 球形玻璃膜组成的晶格中一价阳离子可以自由进出，而高价阳离子和阴离子均不能自由进出。当玻璃膜浸入水溶液并水化（玻璃膜外层变为凝胶状）后，由于存在浓差扩散，Na^+ 可以自由移出水化层，而溶液中 H^+ 可进入水化层晶格占据 Na^+ 点位，直至达交换平衡。水化层中的 Na^+ 与溶液中 H^+ 进行下列交换反应

$$H^+（溶液）+Na^+Gl^-（玻璃膜）\rightleftharpoons Na^+（溶液）+H^+Gl^-（玻璃膜）$$

该反应平衡常数很大，可使玻璃膜水化层中 Na^+ 点位几乎全被 H^+ 占据。当玻璃膜在水中充分浸泡时，玻璃膜表面可形成约 $10^{-5}\sim10^{-4}$mm 凝胶水化层，简称水化层。在玻璃膜的中间部分，由于无法水化，称为干玻璃层，见图 9-9。

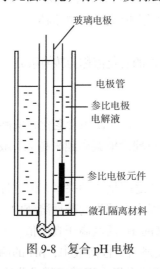

图 9-8 复合 pH 电极

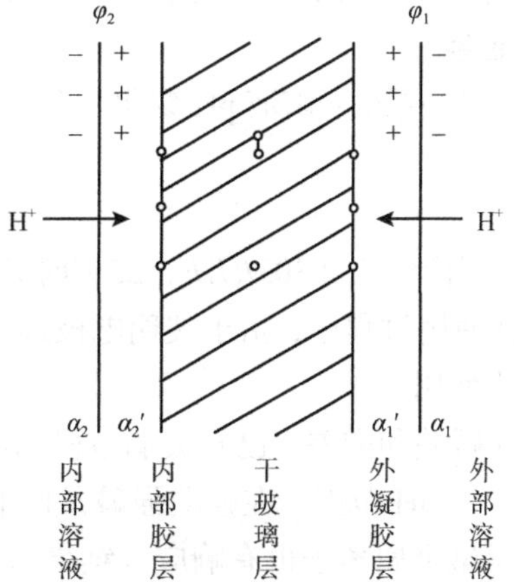

图 9-9 pH 玻璃电极膜电位形成示意图

当充分水化后的玻璃电极置于待测溶液中，由于待测液中的 α_{H^+} 与水化层中 H^+ 存在活度差，H^+ 将由高活度向低活度方扩散，例如若待测溶液中的 α_{H^+} 向水化层中扩散，则水化层中阳离子多，待测液中阴离子过剩，因而两相界面形成双电层，产生电位差，称此电位差为相界电位。待测溶液与玻璃膜水化层相界的电极电位为外相界电位 $\varphi_{外}$；内参比溶液与玻璃膜内表面水化层相界也产生电位差，称为内相界电位 $\varphi_{内}$。

显然，相界电位的大小与两相间 H^+ 活度有关，其关系为

$$\varphi_{外}=K_1+\frac{2.303RT}{F}\lg\frac{\alpha_1}{\alpha_1'} \tag{9-6}$$

$$\varphi_{内}=K_2+\frac{2.303RT}{F}\lg\frac{\alpha_2}{\alpha_2'} \tag{9-7}$$

式中，α_1、α_1' 分别为待测溶液和外水化层中 H^+ 活度；α_2、α_2' 分别为内参比液和内水化层中 H^+ 活度；K_1、K_2 是与玻璃膜外、内表面物理性能有关的常数。

玻璃膜内、外水化层之间的电位差形成了玻璃膜电位 $\varphi_{膜}$，对于同一支玻璃电极，膜内外表面性质基本相同，即 $K_1=K_2$、$\alpha_1'=\alpha_2'$，因此，有

$$\varphi_{膜}=\varphi_{外}-\varphi_{内}=\frac{2.303RT}{F}\lg\frac{a_1}{a_2} \tag{9-8}$$

又因为玻璃电极中内参比溶液的 H^+ 活度一定，即 α_2 为定值，所以

$$\varphi_{膜}=K'+\frac{2.303RT}{F}\lg a_1 \tag{9-9}$$

对于整个玻璃电极而言，其电极电位 $\varphi_{玻}$ 为玻璃膜电位和内参比电极电位之和，即

$$\varphi_{玻}=\varphi_{内参比}+\varphi_{膜}=\varphi_{内参比}+K'+\frac{2.303RT}{F}\lg a_1$$

$$\varphi_{玻}=K-\frac{2.303RT}{F}\text{pH} \tag{9-10}$$

在 25℃时，

$$\varphi_{玻}=K-0.059\text{pH} \tag{9-11}$$

式中，K 称为电极常数，与玻璃电极的性能有关。上式表明，玻璃电极的电位与膜外试液中 H^+ 活度的对数之间呈线性关系，符合 Nernst 方程式，故可用于溶液 pH 的测量。

3. 性能

（1）转换系数：溶液 pH 变化一个单位引起玻璃电极电位的变化值称为转换系数，用 S 表示。

$$S=-\frac{\Delta\varphi}{\Delta\text{pH}}$$

S 的理论值为 $2.303RT/F$，25℃时为 0.059V。玻璃电极经长期使用会老化，实际转换系数变小，在使用过程中，由于玻璃电极逐渐老化，实际 S 值与理论值偏离越来越大，最后电极变得不宜再使用。

（2）碱差和酸差：已知玻璃电极的电极电位与溶液 pH 之间呈线性关系，但这种线性关系只适合一定 pH 范围，在强酸强碱条件下则会偏离线性。因为在较强的碱性溶液中，玻璃电极对 Na^+ 等碱金属离子也有响应，结果由电极电位反映出来的 H^+ 活度高于真实值，即 pH 低于真实值，产生负误差，这种现象称为碱差或钠差。而在较强的酸性溶液中，pH 的测定值高于真实值，产生正误差，这种现象称为酸差。不同型号的玻璃电极由于玻璃膜成分的差异，pH 测量范围不完全一样，在实际工作中，应在玻璃电极的 pH 使用范围内进行测定。

（3）不对称电位：通过前述推导可知，若是待测溶液 H^+ 活度与内参比溶液中 H^+ 活度相同，则 $\varphi_{外}=\varphi_{内}$，膜电位应等于零，但实际上并不为零，而是有几毫伏的电位差存在，该电位称为不对称电位。产生的原因之一是玻璃膜内外表面的结构和性能稍有差异所致；另外，使用时内、外膜的水化程度不同也会带来不对称电位。干玻璃电极的不对称电位很大，在水中浸泡 24h 以上可充分活化电极，减小并稳定不对称电位。

（4）使用温度：使用温度过高，电极寿命下降；使用温度过低，电极内阻增大；玻璃电极使用温度通常在 5~60℃。

电极随着使用时间增加而老化，当玻璃电极老化至一定程度时应予以更换。

（二）pH 计测量原理和方法

测量溶液 pH 的原电池可表示为

（-）玻璃电极｜待测溶液（a_{H^+}）‖ SCE（+）

25℃时，其电池电动势为

$$E = \varphi_{SCE} - \varphi_{玻} = \varphi_{SCE} - (K - 0.059pH) = K' + 0.059pH \qquad (9\text{-}12)$$

由式（9-12）可知，原电池电动势 E 与 pH 之间呈线性关系，通过测定溶液 E，即可求出待测溶液 pH。式中，K' 在一定条件下是常数，但电极不同、内参比溶液等不同均对其有影响，且 K' 不易测得。在实际 pH 测量中，常采用"两次测量"法。

若 25℃时，首先测定 pH_S 已知、准确的标准缓冲溶液的电动势 E_S，再测得待测溶液的电动势 E_X

$$E_S = K' + 0.059pH_S$$
$$E_X = K' + 0.059pH_X$$

由于在同样条件下、使用同样电极对进行测量，可以认为两个 K' 近似相同，故有

$$pH_X = pH_S + \frac{E_X - E_S}{0.059} \qquad (9\text{-}13)$$

根据式（9-13），由于 pH_S 为已知值，只要测出 E_S 和 E_X，即可计算得到试液的 pH_X，可消除 K' 的不确定性带来的测量误差。

在两次测量法中，由于饱和甘汞电极在标准缓冲液和待测溶液中的液接电位不可能完全相同，二者之差称为残余液接电位。因此选择标准缓冲液 pH_S 应尽可能地与待测 pH_X 相接近，以减少残余液接电位造成的测量误差，通常控制 pH_S 和 pH_X 之差在 ±3 个 pH 单位之内。实际测量时，常先用两种标准缓冲溶液校正仪器，然后测量试液，即可直接读出待测溶液的 pH。

标准缓冲溶液对 pH 测定的准确度起到决定性的作用，常用的标准缓冲溶液有 5 种，分别为 0.05mol/L 草酸三氢钾、0.05mol/L 邻苯二甲酸氢钾、0.025mol/L 混合磷酸盐、0.01mol/L 硼砂、25℃饱和氢氧化钙，这五种标准缓冲溶液的 pH 随温度的不同而不同，但在一定温度下，其 pH 为固定值，可作为测定 pH 的相对标准溶液使用，具体可参考本书附录九。标准缓冲溶液要按规定的方法配制，保存，一般可存放 2～3 个月；标准缓冲溶液可重复使用，但若发现有浑浊、发霉或沉淀等现象时，则不能继续使用。

（三）pH 计使用

pH 计是使用玻璃电极测定溶液 pH 的一种电位计，随着现代电子数字技术的飞速发展，其类型各式各样，但其仪器主要组成由三部分构成：指示电极（玻璃电极）、参比电极（饱和甘汞电极）、电位计。为了测量方便，pH 计内部安装的电子线路可将电位值直接转换为 pH 读数，由此，pH 计既可直接读取电位值，又可直接读取 pH；又由于温度对溶液 pH 有影响，在 pH 计上装有温度调节器，以补偿由于温度的变化而引起 pH 的变化带来的误差，称为温度补偿装置；pH 计上还有读数定位调节器，用标准缓冲溶液校准时，调节它使仪器显示的 pH 与标准缓冲溶液的 pH 相等；pH 计上还装有斜率调节装置，主要用于两种标准缓冲溶液校正仪器时，调节斜率。pH 计使用时，应注意以下几点：

①普通玻璃电极的使用范围：pH =1～9，注意不可在过酸或过碱溶液中使用。

②干电极使用前在蒸馏水中浸泡 24h 以上。

③开机后预热一段时间，一般电子元件要达到稳定状态，均需预热一定时间。

④待测溶液的温度与标准缓冲溶液的温度应一致，并与温度补偿装置的温度一致。

⑤标定仪器选用的缓冲溶液应尽可能与待测溶液 pH 接近，一般 ΔpH≤ ±3。

⑥仪器定位后，再用第二种标准缓冲液核对仪器示值，误差应不大于±0.02 pH 单位。若大于此偏差，则应小心调节斜率，使示值与第二种标准缓冲液的表列数值相符。

⑦每次更换标准缓冲液或待测溶液前，应用纯化水充分洗涤电极，然后将水吸尽，也可用所换的标准缓冲液或待测溶液洗涤。

⑧标准缓冲液一般可保存 2～3 个月，但发现有浑浊、发霉或沉淀等现象时，不能继续使用。

⑨由于 HF 溶液腐蚀玻璃，因此，玻璃电极不能用于含氟化物酸性溶液 pH 测定。

（四）应用

pH 计是测量溶液 pH 最方便、快速的仪器。不仅可以进行一般溶液 pH 的测定，也适用于有色、黏稠、浑浊溶液的 pH 测量，在医药卫生、科学研究等各方面都得到广泛运用。pH 计使用步骤主要包括以下几步。

（1）开机：电源接通后，预热。

（2）设置：①把选择旋钮调到 pH 挡；②调节温度旋钮。

（3）标定仪器：①把清洗过的电极插入混合磷酸盐的缓冲溶液（25℃时，pH=6.86）中，调节定位调节旋钮，使仪器显示 6.86；②用邻苯二甲酸氢钾标准缓冲溶液（25℃时，pH=4.00）或硼砂标准缓冲溶液（25℃时，pH=9.18）调节斜率旋钮到 4.00（或 9.18）。

（4）测定待测液：用校正好的 pH 计直接测定待测溶液。

二、其他离子活（浓）度的测定

离子选择性电极（ion selective electrode，ISE）是一种对溶液中特定离子有选择性响应能力的电极。除了前面所述的玻璃电极对 H^+ 敏感，可用于测定 α_{H^+} 外，还有一些其他的离子选择性电极，对某些特定离子敏感，可用于这些离子活（浓）度的测定。

（一）离子选择电极的基本结构和测定原理

离子选择电极包括电极膜、电极管、内参比电极和内参比溶液四个部分。其中电极膜是对待测离子敏感材料，电极的选择性随电极膜特性而异。当把电极浸入响应离子溶液后，在电极膜和待测液界面形成双电层，产生膜电位。由于内参比溶液组成恒定，故离子选择电极电位仅与待测液中响应离子的活度有关，并符合 Nernst 方程式

$$\varphi_{ISE} = K \pm \frac{2.303RT}{nF} \lg a \qquad (9\text{-}14)$$

（二）常见的离子选择电极

1. 晶体膜电极（crystalline membrane electrode）　分为均相膜电极和非均相膜电极。均相膜电极的膜材料由一种或几种化合物的均匀混合物的晶体制成；非均相膜电极由多晶中掺入某

种惰性材料制成。如氟离子单晶膜电极，敏感膜是氟化镧单晶制成电极膜，以 NaF-NaCl 溶液为内参比液，以 Ag-AgCl 电极作内参比电极，由于溶液中的 F^- 能扩散进入膜中，在两相界面上建立双电层结构而产生膜电位，所以，电极电位能反映试液中 F^- 活度。

2. 非晶体电极（non- crystalline electrode） 电极膜由非晶体化合物均匀分散在惰性支持体上制成，又分为刚性基质电极和流动载体电极。刚性基质电极包括各种玻璃电极，除了 pH 玻璃电极，还有 Na^+ 电极、Li^+ 电极、K^+ 电极等；流动载体电极亦称液膜电极，它的电极膜是用浸有某种液体离子交换剂或中性载体的惰性多孔膜制成。根据流动载体的带电性质，又进一步分为带正、负电荷和中性流动载体电极。如常用的钙离子电极就是一种带负电荷的流动载体电极，它用二癸基磷酸根作为载体，此试剂与钙离子作用生成二癸基磷酸钙，当其溶于癸醇等有机溶剂中，即得离子缔合型液态活性物质，由此可制得对钙离子敏感的液态膜。

3. 气敏电极（gas sensing electrode） 是一种气体传感器，主要用于测定气体的含量，由指示电极、参比电极、内电解液溶液和微多孔性气体渗透膜等组成。如 NH_3 气敏电极，以 pH 玻璃电极为基本电极，Ag-AgCl 为参比电极，0.1mol/L NH_4Cl 溶液为内电解液，以聚四氟乙烯微孔薄片为透气膜组合而成。测定时，试液中的 NH_3 通过透气膜向内扩散，平衡后膜内外溶液中 NH_3 气分压相等，且气体分压与其在溶液中的浓度成正比。由于 NH_3 的水解改变溶液的 pH，所以用 pH 电极测定其改变值，就可以计算出氨的含量。除了 NH_3 气敏电极，还有 CO_2、H_2S、HAc 和 Cl_2 等气敏电极被研究和应用。

4. 酶电极（enzyme electrode） 将能与待测物质发生酶催化作用的生物酶涂布在电极的敏感膜上制成。待测物质在酶的作用下，可生成在该电极上产生响应的成分。例如，葡萄糖酶电极是将葡萄糖氧化酶固定在电极表面组成的选择性识别葡萄糖的酶电极。葡萄糖在酶作用下发生氧化反应，消耗一定量 O_2，可通过氧电极检测试液中的氧含量变化来间接测定葡萄糖含量。

（三）离子选择电极的性能

1. 线性范围 离子选择电极的电极电位与待测离子的活度的对数有线性关系，但这种线性关系只是在一定的浓度范围内才能成立，超出此浓度范围则其线性会发生偏离，电极电位具有的这种线性关系的浓度范围称为 Nernst 响应线性范围。如图 9-10 所示，直线 C、D 两点所对应的横坐标为其线性浓度范围，所有有效的测量应在线性范围内进行。

2. 检测限 指离子选择电极能够检测出待测离子的最低活度。检测限可由工作曲线确定，当待测离子活度很低时，电极响应发生变化，曲线逐渐弯曲，如图 9-10 中 GF 和 CD 的延长线的交点 A 对应的待测离子的活度 α_i 即为检测限。

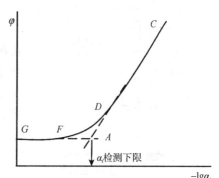

图 9-10 离子选择电极的校正曲线和检测下限

3. 选择性系数 同一敏感膜上，可以有多种离子有不同程度的响应，选择性系数是指在相同条件下，同一电极对不同离子响应能力之比，用 $K_{A,B}$ 表示。如果以 A 代表选择响应离子，B 代表发生干扰响应离子，n_A、n_B 分别代表 A、B 离子的电荷，a_A、a_B 分别代表它们的活度。$K_{A,B}$ 为电位选择性系数，可理解为提供相同电位响应的 A、B 离子的活度比，则

$$K_{A,B} = \frac{a_A}{a_B^{n_A/n_B}}$$

可见，$K_{A,B}$ 愈小，表明该电极对被测离子 A 的选择性就愈高。

4. 响应时间 指从测量电极插入试液中到电极电位稳定所需要的时间。响应时间一般为数秒钟到几分钟，其长短与电极有关，同时还与待测离子浓度有关。溶液浓度愈低，响应时间愈长。搅拌可缩短响应时间。

除了上述重要性能外，离子选择电极还有 pH 范围、温度系数、膜电阻、膜不对称电位和使用寿命等性能参数。

第3节 电位滴定法

电位滴定法是利用滴定过程中指示电极电位的变化来确定滴定终点的分析方法。前面我们学习了各类滴定分析法，每一种方法都是利用指示剂的颜色变化来指示终点到达，称为指示剂滴定法。而电位滴定法是利用指示电极、参比电极及待滴定溶液组成原电池，通过测定其原电池电动势的变化来指示终点。电位滴定法与指示剂滴定法相比，具有以下特点：①运用范围广，可用于各种滴定分析法中。酸碱、沉淀、配位、氧化还原等滴定法中，每一类滴定法均有相应的指示剂确定终点，这些指示剂是不能通用的，而电位滴定法通用于不同类型的滴定分析中。②可对有色、浑浊的样品或者无合适指示剂的样品溶液进行测定。③具有客观性强、准确度高的特点。④易于实现滴定分析自动化。⑤操作耗时长，数据处理复杂。

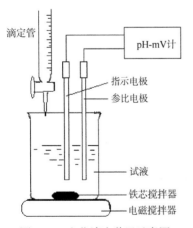

图 9-11 电位滴定装置示意图

一、原理及装置

在滴定分析中，随着滴定剂的不断加入，被测离子的浓度越来越小，根据 Nernst 方程，其电极电位随之发生变化，化学计量点附近，被测离子浓度发生突变，引起电极电位的突变，从而确定滴定终点，完成滴定分析。电位滴定基本装置如图 9-11。

二、终点确定方法

进行电位滴定时，记录整个滴定过程中加入滴定剂的体积（V）及相应的电动势（E），直到化学计量点以后。测得数据 E、V 并计算出 ΔE、ΔV、$\Delta E/\Delta V$、$\Delta^2 E/\Delta^2 V$。为了滴定测量的准确和数据处理简便，一般在计量点附近，滴定剂的加入体积及测量电动势的间隔要小，最好每加 1~2 滴滴定剂（0.05~0.10mL）记录一次数据，并保持每次加入滴定剂的体积相等，在远离化学计量点处滴加滴定剂的体积及测定电动势的间隔可大

些。表 9-1 为某一电位滴定数据记录和数据处理表，现以该表数据为例，介绍电位滴定终点确定方法。

1. E-V 曲线法 以滴定剂体积 V 为横坐标，以电动势 E 为纵坐标作图，所得曲线如图 9-12 所示。曲线的转折点（拐点）所对应的横坐标值即滴定终点体积。该法要求滴定突跃明显，且需通过作图法来获得滴定终点体积的数据。

2. $\Delta E / \Delta V$ - $\overline{V}$ 曲线法（一阶导数法） 用表 9-1 中 $\Delta E / \Delta V$ 对平均体积 $\overline{V}$ 作图，所得曲线如图 9-12 所示。该曲线的最高点所对应的横坐标应与 E-V 曲线拐点对应的横坐标一致，即峰值横坐标为滴定终点。因为极值点较拐点容易准确判断，所以用 $\Delta E / \Delta V$ - $\overline{V}$ 曲线法确定终点也较 E-V 曲线法更为准确。

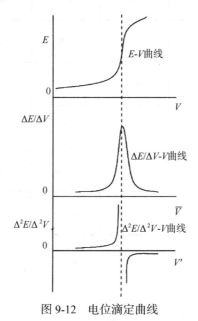

图 9-12 电位滴定曲线

3. $\Delta^2 E / \Delta^2 V$ - V 曲线法（二阶导数法） 用表 9-1 中 $\Delta^2 E / \Delta^2 V$ 对体积 V 作图，所得曲线如图 9-12。观察该曲线可知，滴定计量点前，越接近滴定终点，其 $\Delta^2 E / \Delta^2 V$ 越大，直至 $+\infty$；滴定至计量点后，越靠近滴定终点，$\Delta^2 E / \Delta^2 V$ 无限接近于 $-\infty$，$\Delta^2 E / \Delta^2 V = 0$ 时所对应的体积即为滴定终点的体积。计算该滴定终点的体积，可采用内插法，将 $\Delta^2 E / \Delta^2 V = 0$ 附近的点视为在一条直线上，选择在滴定数据中最靠近滴定终点前后的两点及滴定终点，这三点近似在一条直线上，可利用直线方程计算出当 $\Delta^2 E / \Delta^2 V = 0$ 时对应的体积 V_{ep}。例如用表 9-1 的处理数据计算滴定终点

$$\frac{22.30 - 22.20}{-4.2 - 6.1} = \frac{V_{ep} - 22.20}{0 - 6.1}$$

$$V_{ep} = 22.26 \text{mL}$$

表 9-1　电位滴定数据记录及数据处理表

V/mL	E/mV	ΔE	ΔV	$\Delta E/\Delta V$	$\bar{V}$	$\Delta(\Delta E/\Delta V)$	$\Delta^2 E/\Delta^2 V$
21.00	0.113						
		0.013	0.5	0.026	21.25		
21.50	0.126					0.068	0.14
		0.047	0.5	0.094	21.75		
22.00	0.173					0.146	0.49
		0.024	0.1	0.24	22.05		
22.10	0.197					0.11	1.1
		0.035	0.1	0.35	22.15		
22.20	0.232					0.61	6.1
		0.096	0.1	0.96	22.25		
22.30	0.328					−0.42	−4.2
		0.054	0.1	0.54	22.35		
22.40	0.382					−0.15	−1.5
		0.039	0.1	0.39	22.45		
22.50	0.421					−0.114	−0.38
		0.138	0.5	0.276	22.75		
23.00	0.559					−0.01	−0.02
		0.133	0.5	0.266	23.25		
23.50	0.692						

三、应用示例

电位滴定可用于酸碱滴定、沉淀滴定、配位滴定、氧化还原等各种滴定分析中。滴定时，应根据不同的反应选择合适的指示电极。如对于酸碱滴定可用 pH 玻璃电极作指示电极；沉淀滴定可根据不同的沉淀反应，选用不同的指示电极，如用 $AgNO_3$ 滴定卤素离子，可采用相应的卤素离子选择电极作指示电极或银电极作指示电极；配位滴定法可选择被测金属离子电极或 Pt 电极作指示电极；氧化还原滴定中通常用铂电极作指示电极。

例 9-1　苯巴比妥（$C_{12}H_{12}N_2O_3$）的含量测定法　取本品约 0.2g，精密称定，加甲醇 40mL 使溶解，再加新制的 3% 无水碳酸钠溶液 15mL，以电位滴定法指示终点，用硝酸银滴定液（0.1mol/L）滴定。每毫升硝酸银滴定液（0.1mol/L）相当于 23.22mg 的 $C_{12}H_{12}N_2O_3$。

例 9-2　盐酸二甲双胍（$C_4H_{11}N_5 \cdot HCl$）含量测定　取本品约 60mg，精密称定，加无水甲酸 4mL 使溶解，加乙酸酐 50mL，充分混匀，以电位滴定法指示终点，用高氯酸滴定液（0.1mol/L）滴定，并将滴定的结果用空白试验校正。每毫升高氯酸滴定液（0.1mol/L）相当于 8.282mg 的 $C_4H_{11}N_5 \cdot HCl$。

第 4 节　永停滴定法

永停滴定法（dead-stop titration）又称双指示电极电流滴定法，是根据滴定过程中电流的变化来确定滴定终点的方法。

一、原理及装置

永停滴定仪主要由两个电极、电解液及电源三部分组成。把两支相同的指示电极（常用铂电极）插入到待测试液中，在电极间外加一个小电压（10～200mV），并串联一个检流计，组成一个电解池。测量时，往待测液中加入滴定剂，观察随着加入滴定剂体积的变化，其电解池电流变化的特点，由此确定滴定终点，其装置见图9-13。永停滴定法准确度高，终点确定方便、快捷，是《中国药典》上进行重氮化滴定和用 Karl Fischer 法进行水分测定的一种常用的分析方法。

前面已经介绍过，氧化还原电对可分为可逆电对与不可逆电对两大类。可逆电对的特点是当溶液与双铂电极组成电池后，外加一个很小的电压即能产生电解作用，有电流通过且在氧化还

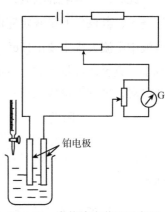

图 9-13　永停滴定装置示意图

原反应的任一瞬间都能迅速地建立起氧化还原平衡，其电极电位符合 Nernst 方程计算出来的理论值，常见的可逆电对有 Fe^{3+}/Fe^{2+}、I_2/I^-、Ce^{4+}/Ce^{3+}、HNO_2/NO 等；不可逆电对的特性是当溶液与双铂电极组成电池，外加一小电压不能发生电解，在氧化还原反应的任一瞬间不能真正建立氧化还原平衡，实际电极电位与理论计算的电位相差较大，常见的不可逆电对有 $Cr_2O_7^{2-}/Cr^{3+}$、$S_4O_6^{2-}/S_2O_3^{2-}$、MnO_4^-/Mn^{2+} 等。

只要滴定体系中有可逆电对存在，就会产生电解反应，就会有电流产生。电流的大小取决于可逆电对中浓度小的氧化态或还原态的浓度，当氧化态和还原态的浓度相等时电流达到最大值。通过观察滴定过程中电流随滴定剂体积增加而变化的情况，即可确定滴定终点。如若溶液中存在可逆电对 I_2/I^-，外加一小电压，则阳极发生氧化反应 $2I^- - 2e \rightleftharpoons I_2$，阴极发生还原反应 $I_2 + 2e \rightleftharpoons 2I^-$，两个电极的电解反应同时发生，电解池中有电流通过，称此电流为电解电流。在滴定过程中，当 $[I^-] = [I_2]$ 时，电解电流最大，当 $[I^-] \neq [I_2]$ 时，电流由浓度小的一方决定；若溶液中只存在不可逆电对 $S_4O_6^{2-}/S_2O_3^{2-}$ 时，同样外加一很小电压，阳极能发生反应 $2S_2O_3^{2-} - 2e \rightleftharpoons S_4O_6^{2-}$，而阴极则不能发生反应 $S_4O_6^{2-} + 2e \rightleftharpoons 2S_2O_3^{2-}$，所以不能发生电解反应，溶液中无电流通过。

二、终点确定方法

根据滴定过程中溶液的电流 I 及滴定剂加入体积 V 的关系 I-V 滴定曲线，在滴定过程中，电流变化一般可分为三种情况。

（一）滴定剂与被测物质均为可逆电对

如 Ce^{4+} 滴定 Fe^{2+}，发生滴定反应：

$$Ce^{4+}+Fe^{2+} \rightleftharpoons Ce^{3+}+Fe^{3+}$$

滴定前，溶液中只存在 Fe^{2+}，不能产生电解电流；滴定开始至计量点前，溶液中存在 Fe^{3+}/Fe^{2+}、Ce^{3+}，其中 Fe^{3+}/Fe^{2+} 为可逆电对，在微小的外加电压作用下，可发生电极反应：

$$阳极 \quad Fe^{2+}-e \rightleftharpoons Fe^{3+} \qquad 阴极 \quad Fe^{3+}+e \rightleftharpoons Fe^{2+}$$

此时，产生电解电流，检流计示有电流通过，且随着滴定剂体积的增大，$[Fe^{3+}]$ 增加，电流增大；当 Fe^{2+} 的量滴定完成 50% 时，即此时 $[Fe^{3+}]/[Fe^{2+}]=1$，电流达最大值；继续滴定，则溶液中电流大小主要由 $[Fe^{2+}]$ 决定，由于随着滴定进行，$[Fe^{2+}]$ 越来越小，其电解电流也越来越小，直至达计量点时，电流降至最小；计量点后，随着滴定剂体积过量，产生 Ce^{4+}/Ce^{3+} 可逆电对，可发生电极反应：

$$阳极 \quad Ce^{3+}-e \rightleftharpoons Ce^{4+} \qquad 阴极 \quad Ce^{4+}+e \rightleftharpoons Ce^{3+}$$

此时，又有电流产生，并且该电流随滴定剂体积增大而加大。记录滴定过程中电流 I 随滴定剂体积 V 变化的曲线如图 9-14（a）所示，电流由下降至上升的转折点对应的体积即为滴定终点体积。

（二）滴定剂为不可逆电对，待测物为可逆电对

如 $Na_2S_2O_3$ 滴定含有过量 KI 的 I_2 溶液。滴定反应为 $2S_2O_3^{2-}+I_2 \rightleftharpoons S_4O_6^{2-}+2I^-$，滴定开始至计量点前，溶液中存在 I_2/I^-，在微小的外加电压作用下，发生如下电极反应：

$$阳极 \quad 2I^--2e \rightleftharpoons I_2 \qquad 阴极 \quad I_2+2e \rightleftharpoons 2I^-$$

此时，产生电解电流，检流计示有电流流过；并且随着滴定剂体积逐渐增大，$[I_2]$ 逐渐减小，电流也随之下降；计量点时，溶液中 $[I_2]$ 几乎为零，电流降到最小；计量点后，随着滴定剂体积过量，溶液中存在 $S_2O_3^{2-}/S_4O_6^{2-}$，但由于其为不可逆电对，没有电流产生，滴定过程中 I-V 曲线如图 9-14（b）所示。电流刚降为最低点所对应的体积为滴定终点体积。

（三）滴定剂为可逆电对，待测物为不可逆电对

如 I_2 滴定 $Na_2S_2O_3$ 溶液。滴定开始至计量点前，由于溶液中只存在不可逆电对 $S_2O_3^{2-}/S_4O_6^{2-}$，所以没有电流通过；计量点时，依旧为 $I=0$。计量点后，由于存在可逆电对 I_2/I^-，且随着滴定剂 I_2 的浓度的增大，电流增大，滴定曲线如图 9-14（c）所示。电流由无到有的那一转变点对应的体积为滴定终点体积。

三、应用示例

永停滴定法在药物分析中有着广泛的运用，如以 $NaNO_2$ 标准溶液为滴定剂，永停滴定法测定芳伯胺类化合物的含量，称为重氮化滴定法。此方法属于可逆电对滴定不可逆电对，计量点前，溶液中无电流通过，稍过计量点后，由于可逆电对 HNO_2/NO 存在，溶液中有电流通过，检流计指针突然偏转，并不再回复，即为滴定终点。其电极反应为

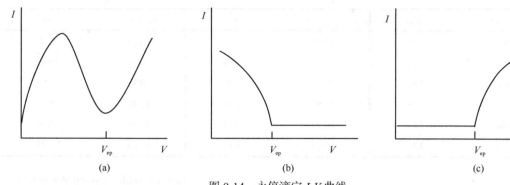

图 9-14　永停滴定 I-V 曲线

（a）Ce^{4+} 滴定 Fe^{2+}；（b）$Na_2S_2O_3$ 滴定 I_2；（c）I_2 滴定 $Na_2S_2O_3$

$$\text{阳极}\qquad NO+H_2O \rightleftharpoons HNO_2+H^++e$$

$$\text{阴极}\qquad HNO_2+H^++e \rightleftharpoons NO+H_2O$$

又如利用卡尔-费歇尔法测定药物中的微量水时常选用永停滴定法确定终点。其原理是在吡啶和甲醇溶液中利用 I_2 氧化 SO_2 时需要定量的水参与反应，其反应为

$$I_2+SO_2+3C_5H_5N+CH_3OH+H_2O \rightleftharpoons 2C_5H_5NHI+C_5H_5NH(SO_4CH_3)$$

此方法属于可逆电对滴定不可逆电对，滴定计量点前，溶液中无电流通过，稍过计量点后，由于可逆电对 I_2/I^- 存在，溶液中有电流通过，检流计指针偏转，指示终点到达。

思考与练习

1. 试述直接电位法、电位滴定法、永停滴定法的原理、测定条件及运用范围。

2. 试述指示电极和参比电极概念、分类及作用。

3. 试以 pH 玻璃电极为例，简述膜电位的形成机理。

4. 试述 pH 计的使用方法及注意事项。

5. 电位滴定法中三种确定终点的方法分别是什么？其终点应如何确定？

6. 什么是可逆电对和不可逆电对？试叙述永停滴定法滴定曲线的形状和滴定终点的确定方法。

7. 常见的标准缓冲溶液有哪些？在 pH 计使用中，如何选择标准缓冲溶液？

8. 为测定某原料药中盐酸普鲁卡因（$C_{13}H_{20}N_2O_2 \cdot HCl$）的含量，精密称取样品 0.6925g，以永停滴定法指示终点，在 15～25℃，用 0.1052mol/L 亚硝酸钠标准溶液滴定至终点时，消耗 23.20mL，求该原料药中盐酸普鲁卡因的百分含量是多少？（$M_{C_{13}H_{20}N_2O_2 \cdot HCl}$=272.8g/mol）　　　　　　　　　　　　　（96.15%）

9. 下表中是 pH 玻璃电极作指示电极，饱和甘汞电极为参比电极，用 0.1000mol/L NaOH 标准溶液滴定 20.00mL 某一元酸 HA 溶液的部分数据记录。

（1）绘制 pH-V 滴定曲线；

（2）绘制 $\Delta pH/\Delta V$-$\overline{V}$ 曲线；

（3）$\Delta^2 pH/\Delta^2 V$-V 曲线；

（4）用二阶导数法确定滴定终点 V_{ep}，计算 HA 溶液浓度；

（5）试分析如何根据该实验求 HA 的 K_a。

V_{NaOH}/mL	pH	V_{NaOH}/mL	pH	V_{NaOH}/mL	pH
2.00	3.92	19.50	6.10	20.10	9.52
5.00	4.22	19.60	6.23	20.20	10.05
10.00	4.62	19.70	6.40	20.30	10.25
15.00	5.06	19.80	6.64	20.40	10.33
18.00	5.45	19.90	7.25	20.50	10.49
19.00	5.80	20.00	8.59	21.00	10.77

（$V_{ep}=19.96$mL，$c_{HA}=0.09980$mol/L）

课 程 人 文

孟子曰："君子有三乐，而王天下不与存焉。
父母俱存，兄弟无故，一乐也；
仰不愧于天，俯不怍于人，二乐也；
得天下英才而教育之，三乐也。"（《孟子》）

谨以此作为课程结束语，感谢同学们给老师带来的快乐！
做幸福的教师，是目标；
幸福地做教师，是践行；
尝到教师的幸福，便是成功。

主要参考文献

柴逸峰，邸欣. 分析化学. 第8版. 北京：人民卫生出版社，2016

高祖新. 医药数理统计方法. 第6版. 北京：人民卫生出版社，2016

国家药典委员会. 中国药典·2020年版. 北京：中国医药科技出版社，2020

孙毓庆. 分析化学（上）. 第4版. 北京：人民卫生出版社，1999

王敏. 分析化学手册·2·化学分析. 第3版 北京：化学工业出版社，2016

武汉大学. 分析化学（上）. 第6版. 北京：高等教育出版社，2016

曾元儿，张凌. 分析化学. 北京：科学出版社，2007

周同惠. 英汉汉英分析检测词汇. 北京：化学工业出版社，2010

J.A.迪安[美]. 分析化学手册. 北京：科学出版社，2003

附　　录

附录一　国际原子量表

元素	符号	原子量	元素	符号	原子量	元素	符号	原子量
银	Ag	107.8682	铪	Hf	178.49	铷	Rb	85.4678
铝	Al	26.98154	汞	Hg	200.59	铼	Re	186.207
氩	Ar	39.943	钬	Ho	164.9304	铑	Rh	102.9055
砷	As	74.9216	碘	I	126.9045	钌	Ru	101.07
金	Au	196.9655	铟	In	114.82	硫	S	32.06
硼	B	10.81	铱	Ir	192.22	锑	Sb	121.75
钡	Ba	137.33	钾	K	39.083	钪	Sc	44.9559
铍	Be	9.01218	氪	Kr	83.80	硒	Se	78.96
铋	Bi	208.9804	镧	La	138.9055	硅	Si	28.0855
溴	Br	79.904	锂	Li	6.941	钐	Sm	150.36
碳	C	12.011	镥	Lu	174.967	锡	Sn	118.69
钙	Ca	40.08	镁	Mg	24.305	锶	Sr	87.62
镉	Cd	112.41	锰	Mn	54.9380	钽	Ta	180.9479
铈	Ce	140.12	钼	Mo	95.94	铽	Tb	158.9254
氯	Cl	35.453	氮	N	14.0067	碲	Te	127.60
钴	Co	58.9332	钠	Na	22.98977	钍	Th	232.0381
铬	Cr	51.995	铌	Nb	92.9064	钛	Ti	47.88
铯	Cs	132.9054	钕	Nd	144.24	铊	Tl	204.383
铜	Cu	63.543	氖	Ne	20.179	铥	Tm	168.9342
镝	Dy	162.50	镍	Ni	58.69	铀	U	238.0289
铒	Er	167.26	镎	Np	237.0482	钒	V	50.9415
铕	Eu	151.96	氧	O	15.9994	钨	W	183.85
氟	F	18.998403	锇	Os	190.2	氙	Xe	131.29
铁	Fe	55.847	磷	P	30.97376	钇	Y	88.9059
镓	Ga	69.72	铅	Pb	207.2	镱	Yb	173.04
钆	Gd	157.25	钯	Pd	106.42	锌	Zn	65.38
锗	Ge	72.59	镨	Pr	140.9077	锆	Zr	91.22
氢	H	1.00794	铂	Pt	195.08			
氦	He	4.00260	镭	Ra	226.0254			

附录二　常用化合物的分子量表

分子式	分子量	分子式	分子量
AgBr	187.77	KCl	74.55
AgCl	143.32	KClO$_4$	138.55
AgI	234.77	KSCN	97.18
AgNO$_3$	169.87	K$_2$CO$_3$	138.21
Al$_2$O$_3$	101.96	K$_2$CrO$_4$	194.19
As$_2$O$_3$	197.82	K$_2$Cr$_2$O$_7$	294.18
BaCl$_2\cdot$2H$_2$O	244.27	KH$_2$PO$_4$	136.09
BaO	153.33	KHSO$_4$	136.16
Ba(OH)$_2\cdot$8H$_2$O	315.47	KHC$_4$H$_4$O$_6$（酒石酸氢钾）	188.18
BaSO$_4$	233.39	KHC$_8$H$_4$O$_4$（邻苯二甲酸氢钾）	204.22
CaCO$_3$	100.09	KI	166.00
CaO	56.08	KIO$_3$	214.00
Ca(OH)$_2$	74.10	KIO$_3$HIO$_3$	389.91
CO$_2$	44.01	KMnO$_4$	158.03
CuO	79.55	KNO$_2$	85.10
Cu$_2$O	143.09	KOH	56.11
CuSO$_4\cdot$5H$_2$O	249.68	K$_2$PtCl$_6$	486.00
FeO	71.85	MgCO$_3$	84.31
Fe$_2$O$_3$	159.69	MgCl$_2$	95.21
FeSO$_4\cdot$7H$_2$O	278.01	MgSO$_4\cdot$7H$_2$O	246.47
FeSO$_4$(NH$_4$)$_2$SO$_4\cdot$6H$_2$O	392.13	MgNH$_4$PO$_4\cdot$6H$_2$O	245.41
H$_3$BO$_3$	61.83	MgO	40.30
CH$_3$COOH（醋酸）	60.05	Mg(OH)$_2$	58.32
H$_2$C$_2$O$_4\cdot$2H$_2$O（草酸）	126.07	Mg$_2$P$_2$O$_7$	222.55
HCl	36.46	Na$_2$B$_4$O$_7\cdot$10H$_2$O	381.37
HClO$_4$	100.47	NaBr	102.91
HNO$_3$	63.02	NaCl	58.44
H$_2$O	18.015	Na$_2$C$_2$O$_4$（草酸钠）	134.00
H$_2$O$_2$	34.02	NaC$_7$H$_5$O$_2$（苯甲酸钠）	144.11
H$_3$PO$_4$	98.00	Na$_3$C$_6$H$_5$O$_7\cdot$2H$_2$O（枸橼酸钠）	294.12
H$_2$SO$_4$	98.07	Na$_2$CO$_3$	105.99
I$_2$	253.81	NaHCO$_3$	84.01
KAl(SO$_4$)$_2\cdot$12H$_2$O	474.38	Na$_2$HPO$_4\cdot$12H$_2$O	358.14
KBr	119.00	NaNO$_2$	69.00
KBrO$_3$	167.00	Na$_2$O	61.98

分子式	分子量	分子式	分子量
NaOH	40.00	$PbCrO_4$	323.19
$Na_2S_2O_3$	158.10	PbO_2	239.20
$Na_2S_2O_3 \cdot 5H_2O$	248.17	$PbSO_4$	303.26
NH_3	17.03	P_2O_5	141.95
NH_4Cl	53.49	SiO_2	60.08
$NH_3 \cdot H_2O$	35.05	SO_2	64.06
$(NH_4)_3PO_4 \cdot 12MoO_3$	1876.35	SO_3	80.06
$(NH_4)_2SO_4$	132.13	ZnO	81.38

附录三　弱酸、弱碱在水中的电离常数（25℃）

弱　酸	分子式	K_a	pK_a
砷　酸	H_3AsO_4	$6.03 \times 10^{-3}(K_{a_1})$	2.22
		$1.74 \times 10^{-7}(K_{a_2})$	6.76
亚砷酸	H_3AsO_3	5.25×10^{-10}	9.28
硼　酸	H_3BO_3	$5.75 \times 10^{-10}(K_{a_1})$	9.24
碳　酸	H_2CO_3	$4.47 \times 10^{-7}(K_{a_1})$	6.35
		$4.68 \times 10^{-11}(K_{a_2})$	10.33
氢氰酸	HCN	6.17×10^{-10}	9.21
氰　酸	HCNO	3.47×10^{-4}	3.46
氢氟酸	HF	6.31×10^{-4}	3.20
次氯酸	HClO	2.88×10^{-8}	7.54
亚硝酸	HNO_2	7.24×10^{-4}	3.14
磷　酸	H_3PO_4	$7.08 \times 10^{-3}(K_{a_1})$	2.15
		$6.31 \times 10^{-8}(K_{a_2})$	7.20
		$4.79 \times 10^{-13}(K_{a_3})$	12.32
焦磷酸	$H_4P_2O_7$	$1.23 \times 10^{-1}(K_{a_1})$	0.91
		$7.94 \times 10^{-3}(K_{a_2})$	2.10
		$2.00 \times 10^{-7}(K_{a_3})$	6.70
		$4.47 \times 10^{-10}(K_{a_4})$	9.35
亚磷酸	H_3PO_3	$3.72 \times 10^{-2}(K_{a_1})$	1.43
		$2.09 \times 10^{-7}(K_{a_2})$	6.68
氢硫酸	H_2S	$1.07 \times 10^{-7}(K_{a_1})$	6.97
		$1.26 \times 10^{-13}(K_{a_2})$	12.90
硫　酸	H_2SO_4	$1.00 \times 10^{-2}(K_{a_1})$	1.99

续表

弱　酸	分子式	K_a	pK_a
亚硫酸	$H_2SO_3(SO_2+H_2O)$	$1.30\times10^{-2}(K_{a_1})$	1.90
		$6.30\times10^{-8}(K_{a_2})$	7.20
硫氰酸	HSCN	1.58×10^{-2}	1.8
偏硅酸	H_2SiO_3	$1.70\times10^{-10}(K_{a_1})$	9.77
		$1.60\times10^{-12}(K_{a_2})$	11.80
铬酸	H_2CrO_4	$1.82\times10^{-1}(K_{a_1})$	0.74
		$3.24\times10^{-7}(K_{a_2})$	6.49
硫代硫酸	$H_2S_2O_3$	$2.51\times10^{-1}(K_{a_1})$	0.60
		$1.82\times10^{-2}(K_{a_2})$	1.74
甲酸(蚁酸)	HCOOH	1.80×10^{-4}	3.74
乙酸(醋酸)	CH_3COOH	1.80×10^{-5}	4.74
丙　酸	C_2H_5COOH	1.34×10^{-6}	4.87
一氯乙酸	$CH_2ClCOOH$	1.40×10^{-3}	2.86
二氯乙酸	$CHCl_2COOH$	5.00×10^{-2}	1.30
三氯乙酸	CCl_3COOH	0.30	0.52
氨基乙酸盐	$^+NH_3CH_2COOH$	$4.50\times10^{-3}(K_{a_1})$	2.35
	$^+NH_3CH_2COO^-$	$2.50\times10^{-10}(K_{a_1})$	9.60
乳　酸	$CH_3CHOHCOOH$	1.40×10^{-4}	3.86
苯甲酸	C_6H_5COOH	6.20×10^{-5}	4.21
草　酸	$H_2C_4O_4$	$5.90\times10^{-2}(K_{a_1})$	1.22
		$6.40\times10^{-5}(K_{a_2})$	4.19
d-酒石酸	CH(OH)COOH | CH(OH)COOH	$9.10\times10^{-4}(K_{a_1})$ $4.30\times10^{-5}(K_{a_2})$	3.04 4.37
酒石酸	$H_2C_4H_4O_6$	$1.04\times10^{-3}(K_{a_1})$	2.98
		$4.30\times10^{-5}(K_{a_2})$	4.34
邻苯二甲酸	—COOH —COOH	$1.10\times10^{-3}(K_{a_1})$ $3.90\times10^{-6}(K_{a_2})$	2.95 5.41
枸橼酸	CH₂COOH | C(OH)COOH | CH₂COOH	$7.40\times10^{-4}(K_{a_1})$ $1.70\times10^{-5}(K_{a_2})$ $4.00\times10^{-7}(K_{a_3})$	3.13 4.76 6.40
苯　酚	C_6H_5OH	1.10×10^{-10}	9.95
乙二胺四乙酸	H_6Y^{2+}	$0.1(K_{a_1})$	0.90
(EDTA)	H_5Y^+	$3.00\times10^{-2}(K_{a_2})$	1.60
	H_4Y	$1.00\times10^{-2}(K_{a_3})$	2.00
	H_3Y^-	$2.10\times10^{-3}(K_{a_4})$	2.67
	H_2Y^{2-}	$6.90\times10^{-7}(K_{a_5})$	6.16
	HY^{3-}	$5.50\times10^{-11}(K_{a_6})$	10.26

续表

弱　酸	分 子 式	K_a	pK_a
环己烷二胺四乙酸 (CYDTA)	(结构式)	$3.72 \times 10^{-3}(K_{a_1})$ $3.02 \times 10^{-4}(K_{a_2})$ $7.59 \times 10^{-7}(K_{a_3})$ $2.00 \times 10^{-12}(K_{a_4})$	2.43 3.52 6.12 11.70
乙二醇二乙醚 二胺四乙酸 (EGTA)	(结构式)	$1.00 \times 10^{-2}(K_{a_1})$ $2.24 \times 10^{-3}(K_{a_2})$ $2.41 \times 10^{-9}(K_{a_3})$ $3.47 \times 10^{-10}(K_{a_4})$	2.00 2.65 8.85 9.46
二乙三胺五乙酸(DTPA)	(结构式)	$1.29 \times 10^{-2}(K_{a_1})$ $1.62 \times 10^{-3}(K_{a_2})$ $5.13 \times 10^{-5}(K_{a_3})$ $2.46 \times 10^{-9}(K_{a_4})$ $3.81 \times 10^{-11}(K_{a_5})$	1.89 2.79 4.29 8.61 10.48
水 杨 酸	$C_6H_4OHCOOH$	$1.00 \times 10^{-3}(K_{a_1})$ $4.20 \times 10^{-13}(K_{a_2})$	3.00 12.38
磺基水杨酸	$C_6H_4SO_3HOHCCOOH$	$4.70 \times 10^{-3}(K_{a_1})$ $4.80 \times 10^{-12}(K_{a_2})$	2.33 11.32
邻硝基苯甲酸	$C_6H_4NO_2COOH$	6.71×10^{-3}	2.17
苦 味 酸	$HOC_6H_2(NO_2)_3$	4.20×10^{-1}	0.38
乙酰丙酸	$CH_3COCH_2CH_2COOH$	1.00×10^{-9}	9.00
邻二氮菲	$C_{12}H_8N_2$	1.10×10^{-5}	4.96
8-羟基喹啉	C_9H_6NOH	$9.60 \times 10^{-6}(K_{a_1})$ $1.55 \times 10^{-10}(K_{a_2})$	5.02 9.81

弱　碱	分 子 式	K_b	pK_b
氨 水	$NH_3 \cdot H_2O$	1.80×10^{-5}	4.74
羟 氨	NH_2OH	9.10×10^{-9}	8.04
甲 胺	CH_3NH_2	4.20×10^{-4}	3.38
乙 胺	$C_2H_5NH_2$	5.60×10^{-4}	3.25
二甲胺	$(CH_3)_2NH$	1.20×10^{-4}	3.93
二乙胺	$(C_2H_5)_2NH$	1.30×10^{-3}	2.89
乙醇胺	$HOCH_2CH_2NH_2$	3.20×10^{-5}	4.50
三乙醇胺	$(HOCH_2CH_2)_3N$	5.80×10^{-7}	6.24
六次甲基四胺	$(CH_2)_6N_4$	1.40×10^{-9}	8.85
乙二胺	$H_2NCH_2CH_2NH_2$	$8.50 \times 10^{-5}(K_{b_1})$ $7.10 \times 10^{-8}(K_{b_2})$	4.07 7.15

附录四　难溶化合物的溶度积（18～25℃）

难溶化合物	K_{sp}	pK_{sp}	难溶化合物	K_{sp}	pK_{sp}
Al(OH)₃(无定形)	1.3×10^{-33}	32.89	Ca(OH)₂	5.5×10^{-6}	5.26
Al-8-羟基喹啉	1.0×10^{-29}	29.00	CdCO₃	1.0×10^{-12}	11.28
Ag₂AsO₄	1.03×10^{-22}	22.00	Cd₂[Fe(CN)₆]	3.2×10^{-17}	16.49
AgBr	5.35×10^{-13}	12.27	Cd(OH)₂ 新制	7.2×10^{-15}	14.14
Ag₂CO₃	8.46×10^{-12}	11.07	CdC₂O₄ · 3H₂O	1.42×10^{-8}	7.85
AgCl	1.8×10^{-10}	9.75	Co₂[Fe(CN)₆]	1.8×10^{-15}	14.74
Ag₂CrO₄	1.12×10^{-12}	11.95	CoCO₃	1.4×10^{-13}	12.84
AgCN	5.97×10^{-17}	16.22	Co(OH)₂ 新制	5.92×10^{-15}	14.23
AgOH	2.0×10^{-8}	7.71	Co(OH)₃	1.6×10^{-44}	43.80
AgI	8.52×10^{-17}	16.07	α-CoS	4.0×10^{-21}	20.40
Ag₂C₂O₄	5.4×10^{-12}	11.27	β-CoS	2.0×10^{-25}	24.70
Ag₃PO₄	8.89×10^{-17}	16.05	Co₃(PO₄)₂	2.05×10^{-35}	34.69
Ag₂SO₄	1.2×10^{-5}	4.92	Cr(OH)₃	6.0×10^{-31}	30.20
Ag₂S	6.3×10^{-50}	49.20	CuBr	6.27×10^{-9}	8.20
AgSCN	1.03×10^{-12}	12.00	CuCl	1.72×10^{-7}	6.76
As₂S₃	2.1×10^{-22}	21.68	CuCN	3.47×10^{-20}	19.46
BaCO₃	2.58×10^{-9}	8.59	CuI	1.27×10^{-12}	11.90
BaCrO₄	1.17×10^{-10}	9.93	CuOH	1.0×10^{-14}	14.00
BaF₂	1.84×10^{-7}	6.74	Cu₂S	2.5×10^{-48}	47.60
BaC₂O₄	1.6×10^{-7}	6.79	CuSCN	1.77×10^{-13}	12.75
Ba-8-羟基喹啉	5.0×10^{-9}	8.30	CuCO₃	1.4×10^{-10}	9.86
BaSO₄	1.08×10^{-10}	9.97	Cu(OH)₂	2.2×10^{-20}	19.66
Bi(OH)₃	6.0×10^{-31}	30.40	CuS	6.0×10^{-36}	35.20
BiOOH*	4.0×10^{-10}	9.40	Cu-8-羟基喹啉	2.0×10^{-30}	29.70
BiI₃	7.71×10^{-19}	18.11	FeCO₃	3.13×10^{-11}	10.50
BiOCl	1.8×10^{-31}	30.75	Fe(OH)₂	4.87×10^{-17}	16.31
BiPO₄	1.3×10^{-23}	22.89	FeS	6.3×10^{-18}	17.20
Bi₂S₃	1.0×10^{-97}	97.00	Fe(OH)₃	2.79×10^{-39}	38.55
CaCO₃	2.8×10^{-9}	8.54	Fe₄[Fe(CN)₆]₃	3.3×10^{-41}	40.52
CaF₂	5.3×10^{-9}	8.28	FePO₄ · 2H₂O	9.91×10^{-16}	15.00
CaC₂O₄ · H₂O	2.32×10^{-9}	8.63	Hg₂Br₂	6.40×10^{-23}	22.19
Ca₃(PO₄)₂	2.07×10^{-29}	28.68	Hg₂CO₃	3.6×10^{-17}	16.44
CaSO₄	4.93×10^{-5}	4.31	Hg₂Cl₂	1.43×10^{-18}	17.84
CaWO₄	8.7×10^{-9}	8.06	Hg₂(OH)₂	2.0×10^{-24}	23.70
CaCrO₄	7.1×10^{-4}	3.15	Hg₂I₂	5.2×10^{-29}	28.72

续表

难溶化合物	K_{sp}	pK_{sp}	难溶化合物	K_{sp}	pK_{sp}
Hg_2SO_4	6.5×10^{-7}	6.19	$Pb(OH)_2$	1.43×10^{-15}	14.84
Hg_2S	1.0×10^{-47}	47.00	PbI_2	9.8×10^{-9}	8.01
HgI_2	2.9×10^{-29}	28.54	$PbMoO_4$	1.0×10^{-13}	13.00
$HgBr_2$	6.2×10^{-20}	19.21	$Pb_3(PO_4)_2$	8.0×10^{-43}	42.10
$Hg(SCN)_2$	6.72×10^{-9}	8.17	$PbSO_4$	2.53×10^{-8}	7.60
$Hg(OH)_2$	3.0×10^{-26}	25.52	PbS	8.0×10^{-28}	27.10
HgS 红色	4.0×10^{-53}	52.40	$Pb(OAc)_2$	1.8×10^{-3}	2.75
HgS 黑色	1.6×10^{-52}	51.80	$PbBr_2$	6.60×10^{-6}	6.82
$MgNH_4PO_4$	2.5×10^{-13}	12.60	$Pb(OH)_4$	3.2×10^{-66}	65.50
$MgCO_3$	6.82×10^{-6}	5.17	$Sb(OH)_3$	4.0×10^{-42}	41.40
MgF_2	5.16×10^{-11}	10.29	Sb_2S_3	2.0×10^{-93}	92.30
$Mg(OH)_2$	5.61×10^{-12}	11.25	SnS	1.0×10^{-25}	25.00
Mg-8-羟基喹啉	4.0×10^{-16}	15.40	$Sn(OH)_2$	5.45×10^{-28}	27.26
$MnCO_3$	2.34×10^{-11}	10.63	$Sn(OH)_4$	1.0×10^{-56}	56.00
$Mn(OH)_2$	1.9×10^{-13}	12.72	$SrCO_3$	5.60×10^{-10}	9.25
MnS 无定形	2.5×10^{-10}	9.60	$SrCrO_4$	2.2×10^{-5}	4.65
MnS 晶形	2.5×10^{-13}	12.60	SrF_2	4.33×10^{-9}	8.36
Mn-8-羟基喹啉	2.0×10^{-22}	21.70	$SrC_2O_4 \cdot H_2O$	1.6×10^{-7}	6.80
$NiCO_3$	6.6×10^{-9}	8.18	$Sr_3(PO_4)_2$	4.0×10^{-28}	27.39
$Ni(OH)_2$ 新制	5.48×10^{-16}	15.26	$SrSO_4$	3.44×10^{-7}	6.46
$Ni_3(PO_4)_2$	4.74×10^{-32}	31.32	Sr-8-羟基喹啉	5.0×10^{-10}	9.30
α-NiS	3.2×10^{-19}	18.50	$Ti(OH)_3$	1.0×10^{-40}	40.00
β-NiS	1.0×10^{-24}	24.00	$TiO(OH)_2$**	1.0×10^{-29}	29.00
γ-NiS	2.0×10^{-26}	25.70	$ZnCO_3$	1.46×10^{-10}	9.94
Ni-8-羟基喹啉	8.0×10^{-27}	26.10	$Zn_2[Fe(CN)_6]$	4.0×10^{-15}	15.40
$PbCO_3$	7.4×10^{-14}	13.13	$Zn(OH)_2$	3.0×10^{-17}	16.5
$PbCl_2$	1.7×10^{-5}	4.77	$Zn_3(PO_4)_2$	9.0×10^{-33}	32.04
$PbClF$	2.4×10^{-9}	8.62	ZnS	1.6×10^{-24}	23.80
$PbCrO_4$	2.8×10^{-13}	12.55	Zn-8-羟基喹啉	5.0×10^{-25}	24.30
PbF_2	3.3×10^{-8}	7.48			

* $\quad$ BiOOH $\quad K_{sp} = [BiO^+][OH^-]$

** TiO(OH)$_2$ $\quad K_{sp} = [TiO^{2+}][OH^-]^2$

附录五 氨酸配合剂类配合物的形成常数（20～25℃）

金属离子	lgK					
	EDTA	CyDTA	DTPA	EGTA	HEDTA	TTHA
Ag^+	7.32	9.03	8.61	7.06	6.71	9.00
Al^{3+}	16.50	19.60	18.70	13.90	14.3	21.00
Ba^{2+}	7.80	8.60	8.78	8.30	6.3	8.22
Be^{2+}	9.30	11.51				
Bi^{3+}	27.40	31.90	35.6		22.3	4.16
Ca^{2+}	10.69	13.15	10.75	10.86	8.3	9.89
Cd^{2+}	16.36	19.84	19.00	16.50	13.3	18.40
Ce^{3+}	15.98	17.38	20.33			
Co^{2+}	16.26	19.58	19.15	12.35	14.6	18.40
Co^{3+}	40.90				37.4	39.90
Cr^{3+}	23.40					
Cu^{2+}	18.70	21.92	21.38	17.57	17.6	20.30
Er^{3+}	18.85	20.88	22.74		15.52	23.40
Fe^{2+}	14.27	18.90	16.40	11.80	12.20	16.70
Fe^{3+}	25.00	30.00	28.00	20.50	19.80	26.80
Ga^{3+}	20.30	23.20	25.54		16.90	4.52
Hg^{2+}	21.50	24.79	26.40	22.90	20.30	26.10
In^{3+}	25.00	28.80	29.0		20.20	
La^{3+}	15.50	16.98	19.48	15.77	13.36	22.30
Li^+	2.79		3.1			
Mg^{2+}	8.83	11.07	9.34	5.28	7.00	8.40
Mn^{2+}	13.81	17.43	15.51	12.18	10.80	16.00
Na^+	1.64					
Nd^{3+}	16.61	18.33	21.60	16.59	14.86	22.80
Ni^{2+}	18.52	20.20	20.17	13.50	17.10	18.90
Pb^{2+}	17.88	20.24	18.66	14.54	15.50	18.40
Pd^{2+}	18.50	3.6				
Pr^{3+}	16.36	17.81	21.07	16.17	14.51	
Sc^{3+}	23.1	26.10	24.40	18.20	17.30	
Sm^{3+}	17.10	18.88	22.34	17.25	15.18	24.3
Sn^{2+}	18.30	17.80	20.70	18.70		
Sr^{2+}	8.73	10.58	9.68	8.43	6.70	9.26
Th^{4+}	23.20	25.60	28.78	7.30	18.50	31.90
Tl^{3+}	35.30	38.30	46.00			

续表

金属离子	lgK					
	EDTA	CyDTA	DTPA	EGTA	HEDTA	TTHA
U^{4+}	25.60	27.60	7.69			
VO^{2+}	18.80	20.10				
Y^{3+}	18.08	19.65	22.05	17.16	14.73	
Zn^{2+}	16.44	19.35	18.29	12.60	14.70	17.80
Zr^{4+}	29.40	29.90	36.90			

EDTA：乙二胺四乙酸

CyDTA：环己二胺四乙酸（或称 DCTA）

DTPA：二乙基三胺五乙酸

EGTA：乙二醇二乙醚二胺四乙酸

HEDTA：乙二胺-N-羟乙基-N, N', N'-三乙酸

TTHA：三乙基四胺六乙酸

附录六　配合物的形成常数（18～25℃）

金属离子		n	$\lg\beta_n$
氨配合物	Ag^+	1, 2	3.24; 7.05
	Cd^{2+}	1, …, 6	2.65; 4.75; 6.19; 7.12; 6.80; 5.14
	Co^{2+}	1, …, 6	2.11; 3.74; 4.79; 5.55; 5.73; 5.11
	Co^{3+}	1, …, 6	6.7; 14.0; 20.1; 25.7; 30.8; 35.2
	Cu^+	1, 2	5.93; 10.86
	Cu^{2+}	1, …, 5	4.31; 7.98; 11.02; 13.32, 12.86
	Ni^{2+}	1, …, 6	2.80; 5.04; 6.77; 7.96; 8.71; 8.74
	Zn^{2+}	1, …, 4	2.37; 4.81; 7.31; 9.46
溴配合物	Bi^{3+}	1, …, 6	4.30; 5.55; 5.89; 7.82; —; 9.70
	Cd^{2+}	1, …, 4	1.75; 2.34; 3.32; 3.70
	Cu^+	2	5.89
	Hg^{2+}	1, …, 4	9.05; 17.32; 19.74; 21.00
	Ag^+	1, …, 4	4.38; 7.33; 8.00; 8.73
氯配合物	Hg^{2+}	1, …, 4	6.74; 13.22; 14.07; 15.07
	Sn^{2+}	1, …, 4	1.51; 2.24; 2.03; 1.48
	Sb^{3+}	1, …, 4	2.26; 3.49; 4.18; 4.72;
	Ag^+	1, …, 4	3.04; 5.04; 5.04; 5.30
氰配合物	Ag^+	1, …, 4	—; 21.1; 21.7; 20.6
	Cd^{2+}	1, …, 4	5.48; 10.60; 15.23; 18.78
	Cu^+	1, …, 4	—; 24.0; 28.59; 30.3
氰配合物	Fe^{2+}	6	35
	Fe^{3+}	6	42

金属离子		n	$\lg\beta_n$
	Hg^{2+}	4	41.4
	Ni^{2+}	4	31.3
	Zn^{2+}	4	16.7
氟配合物	Al^{3+}	1，…，6	6.13；11.15；15.00；17.75；19.37；19.84
	Fe^{3+}	1，…，3	5.28；9.30；12.06
	Th^{4+}	1，…，3	7.65；13.46；17.97
	TiO^{2+}	1，…，4	5.4；9.8；13.7；18.0
	ZrO^{2+}	1，…，3	8.80；16.12；21.94
碘配合物	Bi^{3+}	1，…，6	3.63；—；—；14.95；16.80；18.80
	Cd^{2+}	1，…，4	2.10；3.43；4.49；5.41
	Pb^{2+}	1，…，4	2.00；3.15；3.92；4.47
	Hg^{2+}	1，…，4	12.87；23.82；27.60；29.83
	Ag^+	1，…，3	6.58；11.74；13.68
硫氰酸配合物	Ag^+	1，…，4	—；7.57；9.08；10.08
	Cu^+	1，2	12.11；5.18
	Au^+	1，…，4	—；23；—；42
	Fe^{3+}	1，2	2.95；3.36
	Hg^{2+}	1，…，4	—；17.47；—；21.23
硫代硫酸配合物	Cu^+	1，…，3	10.27；12.22；13.84
	Hg^{2+}	1，…，4	—；29.44；31.90；33.24
	Ag^+	1，2	8.82；13.46；
亚硫酸根	Cu^+	1，…，3	7.5；8.5；9.2
	Hg^{2+}	2	22.66
	Ag^+	1，2	5.30；7.35

说明：β_n 为配合物的累积形成常数，即

$$\beta_n = K_1 \times K_2 \times K_3 \times \cdots \times K_n$$

$$\lg\beta_n = \lg K_1 + \lg K_2 + \lg K_3 + \cdots + \lg K_n$$

附录七　金属离子的 $\lg\alpha_{M(OH)}$

金属离子	离子强度	pH													
		1	2	3	4	5	6	7	8	9	10	11	12	13	14
Al^3	2					0.4	1.3	5.3	9.3	13.3	17.3	21.3	25.3	29.3	33.3
Bi^{3+}	3	0.1	0.5	1.4	2.4	3.4	4.4	5.4							
Ca^{2+}	0.1													0.3	1.0
Cd^{2+}	3									0.1	0.5	2.0	4.5	8.1	12.0
Co^{2+}	0.1								0.1	0.4	1.1	2.2	4.2	7.2	10.2
Cu^{2+}	0.1								0.2	0.8	1.7	2.7	3.7	4.7	5.7

续表

金属离子	离子强度	1	2	3	4	5	6	7	8	9	10	11	12	13	14
Fe^{2+}	1									0.1	0.6	1.5	2.5	3.5	4.5
Fe^{3+}	3			0.4	1.8	3.7	5.7	7.7	9.7	11.7	13.7	15.7	17.7	19.7	21.7
Hg^{2+}	0.1			0.5	1.9	3.9	5.9	7.9	9.9	11.9	13.9	15.9	17.9	19.9	21.9
Mg^{2+}	0.1										0.1	0.5	1.3	2.3	
Mn^{2+}	0.1										0.1	0.5	1.4	2.4	3.4
Ni^{2+}	0.1									0.1	0.7	1.6			
Pb^{2+}	0.1							0.1	0.5	1.4	2.7	4.7	7.4	10.4	13.4
Zn^{2+}	0.1									0.2	2.4	5.4	8.5	11.8	15.5

附录八 标准电极电位表（25℃）

按 $E^{\ominus}$ 值高低排列

半反应	$E^{\ominus}/V$
$F_2(g)+2H^++2e \Longrightarrow 2HF$	3.053
$O_3+2H^++2e \Longrightarrow O_2+H_2O$	2.075
$S_2O_8^{2-}+2e \Longrightarrow 2SO_4^{2-}$	1.96
$H_2O_2+2H^++2e \Longrightarrow 2H_2O$	1.763
$Ce^{4+}+e \Longrightarrow Ce^{3+}$	1.72
$PbO_2(固)+SO_4^{2-}+4H^++2e \Longrightarrow PbSO_4(固)+2H_2O$	1.690
$Au^++e \Longrightarrow Au$	1.83
$HClO_2+2H^++2e \Longrightarrow HClO+H_2O$	1.64
$2HClO+2H^++2e \Longrightarrow Cl_2+2H_2O$	1.630
$H_5IO_6+H^++2e \Longrightarrow IO_3^-+3H_2O$	1.603
$2HBrO+2H^++2e \Longrightarrow Br_2+2H_2O$	1.604
$MnO_4^-+8H^++5e \Longrightarrow Mn^{2+}+4H_2O$	1.51
$2BrO_3^-+12H^++10e \Longrightarrow Br_2+6H_2O$	1.5
$Au^{3+}+3e \Longrightarrow Au$	1.52
$HClO+H^++2e \Longrightarrow Cl^-+H_2O$	1.49
$2ClO_3^-+12H^++10e \Longrightarrow Cl_2+6H_2O$	1.468
$PbO_2(固)+4H^++2e \Longrightarrow Pb^{2+}+2H_2O$	1.468
$2HIO+2H^++2e \Longrightarrow I_2+2H_2O$	1.45
$ClO_3^-+6H^++6e \Longrightarrow Cl^-+3H_2O$	1.45
$BrO_3^-+5H^++4e \Longrightarrow HBrO+2H_2O$	1.444
$Cr_2O_7^{2-}+14H^++6e \Longrightarrow 2Cr^{3+}+7H_2O$	1.36
$Cl_2(气)+2e \Longrightarrow 2Cl^-$	1.3583

续表

半反应	$E^{\ominus}/V$
$2ClO_4^- + 16H^+ + 14e \Longrightarrow Cl_2 + 8H_2O$	1.392
$HNO_2 + 4H^+ + 4e \Longrightarrow N_2O + 3H_2O$	1.297
$MnO_2(固) + 4H^+ + 2e \Longrightarrow Mn^{2+} + 2H_2O$	1.23
$O_2(气) + 4H^+ + 4e \Longrightarrow 2H_2O$	1.229
$ClO_4^- + 2H^+ + 2e \Longrightarrow ClO_3^- + H_2O$	1.201
$2IO_3^- + 12H^+ + 10e \Longrightarrow I_2 + 6H_2O$	1.195
$N_2O_4 + 2H^+ + 2e \Longrightarrow 2HNO_2$	1.07
$Br_3^- + 2e \Longrightarrow 3Br^-$	1.05
$Br_2(水) + 2e \Longrightarrow 2Br^-$	1.039
$HNO_2 + H^+ + e \Longrightarrow NO(气) + H_2O$	0.996
$VO_2^+ + 2H^+ + e \Longrightarrow VO^{2+} + H_2O$	1.00
$AuCl_4^- + 3e \Longrightarrow Au + 4Cl^-$	1.002
$HIO + H^+ + 2e \Longrightarrow I^- + H_2O$	0.985
$AuBr_2^- + e \Longrightarrow Au + 2Br^-$	0.96
$NO_3^- + 3H^+ + 2e \Longrightarrow HNO_2 + H_2O$	0.94
$2Hg^{2+} + 2e \Longrightarrow Hg_2^{2+}$	0.911
$ClO^- + H_2O + 2e \Longrightarrow Cl_2 + 2OH^-$	0.89
$HO_2^- + H_2O + 2e \Longrightarrow 3OH^-$	0.867
$AuBr_4^- + 3e \Longrightarrow Au + 4Br^-$	0.854
$Cu^{2+} + I^- + e \Longrightarrow CuI(固)$	0.861
$AuBr_4^- + 2e \Longrightarrow AuBr_2^- + 2Br^-$	0.802
$2NO_3^- + 4H^+ + 2e \Longrightarrow N_2O_4 + 2H_2O$	0.803
$Ag^+ + e \Longrightarrow Ag$	0.799
$Hg_2^{2+} + 2e \Longrightarrow 2Hg$	0.7960
$Fe^{3+} + e \Longrightarrow Fe^{2+}$	0.771
$BrO^- + H_2O + 2e \Longrightarrow Br^- + 2OH^-$	0.76
$H_2SeO_3 + 4H^+ + 4e \Longrightarrow Se + 3H_2O$	0.739
$O_2(气) + 2H^+ + 2e \Longrightarrow H_2O_2$	0.695
$2HgCl_2 + 2e \Longrightarrow Hg_2Cl_2(固) + 2Cl^-$	0.63
$Hg_2SO_4(固) + 2e \Longrightarrow 2Hg + SO_4^{2-}$	0.614
$MnO_4^- + 2H_2O + 3e \Longrightarrow MnO_2(固) + 4OH^-$	0.60
$MnO_4^- + e \Longrightarrow MnO_4^{2-}$	0.56
$H_3AsO_4 + 2H^+ + 2e \Longrightarrow HAsO_2 + 2H_2O$	0.560
$I_3^- + 2e \Longrightarrow 3I^-$	0.536
$I_2(固) + 2e \Longrightarrow 2I^-$	0.536
$Cu^+ + e \Longrightarrow Cu$	0.53
$4H_2SO_3 + 4H^+ + 6e \Longrightarrow S_4O_6^{2-} + 6H_2O$	0.507
$O_2 + 2H_2O + 4e \Longrightarrow 4OH^-$	0.401
$2H_2SO_3 + 2H^+ + 4e \Longrightarrow S_2O_3^{2-} + 3H_2O$	0.40
$Fe(CN)_6^{3-} + e \Longrightarrow Fe(CN)_6^{4-}$	0.361
$Cu^{2+} + 2e \Longrightarrow Cu$	0.340

半反应	$E^{\ominus}/V$
$VO^{2+}+2H^++e \Longrightarrow V^{3+}+H_2O$	0.337
$Bi^{3+}+3e \Longrightarrow Bi$	0.317
$BiO^++2H^++3e \Longrightarrow Bi+H_2O$	0.320
$Hg_2Cl_2(固)+2e \Longrightarrow 2Hg+2Cl^-$	0.2676
$HAsO_2+3H^++3e \Longrightarrow As+2H_2O$	0.240
$AgCl(固)+e \Longrightarrow Ag+Cl^-$	0.2223
$SbO^++2H^++3e \Longrightarrow Sb+H_2O$	0.212
$SO_4^{2-}+4H^++2e \Longrightarrow SO_2(水)+2H_2O$	0.158
$Cu^{2+}+e \Longrightarrow Cu^+$	0.159
$Sn^{4+}+2e \Longrightarrow Sn^{2+}$	0.15
$S+2H^++2e \Longrightarrow H_2S(气)$	0.144
$Hg_2Br_2+2e \Longrightarrow 2Hg+2Br^-$	0.1392
$CuCl+e \Longrightarrow Cu+Cl^-$	0.121
$TiO^{2+}+2H^++e \Longrightarrow Ti^{3+}+H_2O$	0.1
$S_4O_6^{2-}+2e \Longrightarrow 2S_2O_3^{2-}$	0.08
$AgBr(固)+e \Longrightarrow Ag+Br^-$	0.071
$2H^++2e \Longrightarrow H_2$	0.000
$TiO^{2+}+2H+e \Longrightarrow Ti^{3+}+H_2O$	−0.10
$Hg_2I_2+2e \Longrightarrow 2Hg+2I^-$	−0.0405
$Pb^{2+}+2e \Longrightarrow Pb$	−0.125
$Sn^{2+}+2e \Longrightarrow Sn$	−0.136
$AgI(固)+e \Longrightarrow Ag+I^-$	−0.152
$As+3H^++3e \Longrightarrow AsH_3$	−0.225
$Se+2H^++2e \Longrightarrow HSe^-$	−0.227
$Ni^{2+}+2e \Longrightarrow Ni$	−0.257
$H_3PO_4+2H^++2e \Longrightarrow H_3PO_3+H_2O$	−0.276
$Co^{2+}+2e \Longrightarrow Co$	−0.277
$Tl^++e \Longrightarrow Tl$	−0.336
$In^{3+}+3e \Longrightarrow In$	−0.338
$Cd^{2+}+Hg+2e \Longrightarrow Cd(Hg)$	−0.352
$PbSO_4(固)+2e \Longrightarrow Pb+SO_4^{2-}$	−0.356
$Cd^{2+}+2e \Longrightarrow Cd$	−0.403
$Cr^{3+}+e \Longrightarrow Cr^{2+}$	−0.424
$Fe^{2+}+2e \Longrightarrow Fe$	−0.440
$S+2e \Longrightarrow S^{2-}$	−0.407
$2CO_2+2H^++2e \Longrightarrow H_2C_2O_4$	−0.49
$Sb+3H^++3e \Longrightarrow SbH_3$	−0.51
$HPbO_2^-+H_2O+2e \Longrightarrow Pb+3OH^-$	−0.54
$2SO_3^{2-}+3H_2O+4e \Longrightarrow S_2O_3^{2-}+6OH^-$	−0.576
$SO_3^{2-}+3H_2O+4e \Longrightarrow S+6OH^-$	−0.59
$AsO_4^{3-}+2H^++2e \Longrightarrow AsO_2^-+4OH^-$	−0.67

续表

半反应	$E^{\ominus}$ /V
$Se+2e \rightleftharpoons Se^{2-}$	−0.670
$AsO_2^- + 2H_2O + 3e \rightleftharpoons As + 4OH^-$	−0.68
$Ag_2S(固) + 2e \rightleftharpoons 2Ag + S^{2-}$	−0.71
$Zn^{2+} + 2e \rightleftharpoons Zn$	−0.7626
$HSnO_2^- + H_2O + 2e \rightleftharpoons Sn + 3OH^-$	−0.91
$Mn^{2+} + 2e \rightleftharpoons Mn$	−1.182
$Al^{3+} + 3e \rightleftharpoons Al$	−1.676
$AlF_6^{3-} + 3e \rightleftharpoons Al + 6F^-$	−2.07
$Al(OH)_4^- + 3e \rightleftharpoons Al + 4OH^-$	−2.310
$Mg^{2+} + 2e \rightleftharpoons Mg$	−2.356
$Na^+ + e \rightleftharpoons Na$	−2.714
$Ca^{2+} + 2e \rightleftharpoons Ca$	−2.84
$Sr^+ + 2e \rightleftharpoons Sr$	−2.89
$Ba^+ + 2e \rightleftharpoons Ba$	−2.92
$K^+ + e \rightleftharpoons K$	−2.925
$Li^+ + e \rightleftharpoons Li$	−3.045

附录九　六种标准缓冲溶液的 pHs

温度/℃	0.05mol/L 草酸三氢钾	0.05mol/L 邻苯二甲酸氢钾	0.025mol/L 混合磷酸盐	0.01mol/L 硼砂	25℃饱和 氢氧化钙
0	1.67	4.01	6.98	9.46	13.43
5	1.67	4.00	6.95	9.40	13.21
10	1.67	4.00	6.92	9.33	13.00
15	1.67	4.00	6.90	9.27	12.81
20	1.68	4.00	6.88	9.22	12.63
25	1.68	4.01	6.86	9.18	12.45
30	1.68	4.01	6.85	9.14	12.30
35	1.69	4.02	6.84	9.10	12.14
40	1.69	4.04	6.84	9.06	11.98
45	1.70	4.05	6.83	9.04	11.84
50	1.71	4.06	6.83	9.01	11.71
60	1.72	4.09	6.84	8.96	11.45